化学物質による
爆発・火災
を防ぐ

中央労働災害防止協会

推 薦 の こ と ば

　近年，技術革新や産業成長の結果として，化学工業の生産設備とそれを取り扱う人を含めたシステムは，巨大複雑化している。石油コンビナート等災害防止3省連絡会議（消防庁，厚生労働省，経済産業省）が2016（平成28）年10月に公表した，2015年度の石油コンビナート等における事故情報では，火災107件（45.5％），爆発7件（3.0％），漏洩118件（50.2％），その他破裂等3件（1.3％）合計235件が発生しており，そのうち死傷者の発生した事故件数は火災7件（負傷者7名），爆発2件（負傷者9名），漏洩6件（負傷者17名）となっている。これらは，石油コンビナート等特別防災区域（33道府県にまたがる政令で指定された85地区）内の特定事業所697事業場における事故状況を取りまとめたものである。厚生労働省は「化学プラントにかかるセーフティ・アセスメントに関する指針」を策定し，非定常作業の安全管理の充実，安全衛生のノウハウの継承等を含む化学工業における総合的な安全管理の充実を図ってきた。爆発・火災など物的・人的災害を引き起こす危険性のある化学物質を取り扱う作業では，潜在的なリスクが存在し，そのリスクは安全管理体制を維持することで抑えられてきたが，大規模施設においても依然として災害が発生している。

　化学工業を業種とする事業場における危険物，有害物による爆発・火災等による死傷者数は，1998（平成10）年4月から2015（平成27）年3月末までの労働災害統計の累計では，爆発147名（死亡16名），火災111名（死亡8名），破裂10名（死亡0名），合計268名（死亡24名）となっている。このうち化学設備によるものは，爆発35名（死亡10名），火災7名（死亡0名），破裂5名（死亡0名），合計47名（死亡10名）となっており，爆発，火災による労働災害は，化学設備以外の危険物，有害物を取り扱う事業場でも多発していることがわかる。このようなことから，厚生労働省は2006（平成18）年4月に労働安全衛生法を改正し，すべての危険・有害化学物質を取り扱う事業者（業種や規模を問わない）に対して，有害性のみならず危険性についてもリスクアセスメントの実施を努力義務と規定し，爆発，火災等による労働災害の防止を求めてきた。その後，2014（平成26）年に労働安全衛生法を改正し，これまで努力義務とされてきた化学物

質のリスクアセスメントを SDS 交対象物質について義務化し，努力義務とあわせてさらなる労働災害防止に努めることを求めている。

　本書は，化学物質の持つ危険性，爆発・火災の基礎から，爆発・火災のリスクアセスメントおよび防止対策まで，体系的にまとめ，具体的にわかりやすく説明しており，時宜を得た良書である。この本では，危険有害物を少量取り扱う化学設備を持たない事業場から，化学設備を有する事業場においてもリスクアセスメントが実施できる4つの手法を紹介していることも高く評価できる点である。当然のことながら，化学物質による爆発火災防止のリスクアセスメント：中災防方式（JISHA 方式）の解説も含まれている。リスクアセスメントの義務を担う事業者，担当者および指導・支援を行うコンサルタント，産業医，オキュペーショナルハイジニスト等の多くの方々にとって，極めて役立つ本になっていると考え，推薦するものである。

平成 30 年 3 月
　　　　　　　　公益社団法人日本作業環境測定協会　会長
　　　　　　　　公益財団法人産業医学振興財団　理事長
　　　　　　　　慶応義塾大学名誉教授（医学博士）
　　　　　　　　中央労働災害防止協会 労働衛生調査分析センター　技術顧問

　　　　　　　　　　　　　　　　　　　　　　　　櫻井　治彦

は じ め に

　企業の化学物質による爆発・火災事故は，重大災害となるだけでなく，近隣の住民や環境にも影響がでてきます。そのため，社会に与える影響が大きく企業の信用問題にもなっています。しかし，残念なことに近年，爆発・火災事故が相次いでいます。

　現在，化学物質を取り扱う現場では，多種多様な化学物質を複雑な条件下で扱っていることから，リスクの把握も困難になってきており，事業場内の危険有害性が高まっています。そのため，リスクアセスメントを実施して適切な化学物質管理がいっそう求められるようになりました。

　2014（平成 26）年の労働安全衛生法の改正により，これまで努力義務とされてきた化学物質のリスクアセスメントが義務化されました（2016（平成 28）年 6月 1 日施行）。SDS 交付対象物質の取扱い事業者すべてに対し，有害性だけではなく危険性（化学物質に起因する爆発・発火など）についてもリスクアセスメントを実施することが求められています。労働者の健康障害または危険を防止するために必要な措置を講じることが努力義務となります。

　施行されて 2 年近くなりますが，「有害性はわかるけれど，危険性のリスクアセスメントは何をすればよいのか」というニーズも高いことから，化学物質の危険性についてクローズアップし，爆発・火災の基礎知識からリスクアセスメントまでまとめた本書を発行しました。
　2 部構成とし，第 1 編では爆発・火災のメカニズムを解説し，第 2 編にて，リスク評価を初期リスク評価から詳細リスク評価へと段階的に実施できるリスクアセスメント手法を 4 つ（化学工業関連の工業会，厚生労働省委託事業，中災防などの労働安全上の危険物に関する研究機関等で開発された手法）紹介しています。
　本書が活用され，各事業場における危険性のリスクの低減につながることに寄与することができれば幸いです。

平成 30 年 3 月

中央労働災害防止協会

目　次

推薦のことば
はじめに
第1編　爆発・火災防止対策の基礎知識 ……………………………………… 1
　第1章　爆発・火災防止のためのリスクアセスメントの必要性 …………… 2
　　1　化学物質を取り巻く現状 …………………………………………… 2
　　2　化学物質管理とリスクアセスメントの義務化 …………………… 7
　　3　化学物質の危険有害性情報 ………………………………………… 9
　第2章　化学物質の発火・爆発危険性 ………………………………………… 30
　　1　爆発・火災に関わる化学物質の物理化学的危険有害性（国連 GHS による
　　　 SDS） …………………………………………………………………… 30
　　2　危険物に関わる主な法令 …………………………………………… 33
　第3章　爆発・火災現象の基礎 ………………………………………………… 44
　　1　燃　焼 ………………………………………………………………… 44
　　2　爆　発 ………………………………………………………………… 46
　　3　着火源 ………………………………………………………………… 53
　　4　化学物質の危険性評価 ……………………………………………… 60
　　5　化学反応の危険性 …………………………………………………… 63

第2編　化学物質による爆発・火災等のリスクアセスメント …………… 67
　第1章　化学物質リスクアセスメント（爆発・火災防止）概論 …………… 68
　　1　はじめに ……………………………………………………………… 68
　　2　各手法のリスクアセスメント指針における位置付けと主な特徴 ………… 69
　　3　危険性に関する各リスクアセスメントの段階的適用について ………… 70
　　4　おわりに ……………………………………………………………… 71
　第2章　危険性に関しての初期リスク評価ツール（安衛法，安衛則第4章などの
　　　　　規定を確認する方法） ……………………………………………… 72
　　1　背　景 ………………………………………………………………… 72
　　2　チェックリスト方式の基本的考え方 ……………………………… 73
　　3　チェック項目の選択とチェックリストによる評価の流れ ………… 74
　　4　本チェックリストの位置付け ……………………………………… 77
　　5　安衛則の危険性に関する規制の概要，要点 ……………………… 77
　第3章　追加的な初期リスク評価法 …………………………………………… 90

1	「スクリーニング支援ツール」の概要について	90
2	「スクリーニング支援ツール」の使い方について	93
3	各チェックフローのボックス内の質問内容の概要	104

第4章　JISHA方式爆発火災防止のための化学物質リスクアセスメント手法 108

1	はじめに	108
2	爆発・火災防止のための化学物質リスクアセスメントの実施方法	108
3	実施手順の詳細（ステップ1～7の詳細）	108
4	リスクアセスメント関連資料	116
5	リスクアセスメントの実施事例	120
6	災害事例	131

第5章　爆発・火災に関する詳細なリスクアセスメント手法 153

1	はじめに	153
2	手法の概要（全体の流れ）	155
3	事前準備資料および記録シート（様式）	157
4	STEP1：取扱い物質およびプロセスに係る危険源の把握	161
5	STEP2：リスクアセスメント等の実施	162
6	STEP3：リスク低減措置の決定	177
7	解析事例	177

第3編　資　料　191

資料1	爆発・火災事故等に関連するデータベース	192
資料2	SDS文書交付対象物質の一覧	192
資料3	危険物の種類，性状および危険性	203
資料4	爆発性に関わる原子団の例	208
資料5	自己反応性に関わる原子団の例	208
資料6	過酸化物を生成する物質の例	208
資料7	重合反応を起こす物質例	209
資料8	代表的な混合危険	209

第1編

爆発・火災防止対策の基礎知識

第1章　爆発・火災防止のためのリスクアセスメントの必要性
第2章　化学物質の発火・爆発危険性
第3章　爆発・火災現象の基礎

第1編　爆発・火災防止対策の基礎知識

第1章　爆発・火災防止のための リスクアセスメントの必要性

1　化学物質を取り巻く現状

(1)　最近の化学物質による爆発・火災事故

　産業界においては，新たな価値を創造し，その還元によって社会全体に奉仕することを目的に事業活動が行われている。そこでは従来存在しない物質やシステム，手法等によって新たな価値を求めることになり，挑戦が不可欠である。挑戦には必ずリスクを伴うため，事業活動を推進するに当たっては事前の準備や評価によってシステムの信頼性を担保し，顕在化するリスクを予防，抑制し，トラブルや事故を未然に防止するよう努めるとともに，万一に備え，事故の影響を局限化して被害を小さくするよう検討する必要がある。

　21世紀に入り，産業施設における爆発火災事故の件数は横ばいから増加に転じたと報じられた。2003（平成15）年には，化学工場，花火工場や廃棄物施設，製鉄所での爆発事故や石油タンク，タイヤ工場での火災などが相次ぎ，危機感を強めた関係各省庁は事故原因の分析を行い，報告書を作成した[1]。一方では，原子力発電所や高圧ガス関連の認定事業所で自主検査に関する虚偽報告が続き，大企業の信用の失墜につながっている。これら個々の事故，事件の原因解明は容易ではないが，主にハード的側面である設備の老朽化や維持管理における技術の問題と，ソフト的側面である人材養成や安全意識の問題に加え，内在してきた組織的原因による構造的な問題が背景にあったと考えられる。

　そこで組織に圧力を加える社会風土に起因する根本原因が背景にあることが指摘されている。そこではコスト削減が求められる現場環境とともに，産業界と一般社会における科学技術の理解に関する乖離と，種々の要因によってもたらされる組織の合理化に伴う変更管理の失敗，さらには，より高度な安全レベルを要求する昨今の風潮とも相まって，広義でのリスクマネジメントの失敗が生じていると言わざるを得ない。

　また東日本大震災が発生した2011（平成23）年以降でも，千葉県のLPG球形貯槽爆発，山口県や兵庫県の化学工場での爆発，三重県の高純度多結晶シリコン製造装置の爆発等，頻発する事故の発生を重く見た政府は，内閣府主導により経済産業

省,厚生労働省,消防庁による3省庁連絡会議を設置し,2014(平成26)年に報告を出したが[2,3],その後も和歌山県の製油所火災,大分県の製鉄所火災,埼玉県の大規模物流倉庫の火災等々,産業施設での重大災害が続発している状況である[4-6]。

各種の製造現場においては多種多様な化学物質を様々な条件で取り扱っており,現場におけるリスクを検討するためには,まず,取り扱われている化学物質個々に有するハザードとプロセス条件や周辺環境,操作や作業する人間の人的要因(ヒューマンファクター)(図1-1),施設の維持管理を含めた運転管理体制,万一の場合のトラブルに備えた防護設備群やプラントのレイアウトに至る多重階層による安全対策について検討しなければならない。

また,化学物質の利用に際しては,その製造,貯蔵,輸送,消費,廃棄を含むあらゆるライフステージにおけるリスクを事前に評価し,適切な対策を講じておくことが必要である。特に新技術の利用に当たっては未知な部分も多く,従来の知見や常識を越えるリスクを有している可能性があり,社会的必要性の名の下に十分な安全性検討がなされないまま実用化に踏み出すことは避けなければならない。

ここでは,化学物質および化学プロセスにおけるリスクのうち,トラブルや事故に起因する,化学物質やエネルギーの系外への非定常放出に伴うリスクを意味するフィジカルリスク,すなわち爆発・火災等のリスクのアセスメント手法に関する現状と課題について概説する。

(2) 化学プロセスを取り巻く現状

従来,石油化学をはじめとするプロセスプラントは大量生産,大量消費に見られる量産型の工程であり,そこでは比較的単純な製造工程で,用いられる化学物質も

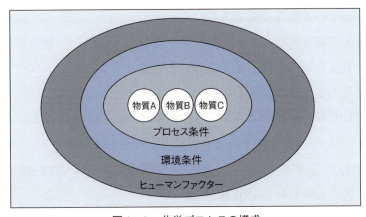

図1-1 化学プロセスの構成

主に炭化水素類であったため安全の規格化が比較的容易であり，その結果，法規制による安全確保が奏効していた。しかし諸外国の技術力の向上と低価格化により，従来型のプロセスは生産コストの安い海外に移転し，国内の化学産業は少量多品種化，すなわちファイン化，高付加価値化が進むことになった。これにより，特殊化学品（specialty chemicals）と呼ばれる物質が高度に複雑化したプロセス内で用いられるために，従来型の法規制や基準では安全の担保が困難になり，規制緩和の社会的トレンドとも相まって自発的な自主管理を実施せざるを得ない時代となっている。そしてここでは，個々の化学物質の特定に応じた適正な管理が必要となっている。

これらの動きを決定付けたのは，1992（平成4）年にリオデジャネイロで開催された地球環境サミットである。この会議においていわゆる「アジェンダ21」（AGENDA-21）が採択され，地球環境を取り巻く諸問題が系統的に整理された[7]。全40章からなるアジェンダ21は「持続可能な開発のための21世紀における人類の行動計画」であり，第19章に「有害化学物質の環境上適正な管理」が，同20章では「有害廃棄物の環境上適正な管理」が明記され，レスポンシブルケア活動が提唱された。その結果，わが国にもレスポンシブルケア協議会が設置され，化学物質の総合安全管理に関する本格的な活動が始まった。また，レスポンシブルケア活動を進める上での有力なツールとして，リスクアセスメント手法の確立と推進が明記され，現在に至っている。

リスクという用語は，その使い方によって必ずしも厳密に定義されているものではないが，リスクに共通する性質として，社会にとって好ましくない影響およびその発生不確定性の2つの性質を含むものとして認知されている。この2つの要素の他に，原因事象から結果事象への事象連鎖や進展を意味するシナリオもまた，リスクを検討する上での重要な要素である。

化学プロセスに限らず，システムのリスクを解析，評価し，管理するリスクマネジメントは，事故や災害など，事業活動におけるリスクをコントロールしたり，影響を可能な限り小さくしたりする手法の一つである。

一方，ISO/IEC Guide51および同Guide73により，「安全」（Safety）および「リスク」（Risk）という語句は以下のように定義がなされている[8,9]。

■**安全（Safety）**：許容されないリスクから解放された状態（freedom from risk which is not tolerable）

■**リスク（Risk）**：危害の発生確率とその重大性の組み合わせ（combination of

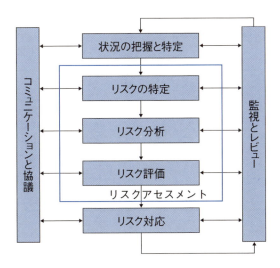

図1-2　ISO31000に基づくリスクマネジメントのプロセス

the probability of occurrence of harm and the severity of that harm）

　これらの定義に基づき，リスクの解析，アセスメントおよびマネジメントの位置付けが明確化された。

　ISO Guide 73（2009年）によれば，リスクマネジメントとは，リスクに関して組織を指揮し，制御する活動と定義されており，その構成と手順は図1-2のように表される[10]。すなわち，事象の洗い出し（発見）に始まり，対象システムの特徴に基づいてリスクの想定（特定）を行う。これがシナリオとなる。

　次に，想定したシナリオに従ってリスクの算定，評価を行い，その結果があらかじめ設定された基準と比較して許容可能かどうかの判定を実施し，許容可能な場合には対策の実施・維持，さらにはリスクの回避と局限化の検討を行う。一方，リスク評価の結果が許容できないと判断された場合には，当該リスクを低減する手段を可能な限り検討して，妥当な対策を採用し，対策実施後に許容可能なレベルとなるまでリスク算定からの手順を繰り返す。

　リスクの許容についてはALARA（As Low As Reasonably Achievable；合理的に達成可能な限り低くする）やALARP（As Low As Reasonably Practicable；合理的に実行可能な限り低くする）[11]の考え方が用いられることが多い。英国安全衛生庁（Health & Safety Executive）によるALARPの概念を図1-3に示す。ここでは，リスクは実用上，最小限にとどめるべきであるという考えに基づき，リスクが広く受容される領域，我慢できる領域（ALARP領域），許容されない領域に分

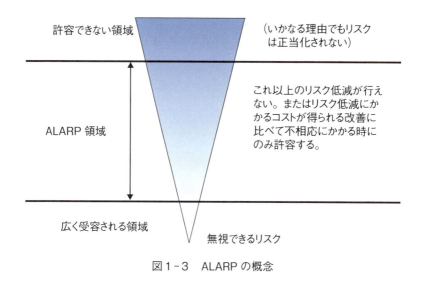

図1-3　ALARPの概念

類する。

　リスク評価の結果が受容される領域であった場合，必ずしもそれ以上のリスク低減の必要はないが，ALARP領域の場合，費用便益分析等を行って，可能な限りリスクを低減しなければならない。リスクが受容できない領域ではリスクは正当化されず，当然のことながらリスクを低減することが求められる。この許容リスクレベルは，安全目標ということもできるが，技術水準，社会情勢や社会に与える影響，などを勘案して設定する必要がある。安全目標は，まずリスク（あるいはリスクを低減するために必要とされるコスト）と検討対象のシステムによってもたらされる便益との定量的な比較により，両者のバランスする点に設定することが合理的であるが，そういった比較ができない場合，検討対象と同等の便益を実現する他の手段とのリスクの比較により，最も小さなリスクを基準に設定する。あるいはさらに，社会に受容されていると判断される既存システムのリスクとの比較により設定する，という順序で考えることが適当である。

　化学プロセスにおける事故や災害のリスク(R)は，特定の条件下（すなわち特定のシナリオ）において発生し得る有害な事象の予測される発生確率（または頻度）とその影響の大きさとして定義され，一般に下記のように表現される。

$$R_i = (P_i \times C_i) \qquad (1)$$

　ここで，P（probability）はトラブルや故障，事故の発生確率または頻度，C

（consequence）はそれによる影響度，添え字の i は i 番目のシナリオを表す。ここでシナリオとは，例えば，爆発，火災，化学物質漏洩等が該当し，それぞれのシナリオに該当するリスクがある。一方，リスクと混同しがちな用語としてハザード（hazard）があるが，こちらは，ある状況下で人，物，環境に不利益な影響を起こし得るシステムに固有の性質と定義され，リスクとは明確に区別する必要がある[11]。

　国内では危険物などの化学物質に起因する災害が増加傾向にある。化学物質による火災，爆発，漏洩などの災害は事業所内だけでなく周辺地域へも被害を及ぼす危険性があり，企業への大きな損失となることも少なくない。1974 年のイギリス・フリックスボロウの蒸気雲爆発，1976 年のイタリア・セベソでの反応暴走によるダイオキシン大量放出，1984 年のインド・ボパールでの毒ガス放出などは国際的な問題となり，国際条約や多くの法規制制定の契機となった。また，1986 年，スイス・バーゼルで発生した化学工場倉庫火災の消火水によるライン川の汚染や2005 年に中国東北部で発生した化学工場の爆発事故のように，爆発や火災をきっかけとして生態系へも大きな被害を与える大規模な環境災害へ発展するケースもあり，国際環境問題としても注目を集め，喫緊の対応が求められている。EU はセベソ事故後，1982 年にセベソ指令を発表し，1996 年のセベソ II，2003 年の改正セベソ II 指令に基づき，爆発性物質，毒性物質，発がん性物質などの管理強化が各国で進められた。これらに続き，2012 年にセベソ III[12]を発表し，欧州各国が対応した。

　一方，アメリカ化学会の Chemical Abstracts Service に登録されている化学物質の数は 2017（平成 29）年 8 月現在，1 億 3,200 万を超えており[13]，あらゆる物質についてハザード情報を収集して管理することは現実的ではないことから，安全である（＝リスクが許容レベルにある）ことが確認されたもののみ使用可能とする考え方に基づいて管理基準を定める「予防原則（Precautionary Principle）」が新たな潮流となっており，ハザード管理からリスク管理への大きな転換がなされつつある。

2　化学物質管理とリスクアセスメントの義務化

　化学物質は，産業分野のみならず，日常生活においても様々な形で使用される有用な基礎資材であり，社会に不可欠なものとなっている。しかしながら，様々な有用な機能，便益を持つ一方で，中には何らかの危険有害性を持つものが少なくなく，取扱いや管理の方法によっては，悪影響を及ぼす場合があるが，その悪影響との因

第1編　爆発・火災防止対策の基礎知識

果関係が科学的に確立していなければ，規制的手法には限界がある。そして，化学物質の取り扱われ方は千差万別であり，取扱い実態に即して適切に管理できるのは，第一義的には取り扱う事業者自身である（衆議院商工委員会第145回（1999（平成11）年）より要約）。そのため，立法府は，基本的に事業者の自主自律的な行動を求めている。

　労働者の安全と健康を確保するとともに，快適な職場環境の形成を促進することを目的とする労働安全衛生法（以下「安衛法」）では，相応するように，「事業者は，化学薬品（中略）の有害性等を調査し（中略）労働者の健康障害を防止するため必要な措置を講ずるように努めなければならない。」（旧第58条）と1972（昭和47）年の制定時より，事業者が自らの責務として自律的な化学物質管理を行うことを求めていた。さらに，2006（平成18）年の施行でも，「事業者は，（中略）業務に起因する危険性又は有害性等を調査し（中略）労働者の危険又は健康障害を防止するため必要な措置を講ずるように努めなければならない。」（第28条の2）が追加され，調査すなわちリスクアセスメントの対象範囲が拡大された。

　しかし，厚生労働省による「作業に用いる化学物質の危険性・有害性に関するリ

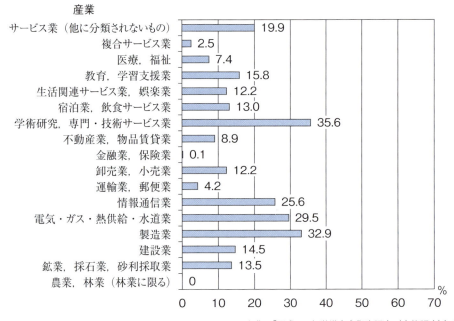

出典：「平成25年労働安全衛生調査（実態調査）」（2013）
事業所調査対象＝日本国全域。無作為に抽出した常用労働者10人以上を雇用する民営事業所（有効回答数＝9026）。ただし，対策特別措置法に基づく避難指示区域に所在する事業所を除く。
統計法に基づく一般統計調査：実施系統＝厚生労働省。調査実施年の10月31日現在値。

図1-4　作業に用いる化学物質の危険性・有害性に関するリスクアセスメントを実施している事業所割合（全体＝14.5％）

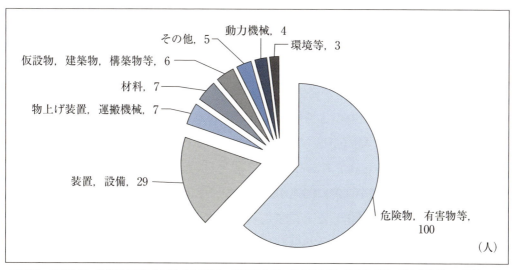

*危険物,有害物等:労働安全衛生法に基づく危険物(爆発性物質,発火性物質,酸化性物質,引火性物質,可燃性ガス),有害物(酸・アルカリ・シアン等,その他の有機溶剤,その他ガス及び蒸気,その他の粉じん),放射線,その他の危険物・有害物等。

出典:「労働者死傷病報告」(2013)

図1-5 爆発・火災の型別・起因物別労働災害発生状況(休業4日以上)

スクアセスメントの実施について」の2013(平成25)年実態調査では,化学物質等リスクアセスメントが未実施または不適切なものが少なくなかった(図1-4)。

また,2013(平成25)年の労働災害(休業4日以上)における爆発・火災事故は,過半数が化学物質によって起きていた(図1-5)。

安衛法の化学物質リスクアセスメント義務化は,労働者が胆管がんを発症したことに端を発するが,爆発・火災による労働災害も看過できない状況にあったといえよう。

2014(平成26)年公布の改正安衛法において,「事業者は,厚生労働省令で定めるところにより,第57条第1項の政令で定める物及び通知対象物による危険性又は有害性等を調査しなければならない。」(第57条の3)が追加され,リスクアセスメントを義務化した(2016(平成28)年施行)。これは第57条第1項の政令で定める物および通知対象物に限定されるが,「第57条第1項の政令で定める物及び通知対象物以外」の化学物質についても,(第28条の2「業務に起因する危険性又は有害性等」について)リスクアセスメントを努力義務で行う必要があり,事業者の自律的な化学物質管理を求めている。

3　化学物質の危険有害性情報

(1)　GHS(The Globally Harmonized System of Classification and Labelling of Chemicals)について

各国の法律または規制は，多くの点で似ているものの，その相違もまた大きい。危険有害性の定義が様々で，ある国では引火性物質とみなされ，他の国ではそうならないことがある。そこで，国際貿易が広く行われているという現実を踏まえ，国際的に調和されたアプローチが必要であるとの認識の下に，安全な使用，輸送，廃棄を確かなものにするための包括的な基盤が築かれた。「化学品の分類および表示に関する世界調和システム」（GHS：The Globally Harmonized System of Classification and Labelling of Chemicals）である（「国際連合（国連）GHS 文書」改訂 6 版より）。

GHS は，1992（平成 4）年に国連が採択した「アジェンダ 21」第 19 章の化学物質管理への取組みを具現化したものである。現在「アジェンダ 21」と「持続可能な開発に関する世界首脳会議」（WSSD：World Summit on Sustainable Development。2002 年）の内容の実施を目指している。WSSD で定められた実施計画において国際的に合意された「国際的化学物質管理に関する戦略的アプローチ」（Strategic Approach on International Chemical Management），および GHS を所轄する国際化学物質管理会議（International Committee on Composite Materials）は，「民間部門は化学物質の安全性推進のため，自主的なプログラムやイニシアチブを通じて，かなりの努力を行ってきた。その能力強化を約束し，産業界の責任を強調する」（2006（平成 18）年）と宣言している。国連 GHS の根底には，事業者の自律的取組みを求める思想が流れているといえる。

国連 GHS が規定するのは，下記の 2 項目である。

① 物質および混合物を，健康，環境および物理化学的危険有害性に応じて分類するための調和された判定基準（criteria）（分類基準）

② ラベルおよび安全データシートの要求事項を含む，調和された危険有害性に関する情報要素（elements）

上記の規定は，国連 GHS 文書として 2003（平成 15）年に初版が発行され，国連経済社会理事会の下に設置された GHS 専門家小委員会での議論を踏まえて，2 年ごとに改訂している。2017（平成 29）年には改訂第 7 版が公開されている。

調和（Harmonize）

世界調和システム（The Globally Harmonized System）は全く新しい概念というわけではなく，輸送部門においてすでに広く実施されていた。これを包含しつつ，それまでにはなかった作業場や消費部門にも及ぶ GHS の取組みは，世界的に利用され，適用されることにある。そして中核は，事業者の自律活動に置く。現実的に考えて実現性が高いのは，強行法規的な統一規格（de jure standard）よりも調和（Harmonize）という緩やかな規制である。

第1章　爆発・火災防止のためのリスクアセスメントの必要性

日本では，国連 GHS 文書をもとに，GHS 規定項目に応じて，それぞれ JIS Z 7252 と JIS Z 7253 が改訂発行される。現在発刊されている JIS Z 7252：2014「GHS に基づく化学品の分類方法」および JIS Z 7253：2012「GHS に基づく化学品の危険有害性情報の伝達方法－ラベル，作業場内の表示及び安全データシート（SDS）」は，国連 GHS 文書改訂第 4 版に基づいている。また 2018（平成 30）年には改訂される予定である。

国連 GHS 文書で規定される用語定義の一部を以下に記す。

① 化学物質（Substance）

　　天然に存在するか，または任意の製造過程において得られる元素およびその化合物をいう。化学物質の安定性を保つ上で必要な添加物および用いられる工程に由来する不純物を含むが，当該物質の安定性に影響せず，またその組成を変化させることなく分離することが可能な溶媒は除く。

② 混合物（Mixture）

　　複数の物質で構成される反応を起さない混合物または溶液をいう。

　　合金は混合物とみなす。

各国での GHS 適用は「ビルディングブロック方式」（Building block approach）がとられており，どのブロック（積み木）を選択するかは束縛しない。例えば，危険有害性の種類や区分はブロックであり，国内法に盛り込むか否かを含め，どのように適用するかは各国の裁量に委ねられているが，分類基準（criteria）そのものを変更することは調和の原則からはずれるので許されていない。こういった裁量余地は，「相違が続くとしても不断の努力の下に，世界的な調和を成し遂げることがゴールである」（国連 GHS 文書）という現実主義の上に成り立っている。

日本での GHS 適用に関しては，厚生労働省を幹事に，経済産業省，内閣府消費者庁，総務省消防庁，外務省，農林水産省，国土交通省，環境省，GHS 専門家小委員会委員，（独）製品評価技術基盤機構，（独）労働者健康安全機構労働安全衛生総合研究所，（一社）日本海事検定協会，（一社）日本化学工業協会で構成する「GHS 関

ビルディングブロック方式（Building block approach）

　いくつかの構成要素（ブロック＝積み木）を，今できることから積み上げて（ビルディング），将来のゴールを達成する，現実主義（リアリズム）的な方式。GHS 関係省庁連絡会議では，「選択可能方式」と仮訳する。

第1編　爆発・火災防止対策の基礎知識

係省庁連絡会議」が，国連 GHS 文書の邦訳，化学物質の GHS 分類，国連 GHS 専門家小委員会での対処方針の決定などを行う。同会議は，2001（平成 13）年に発足した。

⑵　GHS における物理化学的危険有害性を分類する判定基準

　国連 GHS 文書改訂 6 版における物理化学的危険有害性（Physical Hazard）の種類（Class）を表 1 − 1 に示した。国連 GHS 文書は，この物理化学的危険有害性の種類に対して，分類基準を規定している。詳細は国連 GHS 文書を参照されたい。本書では一例（引火性液体）を記す。

　引火性液体は，「引火点が 93℃以下の液体」と定義されている。ここで液体とは，50℃で 300kPa 以下の蒸気圧を有し，20℃，101.3kPa ではガス状にならず，融点または融解が始まる温度（initial melting point）が 20℃以下の化学物質または混合物と定義される。

　引火性液体の物理化学的危険有害性を分類する判定基準は表 1 − 2 であり，4 つの区分のいずれかに分類する。なお，引火点（flash point）は，蒸気が着火源により発火する最低温度とし，101.3kPa での温度に換算する。また，初留点（Initial boiling point）は，蒸気圧が 101.3kPa に等しい時の液体温度と定義する。

　この判定基準には各国の裁量に委ねるただし書きがある。すなわち，引火点が 35℃を超え 60℃以下の場合，国際連合の危険物輸送に関する勧告（United Nations Recommendations on the Transport of Dangerous Goods）の試験方法および判定基準に基づけば，引火性液体とみなさなくても良いこと，引火点が 55℃から 75℃の範囲にある軽油，ディーゼル油および軽加熱油類を別のグループにすることや，粘性の高い引火性液体（例えば，塗料，エナメル，ラッカー，ワニス，接着剤，ポリッシャーなど）を別のグループにして非引火性液体とすることも許容している。

　混合物の引火点は，測定方法を規定しているが，計算で求める方法も記している。ただし，引火点の計算値が，引火性液体の分類基準にある温度（23℃や 60℃）より 5℃以上高い場合であって，以下を満たさなければならない。

①　混合物の成分が正確にわかっている（範囲しかわからないのであれば，引火点計算値が最も低くなる配合を選択する）。

②　各成分の爆発下限界がわかっている。

③　各成分の飽和蒸気圧がわかっている。

④　各成分の活量係数の温度依存性がわかっている。

⑤　液相が等質（homogeneous）である。

第1章　爆発・火災防止のためのリスクアセスメントの必要性

表1-1　GHSにおける物理化学的危険有害性の種類（Class）

ピクトグラム	種類（Class）	定義（要約）
	爆発物	損害を及ぼすような温度，圧力，速度でガスを発生する
	可燃性／引火性ガス	空気との混合気が燃焼範囲にあるガス
	エアゾール	内容物を泡／ペースト／粉として噴霧する
	支燃性／酸化性ガス	空気以上に他の物質の燃焼を引き起こす，または燃焼を助けるガス
	高圧ガス	200kPa以上の圧力で充填されているガスまたは液化または深冷液化ガス
	引火性液体	引火点が93℃以下の液体
	可燃性固体	易燃性を有する，または摩擦により発火あるいは発火を助長するおそれのある固体
	自己反応性物質および混合物	熱的に不安定で，酸素（空気）がなくても強い発熱分解を起こしやすい液体または固体の物質あるいは混合物
	自然発火性液体	たとえ少量であっても，空気と接触すると5分以内に発火しやすい液体
	自然発火性固体	たとえ少量であっても，空気と接触すると5分以内に発火しやすい固体
	自己発熱性物質および混合物	自然発火性液体または自然発火性固体以外の固体物質または混合物で，空気との接触によりエネルギー供給がなくても，自己発熱しやすいもの
	水反応可燃性物質および混合物	水との相互作用により，自然発火性となるか，または可燃性／引火性ガスを危険となる量発生する固体または液体の物質あるいは混合物
	酸化性液体	それ自体は必ずしも可燃性を有さないが，一般には酸素の発生により，他の物質を燃焼させまたは助長するおそれのある液体
	酸化性固体	それ自体は必ずしも可燃性を有さないが，一般には酸素の発生により，他の物質を燃焼させまたは助長するおそれのある固体
	有機過酸化物	2価の-O-O-構造を有し，1あるいは2個の水素原子が有機ラジカルによって置換されている過酸化水素の誘導体と考えられる液体または固体有機物質
	金属腐食性物質	化学反応によって金属を著しく損傷し，または破壊する物質または混合物
	鈍感化爆発物	大量爆発や非常に急速な燃焼をしないように，爆発性を抑制するために鈍感化され，したがって「爆発物」から除外されている固体または液体の爆発性物質または混合物

出典：「国連GHS文書」改訂6版より作成

第1編　爆発・火災防止対策の基礎知識

表1-2　引火性液体の物理化学的危険有害性を分類する判定基準

区　分	判定基準	ピクトグラム	危険有害性
区分1	引火点 < 23℃　　および　初留点 ≦ 35℃	🔥	高 ↑
区分2	引火点 < 23℃　　および　　35℃ < 初留点	🔥	
区分3	23℃ ≦ 引火点 ≦ 60℃	🔥	
区分4	60℃ < 引火点 ≦ 93℃	なし	↓ 低

出典：「国連 GHS 文書」改訂6版を元に作成

⑥　混合物の爆発下限界の計算方法がわかっている。

なお，国連 GHS 文書では，Gmehling and Rasmussen（Ind. Eng. Chem. Fundament, 21, 186, 1982）の計算方法が良いとしている。それは，高分子や添加剤などの非揮発性成分を含んでいたとしても，6つの揮発性成分を含む混合物まで有効であり，成分として炭化水素，エーテル，アルコール，エステル（アクリレートを除く）のような引火性液体および水で確認している。一方，アクリレート，ハロゲン，硫黄，リン等を含む場合には無効であるとしている。

表1-3に，分類区分に該当しない場合の語句の意味を記載した。国連 GHS文書における原表記と日本語訳は微妙にニュアンスが異なっており，GHS で「区分外」と判定されたものは「危険有害性なし」という意味ではなく，「区分に入るだけの危険有害性は認められなかった」という意味であることに注意する必要がある。さらに，GHS の物理化学的危険性の大部分は，国連の危険物輸送に関する勧告（UNRTDG）の区分を採用しているが，次のことに注意が必要である。

①　危険物輸送においては，危険物は適切な容器に収納されて運送されるもので，危険性は火災，あるいは容器が破損する事故での漏洩等の際に発現するので，結果としてより高い危険有害性を対象とする。このため UNRTDG では比較的低い危険有害性は考慮されていない場合がある。

②　UNRTDG の試験方法で，GHS 区分に入らない結果が得られている場合に「区分外」となる。例えば，UNRTDG 試験説明書には，酸化性固体の硝酸カルシウム四水和物，硝酸コバルト六水和物，硝酸ニッケル，硝酸ストロンチウム（無水）は，UNRTDG クラス 5.1 に達しなかったことが例示されている。このた

第1章　爆発・火災防止のためのリスクアセスメントの必要性

め酸化性物質ではあるが，GHS 酸化性固体では「区分外」となる。

　表1-4に各国のビルディングブロックの採用状況を示した。各国のビルディングブロックの採用の差異や分類基準の解釈の相違により，GHS 分類結果は国ごとに若干の相違がある。わが国では，JIS で採択しなかったビルディングブロックがある。なお GHS 分類を行う際のわが国としての分類基準の解釈については，GHS 関係省庁連絡会議が公表する「政府向け・事業者向け GHS 分類ガイダンス」を参照されたい。

　厚生労働省（医薬食品局，労働基準局），経済産業省（製造産業局），環境省（環境保健部）等の関係機関が中心となって，化学物質の危険有害性を GHS 分類した結果（政府分類）が，(独) 製品評価技術基盤機構のホームページに掲載されている。なお，2017（平成29）年11月10日時点で3,815物質が掲載されている。

　国連 GHS 文書では，混合物の物理化学的危険性 GHS 分類に関して，以下の手順を提示している。

① 　第一に，混合物そのものの試験データに基づいて行う。ただし，試験することは要求していない。

② 　第二に，混合物が既知の物理化学的危険有害性成分を含む場合，その危険有害性の判定手順に従う。

　事業者は種々の化学物質が混ざった混合物しか取り扱わないといっても過言ではない。すなわち，実社会では混合物の GHS 分類結果が必要となることから，GHS 関係省庁連絡会議は「事業者向け GHS 分類ガイダンス」を公表するとともに，経

表1-3　GHS 分類結果の表現

分類結果での語句	解　説	国連文書英語原文での標記
分類できない	各種の情報源および自社保有データ等を検索してみたが，分類の判断を行うためのデータが全く，または分類するに十分な程度に得られなかった場合。	Classification not possible
分類対象外	GHS で定義される物理的性質に該当しないため，当該区分での分類の対象となっていないもの。 　例えば，危険有害性区分が「〇〇性固体」となっているもので，常態が液体や気体のもの。当該物質の化学構造中に評価項目に関係する原子団を含まない場合も分類対象外とする。	—
区分外	分類を行うのに十分な情報が得られており，分類を行ってみたところ GHS で規定する危険有害性区分において一番低い区分とする十分な証拠が認められなかった場合。 　十分な情報が得られない場合は「区分外」とせず，「分類できない」と分類する。	Not classified

出典：「政府向け GHS 分類ガイダンス」（平成25年度改訂版 Ver.1.1）（2013）
http://www.meti.go.jp/policy/chemical_management/int/files/ghs/h25ver1.1jgov.pdf

済産業省は「GHS 混合物分類判定システム」を公開*している。このソフトウエアは，成分名とその含有率を入力すれば，混合物の GHS 分類結果が出力される。本システムは，（独）製品評価技術基盤機構のホームページに掲載されている「政府による GHS 分類結果（純物質）」や，事業者が独自に保有する GHS 分類結果（純物質や混合物）を引用することができる。

(3) GHS における危険有害性情報コミュニケーション

㋐ GHS の対象者

GHS の目的の一つは，危険有害性情報のコミュニケーションを世界的に調和し，展開することにある。システムの末端利用者ニーズを下記のように想定し，手段と情報要素を規定している。

① 作業場（事業者と作業者）
- 使用または取り扱われる化学物質または混合物に特有な危険有害性と，それによる悪影響を避けるために必要な防護対策
- 事故が起きた場合に，被害を小さくする適切な方法
- 危険有害性の特定および防止に関する教育訓練
- ラベルおよび安全データシートを含むすべての GHS の要素が採用される。

② 緊急時対応者
- 広範なレベルについての情報
- 緊急対応を容易にするために，正確かつ詳細で明確な情報
- 事故または緊急時の被害者を治療する医療従事者が必要とする情報とは異なる。

③ 輸送（輸送従事者，緊急時対応者，事業者，輸送委託者・受託者，輸送物の荷役従事者，乗船する作業者など）
- 輸送状況に対応した一般安全慣行に関する情報
- 危険物に直接接触する可能性がある作業者は，より詳細な情報
- 他の部門の労働者と同様に教育訓練が必要である。
- 国際連合の危険物輸送に関する勧告・モデル規則（UNRTDG・Model Regulation）を尊重する。

④ 消費者
- ラベルは消費者にとって容易に入手できる唯一の情報源である。そのため，

＊：http://www.meti.go.jp/policy/chemical_management/int/ghs_auto_classification_tool.html

第1章　爆発・火災防止のためのリスクアセスメントの必要性

表1-4　GHS分類の各国比較

危険有害性クラス	有害性区分	日本	アメリカ	EU	シンガポール	オーストラリア	マレーシア	フィリピン
		JISZ7252:2014	OSHA HCS/HazCom 2012	CLP規則（EC）No1272/2008	SS586: Part2: 2014	Model Work Health and SafetyRegulations: 2014	OCCUPATIONAL SAFETY AND HEALTH (CLASSIFICATION, LABELLING ANDSAFETY DATA SHEET OF HAZARDOUSCHEMICALS) REGULATIONS 2013	DEPARTMENT ORDER NO. 136-14 Series of 2014GUIDELINES FOR THE IMPLEMENTATION OF GLOBALLY HARMONIZED SYSTEM (GHS) IN CHEMICAL SAFETYPROGRAM IN THE WORKPLACE
爆発物	不安定爆発物		非適用					
	1.1							
	1.2							
	1.3							併用（有害性区分に分離せず）
	1.4							
	1.5							
	1.6							
可燃性又は引火性ガス	1							
	2							併用（有害性区分に分離せず）
	A		非適用	非適用		非適用	非適用	
	B							
エアゾール	1							
	2							併用（有害性区分に分離せず）
	3		非適用	非適用		非適用	非適用	
支燃性又は酸化性ガス	1							
高圧ガス	圧縮ガス							
	液化ガス							併用（有害性区分に分離せず）
	深冷液化ガス							
	溶解ガス							
引火性液体	1							
	2							併用（有害性区分に分離せず）
	3							
	4			非適用	非適用		非適用	
可燃性固体	1							併用（有害性区分に分離せず）
	2							
自己反応性化学品	A							
	B							
	C						併用（CとDに分離せず）	
	D							併用（有害性区分に分離せず）
	E						併用（EとFに分離せず）	
	F							
	G							
自然発火性液体	1							
自然発火性固体	1							
自己発熱性化学品	1							併用（有害性区分に分離せず）
	2							
水反応可燃性化学品	1							
	2							併用（有害性区分に分離せず）
	3							
酸化性液体	1							
	2							併用（有害性区分に分離せず）
	3							
酸化性固体	1							
	2							併用（有害性区分に分離せず）
	3							
有機過酸化物	A							
	B							
	C						併用（CとDに分離せず）	
	D							併用（有害性区分に分離せず）
	E						併用（EとFに分離せず）	
	F							
	G							
金属腐食性化学品	1							
鈍感化爆発物	1							
	2							
	3							
	4							

出典：化学物質国際対応ネットワークホームページ「各国の化学品分類とJIS規格の比較表」より編集

製品の使用について十分詳細かつ適切に示されていることが必要である。

国連GHS文書では危険有害性情報のコミュニケーション手段として，GHS分類基準に基づいたラベル（注意喚起語，危険有害性情報，注意書きおよび絵表示，製品特定名，供給者の特定），安全データシートの2つを規定している。

絵表示（ピクトグラム）は画像によって危険有害性や予防対策を視認するための手段でシンボルを白い背景のように置き，十分に幅広い赤い枠で囲った表示で，9種ある（図1-5）。厚生労働省は「ラベルでアクション」プログラムで絵表示を用いて具体的な危険有害性や予防対策（注意事項）を提示しており（図1-6），労働者の教育啓発に利用することを求めている。なお，絵表示は化管法では「絵表示」，安衛法では「標章」という。

国連GHS文書では，輸送に対して，GHS絵表示ではなく，国際連合の危険物輸送に関する勧告モデル規則（国連モデル規則。United Nations Model Regulations on the Transport of Dangerous Goods）のピクトグラム（輸送規則におけるラベルと呼ばれる）を用いるべきであるとしている。なお，物理化学的危険性のGHS絵表示の大部分は，国連モデル規則のシンボルを採用している。詳細は国連GHS文書の付属書を参照されたい。

(イ) ラベル

GHSラベルは，利用者（主に労働者）が製品の危険有害性を一目でわかるようにするために，絵表示が使われるが，絵表示だけでなく，「危険有害性情報」，「注意書き」，「注意喚起語」，「製品特定名」，「供給者の特定」が最低限の情報として

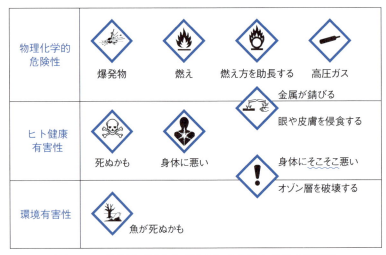

図1-5　絵表示（ピクトグラム）の危険有害性の解釈例

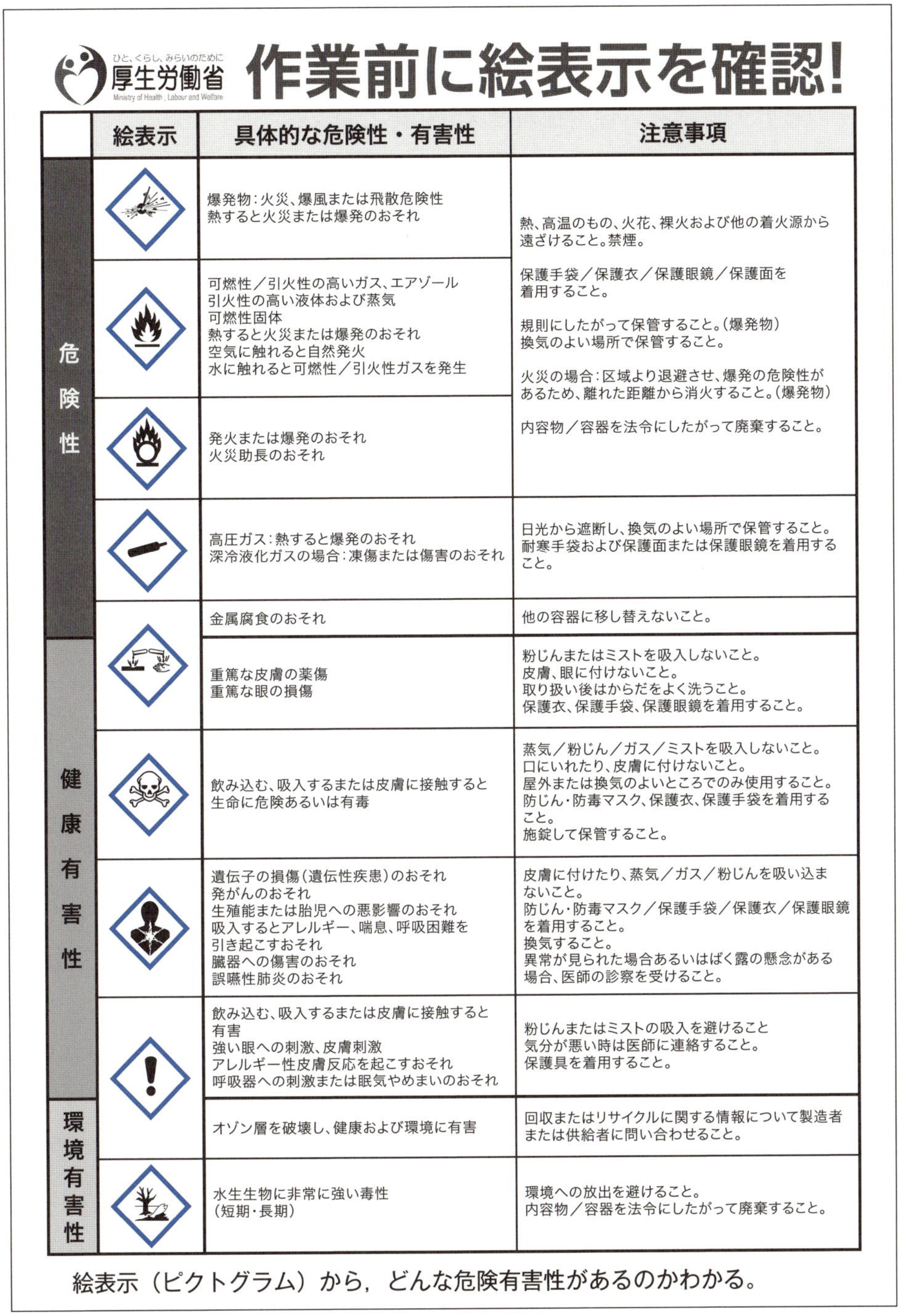

第1章　爆発・火災防止のためのリスクアセスメントの必要性

作業前に絵表示を確認！
厚生労働省

	絵表示	具体的な危険性・有害性	注意事項
危険性		爆発物：火災、爆風または飛散危険性 熱すると火災または爆発のおそれ	熱、高温のもの、火花、裸火および他の着火源から遠ざけること。禁煙。
		可燃性／引火性の高いガス、エアゾール 引火性の高い液体および蒸気 可燃性固体 熱すると火災または爆発のおそれ 空気に触れると自然発火 水に触れると可燃性／引火性ガスを発生	保護手袋／保護衣／保護眼鏡／保護面を着用すること。 規則にしたがって保管すること。（爆発物） 換気のよい場所で保管すること。 火災の場合：区域より退避させ、爆発の危険性があるため、離れた距離から消火すること。（爆発物）
		発火または爆発のおそれ 火災助長のおそれ	内容物／容器を法令にしたがって廃棄すること。
		高圧ガス：熱すると爆発のおそれ 深冷液化ガスの場合：凍傷または傷害のおそれ	日光から遮断し、換気のよい場所で保管すること。 耐寒手袋および保護面または保護眼鏡を着用すること。
健康有害性		金属腐食のおそれ	他の容器に移し替えないこと。
		重篤な皮膚の薬傷 重篤な眼の損傷	粉じんまたはミストを吸入しないこと。 皮膚、眼に付けないこと。 取り扱い後はからだをよく洗うこと。 保護衣、保護手袋、保護眼鏡を着用すること。
		飲み込む、吸入するまたは皮膚に接触すると生命に危険あるいは有毒	蒸気／粉じん／ガス／ミストを吸入しないこと。 口にいれたり、皮膚に付けないこと。 屋外または換気のよいところでのみ使用すること。 防じん・防毒マスク、保護衣、保護手袋を着用すること。 施錠して保管すること。
		遺伝子の損傷（遺伝性疾患）のおそれ 発がんのおそれ 生殖能または胎児への悪影響のおそれ 吸入するとアレルギー、喘息、呼吸困難を引き起こすおそれ 臓器への傷害のおそれ 誤嚥性肺炎のおそれ	皮膚に付けたり、蒸気／ガス／粉じんを吸い込まないこと。 防じん・防毒マスク／保護手袋／保護衣／保護眼鏡を着用すること。 換気すること。 異常が見られた場合あるいはばく露の懸念がある場合、医師の診察を受けること。
		飲み込む、吸入するまたは皮膚に接触すると有害 強い眼への刺激、皮膚刺激 アレルギー性皮膚反応を起こすおそれ 呼吸器への刺激または眠気やめまいのおそれ	粉じんまたはミストの吸入を避けること 気分が悪い時は医師に連絡すること。 保護具を着用すること。
環境有害性		オゾン層を破壊し、健康および環境に有害	回収またはリサイクルに関する情報について製造者または供給者に問い合わせること。
		水生生物に非常に強い毒性 （短期・長期）	環境への放出を避けること。 内容物／容器を法令にしたがって廃棄すること。

絵表示（ピクトグラム）から，どんな危険有害性があるのかわかる。

図1-6　厚生労働省「ラベルでアクション～事業場における化学物質管理の促進のために～」ポスター「作業前に絵表示を確認」
http://www.mhlw.go.jp/file/06-Seisakujouhou-11300000-Roudoukijunkyokuanzeneiseibu/pictgram_re.pdf

提供される。ラベル要素のそれぞれの意味を以下に示した。

・危険有害性情報（Hazard statements）

それぞれの危険有害性の種類と区分に応じた文言。

・注意書き（Precautionary statements）

利用者が被る被害を防止または低減するために，取るべき措置を記述した文言。

・注意喚起語（Signal words）

相対的な危険有害性の重大性を示し，「危険（Danger）」＞「警告（Warning）」のいずれかで，利用者に警告する。

・製品特定名（Product identifier）

製品に使用される名称または番号。

・供給者の特定（Supplier identification）

製造業者または供給者の名前，住所および電話番号を示すべきとしている。

国連GHS文書では，危険有害性情報を労働者がはっきりと手にできるようにするとの意図の下，作業場で使われる容器（container）にもGHSラベルによる事業場内表示について求めている。また，ラベル表示が困難な場合について代替の手法を示している。例えば，

・供給容器から作業場の容器（試験用の少量サンプル，配管，鉱石運搬車，コンベア，ばら積，反応／混合釜，貯蔵タンク，短時間だけ利用するための一時的な容器など）に移し替える場合

・容器サイズの制約がある場合

・工程用の容器に近づくことができない場合

などの場合，完璧なGHSラベルは現実的に無理があるので，個々の容器に貼付する代表例として，

・作業場に掲示する

・フローチャートに記す

・絵表示とともに製品の特定名を用いる

などの代替例が示されている。

同じ意図の下，労働安全衛生法令（以下「安衛令」）においても事業場内表示を努力義務として定めており，ラベル表示が困難な場合の代替手法を認めている。この場合，労働者に危険・有害性情報を適切に伝え，適切な取扱いを行うためには，労働者の教育訓練および危険有害性と予防手段の理解が確実でなければなら

第1章　爆発・火災防止のためのリスクアセスメントの必要性

図1-7　GHSラベルの活用例

ない。一つの方法として，安全パトロールの活用があるであろう（図1-7）。

　GHSラベルの貼付された製品を受ける事業者は，製品を移し替えずにそのままに消費する場合には，貼付されているGHSラベルが利用できる。一方，そのままで消費しない場合，例えば自社内で原液を希釈してから消費する場合には，原液と希釈液の混合物としてのGHSラベルが必要となる。混合物のGHSラベルは，原液と希釈液それぞれのGHS分類結果がわかれば，混合物としてのGHSラベル入手することはさほど困難ではない。前述の経済産業省が公開する「GHS混合物分類判定システム」を用いれば，混合物としてのGHS分類結果を手にできる。さらに，このシステムは，ラベル要素（ピクトグラム，危険有害性情報，注意書き（数（レベル）は選択する），注意喚起語，製品特定名，供給者の特定）もすべて出力できる（図1-8）。つまり，製品（プロダクト）を受ける事業者も独自でGHS分類を行い「表示」をできるようにするツールが政府によって用意されているといえる。

(ウ)　安全データシート（Safety Data Sheet）

　国連GHS文書では，SDSの役割が，事業者と作業者の双方が①危険有害性の情報源とすること，②安全対策の助言を得ること，にあると規定している。これらは作業場における化学物質管理に用いるのであるが，プロダクトが最終的に消費される特定の作業場に関連した特殊な情報を提供することはできない。つまり，製品を受ける事業者は，①自社の作業場に合った作業者保護プログラム（例えば教育訓練）を独自に持つ必要があり，②環境保護対策を講じなければならない。

第1編　爆発・火災防止対策の基礎知識

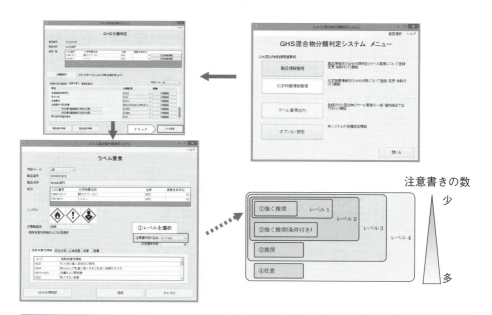

図1-8　「GHS混合物分類判定システム」におけるラベル要素の出力例

国連 GHS 文書では，SDS には，以下の 16 項目を記載しなければならない。また順序も以下でなければならないとしている。

[国連 GHS が規定する SDS のフォーマット]

- 項目（heading）

1）物質または混合物および会社情報

2）危険有害性の要約

3）組成および成分情報

4）応急措置

5）火災時の措置

6）漏出時の措置

7）取扱いおよび保管上の注意

8）ばく露防止および保護措置

9）物理的および化学的性質

10）安定性および反応性

11）有害性情報

12）環境影響情報

13）廃棄上の注意

14）輸送上の注意

15）適用法令

16）その他の情報

- 内容（content）

○物質または混合物および会社情報

　・物品の特定

　・推奨用途および使用上の制限

　・供給者ディテール（社名，住所，電話番号など）
　　緊急時の電話番号

○危険有害性の要約

　・その製品の GHS 分類結果

　・GHS ラベル要素である絵表示（ピクトグラム），危険有害性情報，注意書き，注意喚起語

　・GHS 分類に関係しない，または GHS で扱われない他の危険有害性
　　例えば，粉じん爆発危険，窒息，凍結，取扱い中に生じる空気汚染など。

第1編　爆発・火災防止対策の基礎知識

○組成および成分情報

化学物質：

・化学的特定名

一般的な化学名が用いられるが，CAS 名や IUPAC 名もある。

・慣用名，別名など

・CAS 番号およびその他の特定名

その他の特定名には，欧州委員会（EU）番号といったものがある。

・GHS 分類に寄与する不純物および安定化添加物

混合物：

国連 GHS における危険有害性について，カットオフ値を超えて含有する成分名と濃度または濃度範囲。なお，危険有害性のない成分も含めて，すべての成分が記載されている場合もある。

ただし，成分情報は営業秘密（Confidential Business Information）が優先する。

○火災時の措置

・適切および不適切な消火剤

例えば，爆発可能性のある粉じん—空気混合物の形成を起こし得る媒体を避けること。

・特異的な危険有害性

例えば，燃焼の際に発生する有害な副産物，毒性ガスである一酸化炭素や，硫黄と窒素の酸化物の発生。

・消防士用の特別な保護具と予防措置

例えば，格納容器は水噴霧によって低温に保つ。

○漏出時の措置

・ヒトに対する予防措置，保護具および緊急時措置

例えば，保護具素材の適不適。保護具のほかには着火源の除去，十分な換気，危険区域からの退避，専門家に助言を求める必要性のない応急処置。

・自然環境に対する予防措置

・封じ込めおよび浄化のための方法と機材

例えば，流出防止には，防液堤／トレンチ／ピットを設置しておく，下水溝を覆う，損壊や流出防止のために用意する保護材。

浄化には，中和方法，汚染除去方法，吸着材，洗浄方法，真空装置による

吸い取り方法（防爆器具や装置の使用も含める）。

○取扱いおよび保管上の注意

・安全な取扱いのための予防措置

例えば，混触危険物の取扱い，製品の性質を変えることによって新たなリスクを生む操作および条件とその対策。

・保管条件

回避について＝爆発雰囲気，腐食，燃焼危険性，混触危険性，揮発条件，潜在的発火源（電気設備を含む）

管理について＝気象条件，大気圧，温度，直射日光，湿度，振動

保全（Integrity）について＝安定化剤，抗酸化剤

そ　の　他　＝換気条件，特別設計する保管室／容器，保管数量制限，輸送容器適合性

○安定性および反応性

・反応性

一般データや成分のデータが示される場合がある。

混触禁止では，製品と容器が輸送，保管，使用において混触の可能性がある物質や不純物が考慮される。

・化学的安定性

標準大気中での，想定される保管・取扱い温度と圧力条件下で，安定か不安定かが示される。

使用する，またはその必要がある安定剤。

物理的外観の変化。

・危険有害反応性の可能性

製品が反応または重合して，過剰な圧力または熱の放出，危険な状態になることが示される。

いかなる条件下で，そのような反応が起こるかも示される。

・避けるべき条件

例えば，静電気放電，衝撃，振動など。

・混触危険物質

例えば，爆発，有毒ガスまたは可燃性物質の放出，極度な放熱を起こす物質の種類が示される。

・危険有害な分解生成物

使用，保管，加熱の結果生じる有害な分解生成物が示され，「火災時の措置」に記載される。

○廃棄上の注意

・廃棄物の記述，その安全な取扱いと廃棄方法（汚染容器・包装の廃棄を含む）

○輸送上の注意

・国連番号（国連モデル規則による）
・国連出荷名（国連モデル規則による正式名）
・輸送における危険有害性クラス（国連モデル規則による）
・容器等級（国連モデル規則による。等級番号は危険の程度に応じる）
・海洋汚染物質の該非（国際海洋危険物規則（IMDG コード）による）
・ばら積み輸送（MARPOL73/78 付属書Ⅱおよび IBC コードによる）
・使用者のための特別予防措置

例えば，構内外の輸送や輸送手段に関して認識しておく必要がある予防措置，または守るべき予防措置について示される。

○適用法令

・国内の法規制（安全，ヒト健康，自然環境）が示される。
・国際的な条約等，例えばモントリオール議定書，ストックホルム条約，ロッテルダム条約の該非が示される。

㈠　わが国の化学物質関連法規への GHS 導入状況

表1-5にわが国の GHS 導入状況を示した。各法令における化学物質管理の目的や内容，適用範囲が異なっており，危険有害性の分類や，表示および通知に関する項目も，GHS の分類基準，ラベル表示内容，SDS の記載項目に完全に一致しているわけではない。日本では，化学物質の危険有害性情報の伝達に関する各法令を一本化した統合法または複数の法律を規定する枠組み法はないので，GHS の導入は，各法令において GHS 対応している JIS Z 7253 を法令，解釈通例で引用または推奨することで行われている。日本の化学物質関連法で GHS 導入をうたっている法令は，特定化学物質の環境への排出量の把握等及び管理の改善の促進に関する法律（化管法），安衛法，毒物及び劇物取締法（毒劇法）となっている。以下，化管法，安衛法，毒劇法について記載する。

化管法における情報伝達の義務対象物質は，法第 14 条に規定する GHS 対応 SDS による危険有害性の情報提供が必要な化学物質（第1種，第2種指定化学物質）である。2018（平成 30）年1月時点で，人や生態系への有害性（オゾン

第1章　爆発・火災防止のためのリスクアセスメントの必要性

表1-5　わが国のGHS導入状況

	分類区分	表示	SDS
航空機による爆発物等の輸送基準等を定める告示	GHSではなく，国連の危険物輸送に関する勧告を基本として策定された国際民間航空機関（International Civil Aviation Organization）危険物規則に準拠する。		規定はない。
危険物船舶運送及び貯蔵規則（船舶安全法に基づく省令）	GHSではなく，国連の危険物輸送に関する勧告を基本として策定された国際海事機関（International Maritime Organization）の国際海上危険物規定（International Maritime Dangerous Goods Code）に準拠する。		規定はない。
労働安全衛生法（安衛法）	GHSに準拠する。	JISZ7253に基づけば，安衛法関係法令に基づく記載要件（記載事項等）は満たされる。	
特定化学物質の環境への排出量の把握等及び管理の改善の促進に関する法律（化管法）	GHSに準拠する。	事業者にJISZ7252に従い，JISZ7253に適合することを求める。	
農薬取締法	規定はない。	GHS準拠の規定はない。	規定はない。
肥料取締法	規定はない。	GHS準拠の規定はない。	規定はない。
火薬類取締法	GHSにおいて火薬類に分類される物質の大多数が，火薬類取締法で火薬類に分類されている。	GHSではなく，国連の危険物輸送に関する勧告に一致している。	規定はない。
消防法	火災危険性をいくつかの区分に分類している。（必ずしもGHSと一致しない）	同法が規定している内容のラベルを添付することを義務付けているが，GHSに基づく表示を追加して行うことも認めている。	規定はない。
高圧ガス保安法	規定はない。	GHS準拠の規定はない。	規定はない。
毒物及び劇物取締法（毒劇法）	薬事・食品衛生審議会が定めた毒物劇物の判定基準が用いられている。	GHSを推奨している。GHSが求めていない事項がある。	

出典：GHS関係省庁連絡会議「我が国のGHS導入状況」

　層破壊性を含む）があり，環境中または将来的に広く存在する可能性があると認められる物質として，562物質がリスト化されている。なお，化管法第14条における情報伝達は罰則付きである。

　毒劇法における情報伝達の義務対象物質は，毒物及び劇物取締法施行令第40条の9に規定する文書（GHS対応SDSを推奨）による情報提供が必要な毒物および劇物である。2018（平成30）年1月時点で，日常流通する有用な化学物質のうち，急性毒性による健康被害が発生するおそれが高い物質で，保健衛生上の見地から必要な取締を行う必要がある原体，製剤として，326物質がリスト化されている。

　安衛法における情報伝達の義務対象物質は，安衛法第57条に規定する表示（GHS対応ラベルでよい）により危険有害性の情報提供が必要な表示対象物質，第57条の2に規定する文書（GHS対応SDSでよい）により危険有害性の情報提供が必要な通知対象物質である。2018（平成30）年1月時点で，一定の危険有害性を有し，起こり得る労働災害を未然に防ぐため，事業者および労働者がそ

第1編　爆発・火災防止対策の基礎知識

表1-6　各法令で規定する危険有害性コミュニケーション項目の比較

	GHS（＝JIS）	化管法（法第14条）SDS制度	安衛法（法第57条の2）文書の交付制度	毒劇則（施行規則第13条の12）
1	物質または混合物	○	○	－
	および会社情報	○	○	○
2	危険有害性の要約	○	○	－
3	組成および成分情報	○	○	○
4	応急措置	○	○	○
5	火災時の措置	○	○	○
6	漏出時の措置	○	○	○
7	取扱いおよび保管上の注意	○	○	○
8	ばく露防止および保護措置	○	○	○
9	物理的および化学的性質	○	○	○
10	安定性および反応性	○	○	○
11	有害性情報	○	○	○
12	環境影響情報	○	－	○
13	廃棄上の注意	○	－	○
14	輸送上の注意	○	－	○
15	適用法令	○	○	－
16	その他の情報	○	○	－
－		－	－	毒物または劇物の別

　の危険有害性を認識し，事業者がリスクに基づく必要な措置を検討・実施する仕組みを創設する必要がある663物質がリスト化されている。なお，安衛法第57条に規定する表示は罰則つきである。

　上記の3法の管理下にある一千数百物質は随時見直しがされており，追加されたり，入れ替わったりしているので，法令で規制されているかどうかは確認する必要がある。

　安衛法では，安衛則第24条の14および第24条の15に基づき，表示義務または文書交付義務の対象物質以外の危険有害性を有するすべての化学物質およびそれを含有する混合物についても，表示（GHS対応ラベルでよい）および文書交付（GHS対応SDSでよい）を努力義務としている。このことから，日本国内では，危険有害性を有するすべての化学物質およびそれを含有する混合物についてGHS対応のラベルとSDSの提供が受けられる状況にあるといえる。また，厚生労働省は2018年度から2022年度の5カ年において，GHS分類の結果，危険性または有害性等を有するとされるすべての化学物質について，ラベル表示と安全

データシート（SDS）の交付を行っている化学物質譲渡・提供者の割合を 80%
以上（平成 28 年度：ラベル表示 60.0%，SDS 交付 51.6%）とする目標を掲げて
いる。

　表 1-6 に化管法，安衛法，毒劇法における危険有害性の情報伝達項目を示した。
化管法は 2012（平成 24）年の改正により，指定化学物質等の性状および取扱い
に関する情報の提供の方法を定める省令の第 3 条の提供する危険有害性の情報項
目を GHS の SDS 記載項目である 16 項目と一致させた。安衛法の目的と適用範
囲の違いから，環境影響情報の提供については第 57 条の 2 の文書交付制度で規
定しておらず，SDS 記載項目である 16 項目と一致していない。しかし，2007（平
成 19）年 2 月 24 日付け施行通達で GHS との整合性について記載しており，解
釈例規で，GHS 対応の JIS Z 7253 の規格に準拠して，文書交付を行えば，安衛
法令の規定および指針を満たすとしている。毒劇法では，施行規則第 13 条の 12 で，
毒物劇物の性状および取扱いに関する情報提供の内容を定めているが，目的と適
用範囲の違いから，環境影響情報の提供については規定していない。しかし，毒
物劇物の性状および取扱いに関する情報提供について，GHS 対応の SDS 提供を
推奨している。

【参考文献】

［1］　経済産業省，産業事故調査結果の中間取りまとめ（2003）
　　　 http://www.meti.go.jp/kohosys/press/0004791/0/031216sangyojiko.pdf

［2］　産業構造審議会保安分科会，産業構造審議会保安分科会報告書　～産業事故の撲滅に向けて（「産
　　　 業保安」の再構築）～（2013）

［3］　内閣官房，総務省消防庁，厚生労働省，経済産業省，石油コンビナート等における災害防止対
　　　 策検討関係省庁連絡会議報告書（2014）

［4］　消防庁危険物保安室，平成 28 年中の危険物に係る事故の概要（2017）

［5］　高圧ガス保安協会，高圧ガス関係事故年報（2017）

［6］　厚生労働省，平成 28 年の労働災害発生状況，
　　　 http://www.mhlw.go.jp/stf/houdou/0000165073.html

［7］　United Nations, AGENDA21,
　　　 https://sustainabledevelopment.un.org/content/documents/Agenda21.pdf

［8］　https://www.iso.org/obp/ui/#iso:std:53940:en

［9］　https://www.iso.org/obp/ui/#iso:std:iso:guide:73:ed-1:v1:en

［10］　https://www.iso.org/obp/ui/#iso:std:iso:31000:ed-1:v1:en

［11］　UK HSE, ALARP "at a glance", http://www.hse.gov.uk/risk/theory/alarpglance.htm

［12］　益永茂樹編，三宅淳巳他，リスク学入門 5 「科学技術からみたリスク」，岩波書店（2007）

［13］　Directive 2012/18/EU of the European Parliament and of the Council of 4 July 2012 on the
　　　 control of major-accident hazards involving dangerous substances, amending and subsequently
　　　 repealing Council Directive 96/82/EC, Official journal of the European Union,
　　　 http://eur-lex.europa.eu/legal-content/EN/TXT/PDF/?uri=OJ:L:2012:197:FULL&from=EN

［14］　American Chemical Society, CAS Registry, http://www.cas.org/content/chemical-substances

第1編　爆発・火災防止対策の基礎知識

	第**2**章

化学物質の発火・爆発危険性

1　爆発・火災に関わる化学物質の物理化学的危険有害性（国連 GHS による SDS）

　化学物質による爆発・火災の危険性が顕在化するには，燃焼の３要素（44 頁参照）が重要であり，化学物質そのものが持つ物理化学的危険性と化学物質を取り巻く酸素や着火源の存在など環境要因による。化学物質そのものが持つ物理化学的危険性を知るには，SDS の２項に記載されている GHS 分類と危険性情報が重要となる。**表１-１**（13 頁）に物理化学的危険性の種類（クラス），定義と区分を示した。また，**図１-５**，**１-６**（18，19 頁）に絵表示，危険性の種類と区分を示した。

　GHS 分類における化学物質の危険性の分類の多くは，酸素との反応による危険性で分類されており，例えば**表１-７**のように概念化することができる。また，燃焼の３要素で置き換えると，A は可燃物の要素，B は酸素の要素に置き換えることができ，AB は可燃物と酸素の要素に置き換えることができる。また，自然発火性液体，自己発熱性化学品，引火性液体を比較すると，引火性液体が燃焼するには外部の着火源が必要であるが，自然発火性液体は着火源がなくても燃焼する。また，自己発熱性化学品も空気中の酸素と反応し温度が発火点を超えると着火源がなくても燃焼する。自己発熱性化学品は引火性液体より，自然発火性液体は自己発熱性化学品よりも上位の危険性に位置付けられる。なお，水反応可燃性物質と金属腐食性

表１-７　酸素との反応による危険性の概念

危険性のタイプ					
A	主に空気中の酸素と反応することによる危険性を持つ物質または混合物	ガス	自然発火性ガス	不安定ガス	可燃性／引火性ガス
		液体	自然発火性液体	（自己発熱性化学品）	引火性液体
		固体	自然発火性固体	自己発熱性化学品	可燃性固体
A'				水反応可燃性化学品	
B	空気以上に A の酸化を促進する危険性を持つ物質または混合物	ガス		支燃性または酸化性ガス	
		液体		酸化性液体	
		固体		酸化性固体	
B'					金属腐食性化学物質
AB	A および B の危険性を持つ物質または混合物，または A および B の混合物	液体	爆発物	有機過酸化物 自己反応性化学品	鈍感化爆発物
		固体	爆発物	有機過酸化物 自己反応性化学品	
C	その他。物理的危険性				高圧ガス エアゾール

物質はそれぞれ A'，B' としてサブカテゴリーとした。

　現行の GHS 分類では粉じん爆発のような危険性をクラス化していないので，SDS の物理化学的性状などから粉じん爆発の可能性についても読み取る必要がある。

　可燃物では，燃焼範囲と最小着火エネルギーを知ることが，燃焼危険性の理解を助ける。SDS の項目9「物理的および化学的性質（physical and chemical properties）」に，化学物質および混合物の特性が示されており，燃焼範囲は，「爆発下限界および爆発上限界（lower and upper explosion limit）」が示されている。これ以外に，引火点（flash point）や自然発火点（auto-ignition temperature）も参考になる。

　なお，混合物の物理化学的性状について，国連 GHS では混合物自体を試験することを求めているものの，最も低い値を持つ成分の値を選択できる余地があり，SDS に示さていれる値は必ずしも混合物自体を試験して得られた値でない場合がある。混合物の引火点を計算で求める方法があることは前章に記したとおりである。

　最小着火エネルギーを記載することは，国連 GHS による SDS では求められていないが，「さらなる安全特性（further safety characteristics）」の欄を設けても良いことになっているので，ここに示されていることを期待したい。

　「自己発熱性物質および混合物」，「自己反応性物質および混合物」，「有機過酸化物」を対比すれば，詳細は以下のとおりである。

・自己発熱性物質および混合物

　　空気との接触によるエネルギー供給がなくても，自己発熱（発熱速度が熱損失速度を超えると燃焼となる）しやすいもの。

・自己反応性物質および混合物

　　空気（酸素）がなくても強い発熱を起こすもの。密封加熱で，爆轟や急速な爆燃を起こす場合がある。

・有機過酸化物

　　衝撃や摩擦に敏感，急速燃焼，爆発的な分解，他の物質と危険な反応をするような特性を一つ以上有し，爆轟や爆燃を起こさないものと起こすものがある。

　これらの特性は，SDS の項目9「物理的および化学的性質」の「分解温度」に示される。「自己加速分解温度」（self-accelerating decomposition temperature）または「分解開始温度」（decomposition onset temperature）である。これらの温度が低ければ，爆発・火災が起きやすいといえる。加えて GHS は，分解エネルギー値，爆発性（有 / 部分的（partial）/ 無），爆燃性（急速（rapidly）/ ゆっくり（slowly/

第1編　爆発・火災防止対策の基礎知識

無），密閉下の熱影響（激しい（violet）／中くらい（medium）／低い（low）／無），爆発力（低くない（not low）／低い（low）／無）の記載を促しており，これらは，SDSの項目10「安定性および反応性（stability and reactivity）」に示されることもある。日本国内におけるSDSとしてグラファイトの例を**表1-8**に示す。そこでは，国連GHSにおける危険有害性の種類への分類は「分類対象外」や「分類できない」に相当してしまい，杓子定規には燃焼や爆発（粉じん）に関わる危険有害性情報を伝えられない。2項に，それを回避するような工夫がされており，GHS分類に該当しない危険性を記載することを求めている。

　また，国連GHS文書では，爆発性粉じんが形成される可能性がある場合に，「さらなる安全特性（further safety characteristics）」の欄を設けて，その爆発下限界，最小着火エネルギー，爆燃指数，最大爆発圧力，その粒子について追加の情報の記

表1-8　【例】爆発・火災に関わる化学物質の物理化学的危険性をGHSによるSDSで知る（製品名 ＝グラファイト）

グラファイトのSDS	
2　危険有害性情報の要約	
GHS分類	分類できない
GHS分類ラベル要素	分類できない
危険有害性情報	分類できない。**可燃性，粉じん爆発性あり**
その他の有害性情報	吸入または飲み込んだ場合有害である。眼，粘膜に接触すると刺激性がある。長期ばく露により，不快感，吐き気，頭痛などの症状を起こすことがある。
注意書き	「予防策」
	通常の取扱いでは危険性は低い。**取扱いの際には，適当な保護具を使用する。**
	「対応策」
	目，皮膚に接触した場合，洗い流す。医師に相談する。
	「保管」
	強力な酸化剤から離しておく。
	直射日光を避け，換気のよいなるべく涼しい場所に密閉して保管する。
	上記で記載がない危険有害性は分類対象外または分類できない。
9　物理的および化学的性質	
外観等	金属光沢のある黒〜鋼灰色不透明結晶〜塊状。微小な黒鉛結晶からなる。
相	固体
色	黒色
比重	1.7 〜 1.9 程度
融点	3338℃
沸点	3700 〜 4300℃
引火点	**500 〜 600℃**
昇華点	3652℃
蒸気圧	0.001Pa（2000℃）
10　安定性および反応性	
安定性	通常条件で安定である。
反応性	常温でフッ素と反応する。
引火性	データなし。ただし，**特定の条件下で可燃性あり。**
発火性	データなし。ただし，**特定の条件下で可燃性あり。**
爆発限界	データなし。ただし，**粉末または顆粒状で空気と混合すると爆発性あり。**
避けるべき条件	**強酸化剤と混合しない。**
危険有害な分解生成物	データなし

太字・下線は特に爆発・火災に関わる情報

32

第2章　化学物質の発火・爆発危険性

表1-9　国連 GHS による SDS の項目9「物理的および化学的性質」と項目10「安定性および反応性」の最小情報（minimum information）の概要

項目9「物理的および化学的性質（physical and chemical properties）
・物理状態（physical state）
・色（colour）
・沸点または初留点および沸騰範囲（boiling point or initial boiling point and boiling range）：　混合物自体の測定が技術的に可能でない場合，沸点が最も低い成分の沸点
・**爆発下限界および爆発上限界／引火限界**（lower and upper explosion limit/flammability limit）
・**引火点**（flash point）：　混合物自体の値がない場合，引火点が最も低い成分の引火点
・**自然発火温度**（auto-ignition temperature）：　混合物自体の値がない場合，自然発火温度が最も低い成分の自然発火温度
・臭い（odour）
・**可燃性**（flammability）：　分類に基づいた可燃性に関してより具体的な情報
・粘度（kinematic viscosity）
・蒸気比重（relative vapour density）
・pH
・融点／凝固点（melting point/freezing point）：　混合物自体の測定が技術的に可能でない場合にはそれを示す。
・溶解度（solubility）：　水への溶解を示す。非極性溶媒への溶解度も含まれる。
・n-オクタノール／水分配係数（partition coefficient:n-octanol/water）：　一般に混合物は該当しない。
・**分解温度**（decomposition temperature）：　自己反応性，有機過酸化物，分解可能性のある物質および混合物が該当
・蒸気圧（vapour pressure）：　追加的に，ガスと液体の境を明確にするため，定義に基づき50℃における蒸気圧
・密度または比重（density and/or relative density）
・**粒子特性**（particle characteristics）

項目10「安定性および反応性（stability and reactivity）」
・**反応性**（reactivity）
・**化学的安定性**（chemical stability）
・**危険有害反応性の可能性**（possibility of hazardous reactions）
・**避けるべき条件**（静電放電，衝撃，振動等）（conditions to avoid（e.g. static discharge, shock or vibration））
・**混触危険物質**（incompatible materials）
・**危険有害性のある分解生成物**（hazardous decompositionproducts）

太字・下線は，特に爆発・火災に関わる情報

載を求めているので，粉じん爆発の可能性について考慮する有用な情報である。

　参考までに，国連 GHS による SDS の項目9と項目10の最小情報（minimum information）の概要を**表1-9**に示した。

2　危険物に関わる主な法令

　わが国のいくつかの規制法は，化学物質の危険有害性に対する化学物質管理の色彩が濃い。この従前の管理は，化学物質ごとの危険有害性から対象物質を選定（リスト作成）し，その量を規制する（内閣府科学技術会議「化学物質リスク総合管理技術研究の現状；我が国における化学物質管理に係わる法制度の状況」2006（平成18）年より）。また，対象物質の選定は，実際に起きた事故や問題に対応し，その影響，程度に応じて行われてきた（衆議院商工委員会第145回（1999（平成11）年より）。これは，法令ごとに対象とする危険物が様々であることにも表れる。例えば，消防法，安衛法，高圧ガス保安法，火薬類取締法，道路法，道路運送法，鉄

第1編 爆発・火災防止対策の基礎知識

道営業法，鉄道運輸規程，危険物船舶運送及び貯蔵規則・船舶による危険物の運送基準等を定める告示，航空法，航空法施行規則，航空機による爆発物等の輸送基準を定める告示，建築基準法施行令，災害対策基本法，石油コンビナート等災害防止法などが危険物を規制するが，法令が保護する客体は異なり，応じた防止策もそれぞれに対応する必要があるからであろう。詳しくは各法令を参照されたい。なお，危険物の概念は幅広く，客体に対峙する主体すなわち危険を及ぼすものも，化学物質に限らず，物品（機器や器具など）や環境（動植物や生態）が対象に該当する法令もある。

(1) 消防法

爆発・火災に関わる危険物（化学物質）は，消防法の定義が浸透しているように思うが，消防法の客体は財産である。消防法の目的，客体，手段を以下に記す。

[目的]：

　「この法律は，火災を予防し，警戒し及び鎮圧し，国民の生命，身体及び<u>財産を火災から保護する</u>とともに，火災又は地震等の<u>災害による被害を軽減する</u>ほか，災害等による<u>傷病者の搬送を適切に行い</u>，もつて安寧秩序を保持し，社会公共の福祉の増進に資することを目的とする」（消防法第1条）

[客体]：

　・「防火対象物とは，山林又は舟車，船きょ若しくはふ頭に繋留された船舶，建築物その他の工作物若しくはこれらに属する物をいう。」（同法第2条第2項）

　・「消防対象物とは，山林又は舟車，船きょ若しくはふ頭に繋留された船舶，建築物その他の工作物又は物件をいう。」（同法第2条第3項）

　・国民の生命，身体

[手段]：

　「消防隊」（第2条第8項），「救急業務」（同法第2条第9項）

また，関係者（関係者とは，防火対象物又は消防対象物の所有者，管理者又は占有者をいう。同法第2条第4項）には，「消防の設備等」（同法第4章）や防火管理点検などを義務付けている。

この構造の中で，危険物を「危険物とは，別表第1の品名欄に掲げる物品で，同表に定める区分に応じ同表の性質欄に掲げる性状を有するものをいう。」（消防法第2条第7項）と定義され，リストのとおりとなる（**表1-10**）。さらに，類別する

第2章　化学物質の発火・爆発危険性

表1-10　消防法における危険物（対象物質リスト：消防法第2条第7項＝別表第1および危険物の規制に関する政令第1条）

類別	性質	品　名		
第一類	酸化性固体	1　塩素酸塩類		
		2　過塩素酸塩類		
		3　無機過酸化物		
		4　亜塩素酸塩類		
		5　臭素酸塩類		
		6　硝酸塩類		
		7　よう素酸塩類		
		8　過マンガン酸塩類		
		9　重クロム酸塩類		
		10　その他のもので政令で定めるもの		
			1　過よう素酸塩類	
			2　過よう素酸	
			3　クロム，鉛又はよう素の酸化物	
			4　亜硝酸塩類	
			5　次亜塩素酸塩類	
			6　塩素化イソシアヌル酸	
			7　ペルオキソ二硫酸塩類	
			8　ペルオキソほう酸塩類	
			9　炭酸ナトリウム過酸化水素付加物	
		11　前各号に掲げるもののいずれかを含有するもの		
第二類	可燃性固体	1　硫化りん		
		2　赤りん		
		3　硫黄		
		4　鉄粉		
		5　金属粉		
		6　マグネシウム		
		7　その他のもので政令で定めるもの（未設定）		
		8　前各号に掲げるもののいずれかを含有するもの		
		9　引火性固体		
第三類	自然発火性物質及び禁水性物質	1　カリウム		
		2　ナトリウム		
		3　アルキルアルミニウム		
		4　アルキルリチウム		
		5　黄りん		
		6　アルカリ金属（カリウム及びナトリウムを除く。）及びアルカリ土類金属		
		7　有機金属化合物（アルキルアルミニウム及びアルキルリチウムを除く。）		
		8　金属の水素化物		
		9　金属のりん化物		
		10　カルシウム又はアルミニウムの炭化物		
		11　その他のもので政令で定めるもの		
		塩素化けい素化合物		
		12　前各号に掲げるもののいずれかを含有するもの		
第四類	引火性液体	1　特殊引火物		
		2　第一石油類		
		3　アルコール類		
		4　第二石油類		
		5　第三石油類		
		6　第四石油類		
		7　動植物油類		
第五類	自己反応性物質	1　有機過酸化物		
		2　硝酸エステル類		
		3　ニトロ化合物		
		4　ニトロソ化合物		
		5　アゾ化合物		
		6　ジアゾ化合物		
		7　ヒドラジンの誘導体		
		8　ヒドロキシルアミン		
		9　ヒドロキシルアミン塩類		
		10　その他のもので政令で定めるもの		
			1　金属のアジ化物	
			2　硝酸グアニジン	
			3　1－アリルオキシ－2・3－エポキシプロパン	
			4　4－メチリデンオキセタン－2－オン	
		11　前各号に掲げるもののいずれかを含有するもの		
第六類	酸化性液体	1　過塩素酸		
		2　過酸化水素		
		3　硝酸		
		4　その他のもので政令で定めるもの		
		ハロゲン間化合物		
		5　前各号に掲げるもののいずれかを含有するもの		

35

性質を以下に定義している。なお，「危険物の規制に関する規則」において「品名」から除外されるものが規定されている。

> 液体＝１気圧において，温度20℃で液状であるものまたは温度20℃を超え40℃以下の間において液状となるもの
>
> 気体＝１気圧において，温度20℃で気体状であるもの
>
> 固体＝液体または気体以外のもの
>
> 第１類＝酸化性固体
>
> > 固体であって，酸化力の潜在的な危険性を判断するための政令で定める試験において政令で定める性状を示すもの，または衝撃に対する敏感性を判断するための政令で定める試験において政令で定める性状を示すものであることをいう。
>
> 第２類＝可燃性固体
>
> > 固体であって，火炎による着火の危険性を判断するための政令で定める試験において政令で定める性状を示すもの，または引火の危険性を判断するための政令で定める試験において引火性を示すものであることをいう。
> >
> > 引火性固体とは，固形アルコールその他１気圧において引火点が40℃未満のものをいう。
>
> 第３類＝自然発火性物質および禁水性物質
>
> > 固体または液体であって，空気中での発火の危険性を判断するための政令で定める試験において政令で定める性状を示すもの，または水と接触して発火し，もしくは可燃性ガスを発生する危険性を判断するための政令で定める試験において政令で定める性状を示すものであることをいう。
>
> 第４類＝引火性液体
>
> > 液体（第三石油類，第四石油類および動植物油類にあっては，１気圧において，温度20℃で液状であるものに限る。）であって，引火の危険性を判断するための政令で定める試験において引火性を示すものであることをいう。
> >
> > 特殊引火物とは，ジエチルエーテル，二硫化炭素その他１気圧において，発火点が100℃以下のものまたは引火点が零下20℃以下で沸点が40℃以下のものをいう。

第一石油類とは，アセトン，ガソリンその他1気圧において引火点が21℃未満のものをいう。

アルコール類とは，1分子を構成する炭素の原子の数が1個から3個までの飽和一価アルコール（変性アルコールを含む。）をいい，組成等を勘案して総務省令で定めるものを除く。

第二石油類とは，灯油，軽油その他1気圧において引火点が21℃以上70℃未満のものをいい，塗料類その他の物品であって，組成等を勘案して総務省令で定めるものを除く。

第三石油類とは，重油，クレオソート油その他1気圧において引火点が70℃以上200℃未満のものをいい，塗料類その他の物品であって，組成を勘案して総務省令で定めるものを除く。

第四石油類とは，ギヤー油，シリンダー油その他1気圧において引火点が200℃以上250℃未満のものをいい，塗料類その他の物品であって，組成を勘案して総務省令で定めるものを除く。

動植物油類とは，動物の脂肉等または植物の種子もしくは果肉から抽出したものであって，1気圧において引火点が250℃未満のものをいい，総務省令で定めるところにより貯蔵保管されているものを除く。

第5類＝自己反応性物質

固体または液体であって，爆発の危険性を判断するための政令で定める試験において政令で定める性状を示すものまたは加熱分解の激しさを判断するための政令で定める試験において政令で定める性状を示すものであることをいう。

第6類＝酸化性液体

液体であって，酸化力の潜在的な危険性を判断するための政令で定める試験において政令で定める性状を示すものであることをいう。

(2) 安衛法

一方，安衛法での客体は労働者である。安衛法の目的，客体，手段を以下に記す。

[目的]：

「この法律は，労働基準法（昭和22年法律第49号）と相まって，労働災害の防止のための危害防止基準の確立，責任体制の明確化及び自主的活動の促進の措置を講ずる等その防止に関する総合的計画的な対策を推進することにより

職場における労働者の安全と健康を確保するとともに，快適な職場環境の形成を促進することを目的とする。」（安衛法第１条）

[客体]：

「労働者　労働基準法第９条（職業の種類を問わず，事業又は事務所に使用される者で，賃金を支払われる者をいう。）に規定する労働者（同居の親族のみを使用する事業又は事務所に使用される者及び家事使用人を除く。）をいう。」（同法第２条第２項）

とする。

[手段]：

「事業者は，単にこの法律で定める労働災害の防止のための最低基準を守るだけでなく，快適な職場環境の実現と労働条件の改善を通じて職場における労働者の安全と健康を確保するようにしなければならない。」（同法第３条第１項）

と定義する。

労働安全衛生法令では危険物を定義せず，労働者が取り扱う設備や作業を規定し，それに関わる物として安衛令によってリストを作成（**表１-11**，**表１-12**）している。

⑶　危険物の比較

消防法と安衛令の"危険物"リストを対照すると，類別も含め，必ずしも一致していない（**表１-13**）。また，消防法が定義する危険物の判定基準は，「危険物の規制に関する政令」で定める試験法を用い，その政令で定める性状を示すこととするのに対して，安衛令はGHSに準拠していることから，消防法とGHSでは試験方法が異なることからも一致していない（第１編第１章　**表１-5**，27頁参照）。

これらの法令の枠組みは，消防法が「客体である国民の生命や財産を政府が公設消防によって保護する」であるのに対して，安衛法は「客体である労働者の安全を事業者が確保する」である。消防法は公設消防の活動の視点で危険物を類別し，安衛法は危険物の視点で事業者が講ずべき措置（設備や作業）を規定していると考えられる。さらに，公設消防が入る水準（事業者で処置できるだろう水準）が消防法の「指定数量」に対し，安衛法では，その水準によらず事業者に雇われる労働者が死傷病を被ることがあるはずであり，消防法数量以下であっても安衛法（数量制限がない）によって設備や作業要件を設け，予防的に規制することは妥当と考えられる。

安衛法令においては設備や作業要件として，安衛法で「事業者が講ずべき措置」

第2章　化学物質の発火・爆発危険性

表1-11　安衛令における危険物（対象物質リスト：安衛令別表第1の危険物（第1条，第6条，第9条の3関係））

類別		物	
1	爆発性の物	1　ニトログリコール，ニトログリセリン，ニトロセルローズその他の爆発性の硝酸エステル類	
		2　トリニトロベンゼン，トリニトロトルエン，ピクリン酸その他の爆発性のニトロ化合物	
		3　過酢酸，メチルエチルケトン過酸化物，過酸化ベンゾイルその他の有機過酸化物	
		4　アジ化ナトリウムその他の金属のアジ化物	
2	発火性の物	1　金属「リチウム」	
		2　金属「カリウム」	
		3　金属「ナトリウム」	
		4　黄りん	
		5　硫化りん	
		6　赤りん	
		7　セルロイド類	
		8　炭化カルシウム（別名カーバイド）	
		9　りん化石灰	
		10　マグネシウム粉	
		11　アルミニウム粉	
		12　マグネシウム粉及びアルミニウム粉以外の金属粉	
		13　亜二チオン酸ナトリウム（別名ハイドロサルファイト）	
3	酸化性の物	1　塩素酸カリウム，塩素酸ナトリウム，塩素酸アンモニウムその他の塩素酸塩類	
		2　過塩素酸カリウム，過塩素酸ナトリウム，過塩素酸アンモニウムその他の過塩素酸塩類	
		3　過酸化カリウム，過酸化ナトリウム，過酸化バリウムその他の無機過酸化物	
		4　硝酸カリウム，硝酸ナトリウム，硝酸アンモニウムその他の硝酸塩類	
		5　亜塩素酸ナトリウムその他の亜塩素酸塩類	
		6　次亜塩素酸カルシウムその他の次亜塩素酸塩類	
4	引火性の物	1　引火点が零下30℃未満の物	エチルエーテル，ガソリン，アセトアルデヒド，酸化プロピレン，二硫化炭素その他
		2　引火点が零下30℃以上零度未満の物	ノルマルヘキサン，エチレンオキシド，アセトン，ベンゼン，メチルエチルケトンその他
		3　引火点が零度以上30℃未満の物	メタノール，エタノール，キシレン，酢酸ノルマル―ペンチル（別名酢酸ノルマル―アミル）その他
		4　引火点が30℃以上65℃未満の物	灯油，軽油，テレビン油，イソペンチルアルコール（別名イソアミルアルコール），酢酸その他
5	可燃性のガス	温度15℃，一気圧において気体である可燃性の物	水素，アセチレン，エチレン，メタン，エタン，プロパン，ブタンその他

安衛令第1条，第6条，第9条の3関係について，以下に記す。
・第1条：ガス集合溶接装置の定義の中での可燃性ガス
・第6条：安衛法第14条の「政令で定める作業」（作業主任者を選任すべき作業の中での加熱乾燥作業）
・第9条の3：労働安全衛生法第31条の2の「注文者が講ずべき措置」における「政令で定めるものの改造」の中の「政令で定める設備」（別表第1に掲げる危険物を製造し，若しくは取り扱い，又は引火点が65℃以上の物を引火点以上の温度で製造し，若しくは取り扱う設備で，移動式以外の化学設備とその付属設備）。なお，アセチレン溶接装置，ガス集合溶接装置及び乾燥装置などを除く。さらに，この別表第1に掲げる危険物には火薬類取締法第2条第1項に規定する火薬類を除く（表1-12），とある。

39

第1編　爆発・火災防止対策の基礎知識

表1-12　火薬類取締法における火薬類の定義（第2条第1項）（対象物質リスト）

第2条　この法律において「火薬類」とは，左に掲げる火薬，爆薬及び火工品をいう。		
1　火薬	イ	黒色火薬その他硝酸塩を主とする火薬
	ロ	無煙火薬その他硝酸エステルを主とする火薬
	ハ	その他イ又はロに掲げる火薬と同等に推進的爆発の用途に供せられる火薬であつて経済産業省令で定めるもの
2　爆薬	イ	雷こう，アジ化鉛その他の起爆薬
	ロ	硝安爆薬，塩素酸カリ爆薬，カーリットその他硝酸塩，塩素酸塩又は過塩素酸塩を主とする爆薬
	ハ	ニトログリセリン，ニトログリコール及び爆発の用途に供せられるその他の硝酸エステル
	ニ	ダイナマイトその他の硝酸エステルを主とする爆薬
	ホ	爆発の用途に供せられるトリニトロベンゼン，トリニトロトルエン，ピクリン酸，トリニトロクロルベンゼン，テトリル，トリニトロアニソール，ヘキサニトロジフエニルアミン，トリメチレントリニトロアミン，ニトロ基を三以上含むその他のニトロ化合物及びこれらを主とする爆薬
	ヘ	液体酸素爆薬その他の液体爆薬
	ト	その他イからへまでに掲げる爆薬と同等に破壊的爆発の用途に供せられる爆薬であつて経済産業省令で定めるもの
3　火工品	イ	工業雷管，電気雷管，銃用雷管及び信号雷管
	ロ	実包及び空包
	ハ	信管及び火管
	ニ	導爆線，導火線及び電気導火線
	ホ	信号焔管及び信号火せん
	ヘ	煙火その他前2号に掲げる火薬又は爆薬を使用した火工品（経済産業省令で定めるものを除く。）

表1-13　消防法と安衛令の"危険物リスト"の対照

消防法		労働安全衛生法施行令
酸化性固体	←ほぼ相当→	酸化性の物
可燃性固体		－
自然発火性物質及び禁水性物質		－
引火性液体		引火性の物
自己反応性物質	←ほぼ相当→	爆発性の物
酸化性液体		－
－		可燃性のガス
－		発火性の物

が定められている。

・第20条　事業者は次の危険を防止するため必要な措置を講じなければならない。

第2号　爆発性の物，発火性の物，引火性の物等による危険

・第24条　事業者は，労働者の作業行動から生じる労働災害を防止するため必要な措置を講じなければならない。

・第25条　事業者は，労働災害発生の急迫した危険があるときは，直ちに作業を中止し，労働者を作業場から退避させる等必要な措置を講じなければならない。

第2章　化学物質の発火・爆発危険性

⑷　爆発・火災等の防止の規定

　また，安衛則で第2編「安全基準」の中の第4章「爆発，火災等の防止」が規定されている。

　例として，第3節「化学設備等」の一部を**表1-14**に記す。この化学設備は，化学物質を製造または取り扱う設備を指す。移し替えや希釈，混合も含まれると考えるべきである。化学設備の規定は，安衛令第9条の3により，安衛法第31条の2の「注文者が講ずべき措置」における「政令で定めるものの改造」の中の「政令で定める設備」（安衛令別表第1に掲げる危険物（火薬類取締法第2条第1項に規定する火薬類を除く）を製造し，もしくは取り扱い，または引火点が65℃以上の物を引火点以上の温度で製造し，もしくは取り扱う設備で，移動式以外のものをいい，アセチレン溶接装置，ガス集合溶接装置および乾燥装置などを除く。）およびその付属設備である。

　つぎに，第4節「火気等の管理」の一部を**表1-15**に記す。中でも，裸火や電気火花のように目に見える着火源の管理に比して，容易ではない静電気に関する第286条の2（静電気帯電防止作業服等）や第287条（静電気の除去）は注視することができる。なお，静電気対策については，「危険物の規制に関する政令」第9条第18号に「危険物を取り扱うにあたって静電気が発生するおそれのある設備には，当該設備に蓄積される静電気を有効に除去する装置を設けること。」や「一般高圧ガス保安法」第6条第38号に「可燃性ガス及び特定不活性ガスの製造設備には，当該製造設備に生ずる静電気を除去する措置を講ずること。」がある。

　安衛則第2編第4章の「爆発，火災等の防止」の各節は以下のとおりであり，詳しくは安衛則を参照されたい。

- ・第1節　溶融高熱物等による爆発，火災等の防止
- ・第2節　危険物等の取扱い等
- ・第3節　化学設備等
- ・第4節　火気等の管理
- ・第5節　乾燥設備
- ・第6節　アセチレン溶接装置及びガス集合溶接装置
- ・第7節　発破の作業
- ・第7節の2　コンクリート破砕器作業
- ・第8節　雑則

表 1-14　安衛則第 2 編第 4 章第 3 節「化学設備等」の一部

第 268 条	事業者は，化学設備（配管を除く。）を内部に設ける建築物については，当該建築物の壁，柱，床，はり，屋根，階段等（当該化学設備に近接する部分に限る。）を不燃性の材料で造らなければならない。
第 269 条	事業者は，化学設備（バルブ又はコックを除く。）のうち危険物又は引火点が 65℃ 以上の物（以下「危険物等」という。）が接触する部分については，当該危険物等による当該部分の著しい腐食による爆発又は火災を防止するため，当該危険物等の種類，温度，濃度等に応じ，腐食しにくい材料で造り，内張りを施す等の措置を講じなければならない。
第 271 条	事業者は，化学設備のバルブ若しくはコック又はこれらを操作するためのスイッチ，押しボタン等については，これらの誤操作による爆発又は火災を防止するため，次の措置を講じなければならない。 1　開閉の方向を表示すること。 2　色分け，形状の区分等を行うこと。 2　前項第 2 号の措置は，色分けのみによるものであつてはならない。
第 273 条	事業者は，化学設備（配管を除く。）に原材料を送給する労働者が当該送給を誤ることによる爆発又は火災を防止するため，当該労働者が見やすい位置に，当該原材料の種類，当該送給の対象となる設備その他必要な事項を表示しなければならない。
第 273 条の 3	事業者は，特殊化学設備（製造し，又は取り扱う危険物等の量が厚生労働大臣が定める基準に満たないものを除く。）については，その内部における異常な事態を早期には握するために必要な自動警報装置を設けなければならない。
第 273 条の 4	事業者は，特殊化学設備については，異常な事態の発生による爆発又は火災を防止するため，原材料の送給をしや断し，又は製品等を放出するための装置，不活性ガス，冷却用水等を送給するための装置等当該事態に対処するための装置を設けなければならない。
第 274 条	事業者は，化学設備又はその附属設備を使用して作業を行うときは，これらの設備に関し，次の事項について，爆発又は火災を防止するため必要な規程　を定め，これにより作業を行わせなければならない。
第 274 条の 2	事業者は，化学設備から危険物等が大量に流出した場合等危険物等の爆発，火災等による労働災害発生の急迫した危険があるときは，直ちに作業を中止し，労働者を安全な場所に退避させなければならない。
第 275 条	事業者は，化学設備又はその附属設備の改造，修理，清掃等を行う場合において，これらの設備を分解する作業を行い，又はこれらの設備の内部で作業を行うときは，次に定めるところによらなければならない。 1　当該作業の方法及び順序を決定し，あらかじめ，これを関係労働者に周知させること。 2　当該作業の指揮者を定め，その者に当該作業を指揮させること。 3　作業箇所に危険物等が漏えいし，又は高温の水蒸気等が逸出しないように，バルブ若しくはコックを二重に閉止し，又はバルブ若しくはコックを閉止するとともに閉止板等を施すこと。 4　前号のバルブ，コック又は閉止板等に施錠し，これらを開放してはならない旨を表示し，又は監視人を置くこと。 5　第 3 号の閉止板等を取り外す場合において，危険物等又は高温の水蒸気等が流出するおそれのあるときは，あらかじめ，当該閉止板等とそれに最も近接したバルブ又はコックとの間の危険物等又は高温の水蒸気等の有無を確認する等の措置を講ずること。
第 276 条	事業者は，化学設備（配管を除く。以下この条において同じ。）及びその附属設備については，2 年以内ごとに 1 回，定期に，次の事項について自主検査を行なわなければならない。ただし，2 年を超える期間使用しない化学設備及びその附属設備の当該使用しない期間においては，この限りでない。
第 278 条第 1 項	事業者は，異常化学反応その他の異常な事態により内部の気体の圧力が大気圧を超えるおそれのある容器については，安全弁又はこれに代わる安全装置を備えているものでなければ，使用してはならない。ただし，内容積 0.1 立方メートル以下である容器については，この限りでない。

　ところで，消防法では「立入検査の権限は，犯罪捜査のために認められたものと解釈してはならない。」との条項が散見され，司法警察権がない。しかし，安衛法第 92 条「労働基準監督官は，この法律の規定に違反する罪について，刑事訴訟法（昭和 23 年法律第 131 号）の規定による司法警察員の職務を行なう。」とあり，司法警

第2章　化学物質の発火・爆発危険性

表1-15　安衛則第2編第4章第4節「火気等の管理」の一部

第280条	事業者は、第261条の場所のうち、同条の措置を講じても、なお、引火性の物の蒸気又は可燃性ガスが爆発の危険のある濃度に達するおそれのある箇所において電気機械器具（電動機、変圧器、コード接続器、開閉器、分電盤、配電盤等電気を通ずる機械、器具その他の設備のうち配線及び移動電線以外のものをいう。以下同じ。）を使用するときは、当該蒸気又はガスに対しその種類及び爆発の危険のある濃度に達するおそれに応じた防爆性能を有する防爆構造電気機械器具でなければ、使用してはならない。
第281条	事業者は、第261条の場所のうち、同条の措置を講じても、なお、可燃性の粉じん（マグネシウム粉、アルミニウム粉等爆燃性の粉じんを除く。）が爆発の危険のある濃度に達するおそれのある箇所において電気機械器具を使用するときは、当該粉じんに対し防爆性能を有する防爆構造電気機械器具でなければ、使用してはならない。
第282条	事業者は、爆燃性の粉じんが存在して爆発の危険のある場所において電気機械器具を使用するときは、当該粉じんに対して防爆性能を有する防爆構造電気機械器具でなければ、使用してはならない。
第284条	事業者は、第280条から第282条までの規定により、当該各条の防爆構造電気機械器具（移動式又は可搬式のものに限る。）を使用するときは、その日の使用を開始する前に、当該防爆構造電気機械器具及びこれに接続する移動電線の外装並びに当該防爆構造電気機械器具と当該移動電線との接続部の状態を点検し、異常を認めたときは、直ちに補修しなければならない。
第286条の2	事業者は、第280条及び第281条の箇所並びに第282条の場所において作業を行うときは、当該作業に従事する労働者に静電気帯電防止作業服及び静電気帯電防止用作業靴を着用させる等労働者の身体、作業服等に帯電する静電気を除去するための措置を講じなければならない。
第287条	事業者は、次の設備を使用する場合において、静電気による爆発又は火災が生ずるおそれのあるときは、接地、除電剤の使用、湿気の付与、点火源となるおそれのない除電装置の使用その他静電気を除去するための措置を講じなければならない。
	1　危険物をタンク自動車、タンク車、ドラムかん等に注入する設備
	2　危険物を収納するタンク自動車、タンク車、ドラムかん等の設備
	3　引火性の物を含有する塗料、接着剤等を塗布する設備
	4　乾燥設備（熱源を用いて火薬類取締法（昭和25年法律第149号）第2条第1項 に規定する火薬類以外の物を加熱乾燥する乾燥室及び乾燥器をいう。以下同じ。）で、危険物又は危険物が発生する乾燥物を加熱乾燥するもの（以下「危険物乾燥設備」という。）又はその附属設備
	5　可燃性の粉状の物のスパウト移送、ふるい分け等を行なう設備
	6　前各号に掲げる設備のほか、化学設備（配管を除く。）又はその附属設備

察権を有することは、特筆すべきことである。

　法律は、事業者や労働者が自律的に管理すべき道しるべである。少なくとも、リストにない化学物質であっても、同様の危険有害性、すなわちGHSにおける物理化学的危険有害性の種類（Class）（第1編第1章　表1-1、13頁）に該当すれば、安衛則が規定する第2編「安全基準」の中の第4章「爆発、火災等の防止」に基づく対策を実行することをお勧めする。

43

第1編 爆発・火災防止対策の基礎知識

第3章 爆発・火災現象の基礎

1 燃 焼

(1) 燃焼とは

「燃焼（combustion）」とは，熱や光の発生を伴う化学反応であり，一般には酸化反応によって生じる変化であるが，酸素が関与せず，化学反応により化学物質の酸化数[1]が変化する場合も燃焼と呼ぶ場合がある。燃焼は自己維持型の反応であり，加熱源を取り除いても化学反応によって発生する熱により持続する反応である。また，燃焼は可燃性のガスや蒸気が燃焼する時のような「有炎燃焼」と木炭などが燃焼する時のような「無炎燃焼」とに分けられる。

(2) 燃焼の3要素

一般に，燃焼を生じるためには，「燃料」（または可燃剤），「酸素」（または酸化剤），「着火源」（またはエネルギー）の3要素が同時にそろうことが条件であり，これを「燃焼の3要素」と呼ぶ（図1-9）。一方，燃焼している状態を停止または消火するためには，上記の3要素のうちいずれ一つを取り除けばよく，状況，環境に応じた適切な手段を用いる。

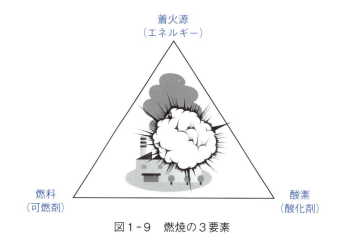

図1-9 燃焼の3要素

1） 酸化数とは，その原子が持っている電子の数が基準より多いか少ないかを表した値

第3章 爆発・火災現象の基礎

⑶ 燃焼現象の分類

㋐ 気体の燃焼

　水素，プロパン，アセチレンなどの可燃性ガスが配管や管口などから空気中に流出すると，拡散によって可燃性ガスと空気が混合するが，そこに着火源が与えられると火炎を形成しながら燃焼が生じる。可燃性ガスが定常的に供給されると，外部から流入する空気との接触面で燃焼が継続する。

　この時の燃焼による発熱と空気中への放熱のバランスがとれた燃焼を「定常燃焼」といい，バーナー火炎の燃焼などがその例である。しかし，このバランスがとれなくなると，爆発したり，逆火したりする。

㋑ 液体の燃焼

　アルコール，灯油などの引火性液体は，それらの液体の温度に応じて液体表面近くに可燃性の蒸気を発生するが，その蒸気圧に応じた分圧で蒸気が空気中に存在すると，着火源の存在により気体と同様の燃焼現象を示す。この時の燃焼熱により，液体の蒸発が促進され，発生した蒸気と空気との混合により燃焼が継続することとなる。

　低い温度においても蒸気圧が高いガソリンのような引火性の液体，すなわち引火点の低い液体は，冬場においても発散する蒸気量が多いため，爆発性の混合気体を形成しやすく，爆発的な燃焼が生じる可能性が大きくなる。

　また，重油のような引火点の高い液体でも，外部から加熱したりすると容易に蒸気を発生し，空気中で爆発性の混合気体を形成するので，引火爆発を起こしやすい。

　可燃性または引火性の液体が燃焼するためには酸素との混合が必要であるので，気化して「可燃性蒸気」となり，酸素と混合して「可燃性気体」となる必要がある。

㋒ 固体の燃焼

　石炭，木材の他，多くのプラスチックのような可燃性の固体は，空気中で加熱すると熱分解や酸化分解が生じて可燃性ガスを発生し，このガスに着火すると火炎を生じる。この時の燃焼熱により，さらに固体の熱分解が進み燃焼が継続する。

　一方，木炭や活性炭のような炭素質が大部分である固体には，可燃性ガスをほとんど生成しないため，火炎を生じないで赤熱するだけのものもあり，無炎燃焼と呼ぶ。また，ナフタリンや硫黄のように常温で固体であって，加熱によって昇

45

華したり，溶融して蒸発するものは，気体または液体と同様の燃焼形態を示す。

2　爆　発

(1)　爆発とは

「爆発（explosion）」とは，一般に，圧力の急激な発生および解放の結果，爆音や破壊を生じる現象をいう。爆発は，急激な圧力上昇を伴うため，燃焼に比べ大きな被害を及ぼす。また，化学反応を伴う爆発では燃焼に比べて反応速度が大きいため，燃焼のように途中で止めることは容易でない。

(2)　爆発現象の分類

爆発現象は，図1-10に示すように，①ボイラーの破裂のように化学反応を伴わない物理的現象（物理爆発），②可燃性ガスの爆発のような化学的現象（化学爆発）および③核反応による爆発（核爆発），の3種類に分けられる。また，初期密度がほぼ同等であるため，固相と液相を総称して「凝縮相」と呼び，爆発現象において同様に考える場合がある。さらに，凝縮相の粒子径が小さくなった場合，固相は粉体に，液相は液滴（ミスト）になり，これらは凝縮相と気相の中間的な特性を示すようになるため，粒子の物理的特性と化学的特性の双方を考慮した取扱いをする必要がある。

物理爆発は，容器の内圧が高まって容器耐圧を超えて破裂する場合や，液体から気体へ急激に気化する際の体積膨張による場合などがある。例えば，常圧における水の沸点である100℃を超えて熱せられた油に常温の水が接触すると，水は瞬間的に沸騰して水蒸気になるが，その際に体積はおよそ1,600倍になるため，この際の瞬間的な体積膨張により圧力が発生し物理的な爆発となる。このような「水蒸気爆発」は火山の噴火爆発や原子炉内で炉心溶融した際に冷却水が接触した場合などに

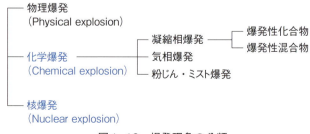

図1-10　爆発現象の分類

みられるが，これらは相変化であるため化学変化ではなく物理現象である。

　その他，金属，ガラス，鉱さいなどの溶融高熱物が水と接触した場合や，LNG（液化天然ガス）のような極低温の液化ガスを水に注いだような場合でも，急激な気化により爆発現象が生じる。また，ボイラーのドラムのように高温・高圧の液体が入っている場合に，容器に亀裂が入ると内容物の圧力が低下し，液体が急激に気化して突沸を起こすため，大きな破壊現象を示すことがある。このような現象は「蒸気爆発」と呼び，物理爆発に含まれる。

　化学爆発は燃焼の一形態と考えてよいが，燃焼が加速的に進み，急激な熱，圧力，火炎の発生を引き起こす，いわゆる酸化反応による爆発と，物質自身の急激な分解や重合により，急激な温度上昇および圧力上昇を引き起こす分解爆発とに分けられる。

　ここでいう分解とは，ある物質が空気（酸素）のない状態において，熱，衝撃などにより，2種類以上のより分子量の小さい物質に変化する反応をいう。分解反応の多くは吸熱反応であるが，発熱的に分解する化学物質も少なくなく，また，気体，液体，固体のいずれの物質もあり，注意が必要である。

　化学爆発は，高温，高速，高圧の化学反応であり，反応後の温度は数千℃，火炎伝播速度は数 km/sec，発生圧力は数十 GPa（ギガパスカル = 10^9 パスカル）に達する可能性がある。

　化学爆発では，化学反応により瞬時に大量のガスが発生することにより圧力が上昇する。この時の関係は気体の状態式で考えることができる。

$$pv = nRT \qquad\qquad (1)$$

ここで，p：圧力，v：体積，n：モル数，R：気体定数，T：温度　である。
いま，圧力に注目すると，(1)式は以下のように表せる。

$$p = \frac{nRT}{v} \qquad\qquad (2)$$

　密閉容器中での爆発を仮定すると，反応の前後で体積 v は一定であり，また，気体定数は不変であるため，圧力 p に影響を及ぼすのはモル数 n と温度 T となる。
　爆発反応により反応の前後でモル数が3倍となり，温度は 300K から 1,500K へと5倍になったとすると，圧力 p は反応の前後で15倍になる。これは，初期圧力

第1編 爆発・火災防止対策の基礎知識

表1-16 化学爆発の特性値比較

	気相爆発	粉じん爆発	凝縮相爆発
反応熱 [J/g]	2,000 ～ 3,000	2,000 ～ 3,000	2,000 ～ 6,000
初期密度 [g/cm^3]	10^{-4} ～ 10^{-2}	10^{-3} ～ 1	0.5 ～ 5.0
燃焼速度 [m/sec]	0.2 ～ 100	0.2 ～ 100	0.01 ～ 100
爆轟速度 [m/sec]	1,500 ～ 3,000	1,500 ～ 3,000	2,000 ～ 10,000
発生圧力 [MPa]	0.1 ～ 2.0	0.1 ～ 2.0	10^3 ～ 10^5
最小発火エネルギー [mJ]	0.02 ～ 2	1 ～ 100	100 ～ 10,000

0.1MPaの場合，反応後の圧力が1.5MPaに達するということになる。

表1-16に化学爆発の特性値の比較を示す。気相，粉じん，凝縮相のいずれの場合も，反応熱，燃焼や爆発の速度は同等であるが，発生圧力に大きな差異がある。これは初期密度の相違によるものであり，初期密度の大きい凝縮相の爆発では気相に比べて桁違いの圧力を発生することから，十分な注意が必要である。

(3) 可燃性のガス・蒸気の爆発

可燃性ガスまたは引火性液体を取り扱う場合，ガスまたは液体から発生した蒸気が一定の割合で空気（酸素）と混合すると爆発性の混合気体が形成されるが，これが密閉された場所に存在する場合には，何らかの着火源により爆発現象が生じる。これは爆発による熱の発生量および発生速度が非常に大きいのに対して，熱の放散量が小さいため，反応領域が高温となって急激な体積膨張，すなわち急激な圧力発生を伴うことによるものである。したがって，このような爆発は，密閉されたタンク，ピット，配管内や建物内でガスや蒸気が滞留したり，漏洩して空間に拡散したような場合に発生しやすい。このガスや蒸気の空気に対する一定の混合範囲を「爆発範囲」（または燃焼範囲）といい，この範囲外ではいかなるエネルギーを与えても爆発は生じない。この爆発範囲の上限，下限をそれぞれ「爆発上限界」（Upper Explosion Limit：UEL），「爆発下限界」（Lower Explosion Limit：LEL）と呼び，

図1-11 爆発範囲と爆発限界

第3章　爆発・火災現象の基礎

表1-17　主な可燃性物質の空気中での爆発限界（室温，大気圧）

ガス名	化学式	爆発限界[vol%]		ガス名	化学式	爆発限界[vol%]	
		下限界	上限界			下限界	上限界
メタン	CH_4	5.0	15.0	酸化エチレン	C_2H_4O	3	100[*4]
エタン	C_2H_6	3.0	12.4	アセトン	CH_3COCH_3	2.6	13
プロパン	C_3H_8	2.1	9.5	アセトアルデヒド	CH_3CHO	4.0	60
ブタン	C_4H_{10}	1.8	8.4	塩化ビニル	C_2H_3Cl	4.0	22
ペンタン	C_5H_{12}	1.4	7.8	水素	H_2	4.0	75
ヘキサン	C_6H_{14}	1.2	7.4	一酸化炭素	CO	12.5	74
ヘプタン	C_7H_{16}	1.05	6.7	アンモニア	NH_3	15	28
エチレン	C_2H_4	2.7	36	シアン化水素	HCN	5.6	40
プロピレン	C_3H_6	2.4	11	硫化水素	H_2S	4.0	44
1-ブテン	C_4H_8	1.7	9.7	二硫化炭素	CS_2	1.3	50
1,3-ブタジエン	C_4H_6	2.0	12	モノシラン	SiH_4	1.37	-[*3]
アセチレン	C_2H_2	2.5	100[*4]	ジクロルシラン	SiH_2Cl_2	4.1	98
ベンゼン	C_6H_6	1.3[*2]	7.9[*2]	ジボラン	B_2H_6	0.8	93
トルエン	C_7H_8	1.2[*2]	7.1[*2]	ホスフィン	PH_3	1.6	-[*3]
メタノール	CH_3OH	6.7	36	アルシン	AsH_3	5.1	78
エタノール	C_2H_5OH	3.3	19[*1]	ゲルマン	GeH_4	2.3	100[*4]
エチルエーテル	$C_2H_5OC_2H_5$	1.9	36	セレン化水素	H_2Se	8.8	62

*1：60℃での値，　*2：100℃での値，　*3：自然発火，　*4：分解爆発

可燃性ガスや引火性液体の安全管理上，重要なパラメータである（**図1-11**）。

表1-17 に，主な可燃性ガスおよび蒸気の空気中における爆発限界を示す。

生成熱が正で発熱的に分解するガスは，条件によっては空気と混合しなくても単独で分解爆発する可能性がある。分解熱の値が80〜130kJ/mol程度のものは，着火すると分解炎を維持することができ，これ以上の分解熱のものはそれ自体で分解・爆発を引き起こす可能性があり，物質によっては衝撃波を伴って爆轟（detonation）するものもある。分解爆発を引き起こすガスの代表はアセチレンであるが，その他にも**表1-18** に掲げるような物質がある。

また，酸化エチレン（$(CH_2)_2O$）は，生成熱は負（−221kJ/mol）であるが，下記の2つの発熱的分解反応が同時に進行して分解爆発を起こす。

$$(CH_2)_2O \rightarrow CH_4 + CO \qquad \triangle H = -135kJ/mol \qquad (3)$$

表1-18　分解爆発を生じる主なガス

物質名	分子式	生成熱（ΔHf：kJ/mol）
アセチレン	C_2H_2	+228
プロパジエン	CH_2CCH_2	+193
メチルアセチレン	CH_3CCH	+186
1,3-ブタジエン	$CH_2CHCHCH_2$	+113
亜酸化窒素	N_2O	+82

第1編　爆発・火災防止対策の基礎知識

表1-19　主な可燃性のガス・蒸気の爆轟濃度限界

可燃性ガス	分子式	温度(℃)	空気中の爆轟濃度限界の推算値	
			*下限界(vol%)	上限界(vol%)
水素	H_2	20	15.5	64.1
メタン	CH_4	20	8.3	11.8
アセチレン	C_2H_2	20	2.9	63.1
エチレン	C_2H_4	20	4.1	15.2
エタン	C_2H_6	20	3.6	10.2
プロピレン	CH_3CHCH_2	20	2.5	11.5
プロパン	C_3H_8	20	2.5	8.5
n-ブタン	C_4H_{10}	120	2.0	6.8
ネオペンタン	$CH_3-(CH_2)_3-CH_3$	20	1.5	5.9
ベンゼン	C_6H_6	120	1.6	6.6
シクロヘキサン	C_6H_{12}	120	1.4	4.8
キシレン	$C_6H_4(CH_3)_2$	160	1.1	4.7
n-デカン	$C_{10}H_{22}$	160	0.7	3.5

＊　空気中の下限界は，酸素中の下限界と同じとした。

$$2(CH_2)_2O \rightarrow C_2H_4 + 2CO + 2H_2 \quad \triangle H = -33.5kJ/mol \qquad (4)$$

　このような発熱的に分解反応を引き起こすガスは，高圧状態または液化した状態において爆発しやすい。ゲルマン（GeH_4）のように生成熱が+80kJ/mol程度のものでも条件によっては分解爆発を起こすので，ボンベへの充塡圧力に注意するとともに，不純物の混入防止，不活性ガスでの置換などの対策が必要である。

　可燃性ガスと空気などとの混合気体に着火して火炎が伝播する時の速度は，通常，数m～数10m/秒であるが，爆発範囲内のある濃度範囲においては，その伝播速度が音速を超え，衝撃波を伴う爆轟現象を生じる場合がある。爆轟が発生した場合には，衝撃波の動的特性が加わるため，発生圧力は初圧の10倍以上となり，破壊力が飛躍的に大きくなる。爆轟は一般には生じ難いが，配管中など密閉度が高い状態において酸素濃度が上昇した時に発生する可能性がある。表1-19に，主な可燃性のガスおよび蒸気の爆轟限界を示す。

⑷　粉体やミストの爆発

　可燃性の粉体や液体のミストが空気中に分散して，ある濃度以上になっているときに着火源が存在するとガスや蒸気と同様の爆発を引き起こす。これを「粉じん爆発」，「ミスト爆発」（噴霧爆発）というが，粉体の場合は，通常，着火源により固

第3章　爆発・火災現象の基礎

体表面が分解・ガス化し，これが空気と混合して爆発限界内に入り着火・爆発する。このときに発生する熱により，連鎖的に周囲の粉体の熱分解を引き起こし，爆発現象を示すものと考えられている。

これらの粉体には，ポリエチレンのようなプラスチック粉，無水フタル酸のような有機物質の粉，農産物の粉，木粉など熱分解を起こすもののほか，アルミニウム粉，チタン粉のように金属の気化または表面燃焼を通して粉じん爆発を起こすものがある。

粉じん爆発の特徴としては，粉体の粒子径が爆発の成否に大きく影響するが，およそ $500\mu m$ 以下の粉体が爆発を生じ得る。近年はその粒子径が数マイクロメートル以下の粉体を取り扱う場合があり，数 mJ 程度の軽微なエネルギーでも着火，爆発するものがあるので，粉体の粒子径には十分な注意が必要である。

粉じん爆発の下限界濃度（g/m³）は，可燃性ガスのそれらに近い値（換算値）であるが，上限界濃度が大きく，粉体が完全燃焼しなくても火炎が伝播するものもある。なお，粉じん爆発の発生圧力は，可燃性のガス，蒸気の場合と大差はない。

液体のミストとしては，灯油，重油などのミストがあるが，作動油のように常温では引火しないものでも，液滴として空気中に浮遊すると，粉じん爆発のような激

表1-20　主な粉じんの発火温度，爆発下限界および最大爆発圧力

物質名	平均粒子経 （μm）	発火温度 （℃）	爆発下限界 （g/m³）	最大爆発圧力 （MPa）
アルミニウム	29	710	30	1.2
硫黄	20	280	30	0.7
ケイ化鉄 （Fe38%，Si48%，Mg10%）	27	610	125	0.9
マグネシウム	28	—	30	1.8
ABS樹脂	200	480	60	0.9
エポキシ樹脂	26	510	30	0.8
ステアリン酸	1,300	500	8	0.7
セルロース	33	540	60	1.0
ポリエチレン	24	400	15	0.9
ポリ塩化ビニル	20	780	60	0.8
ポリプロピレン	35	440	15	0.8
小麦	80	370	60	0.9
コーンスターチ	12	450	30	1.0
木粉（ブナ）	145	490	60	0.8
亜炭	32	380	60	1.0
カーボンブラック	< 10	630	60	0.8
スス	< 10	780	—	1.1
トナー	< 10	470	15	0.8

51

しい爆発現象を引き起こすことがある。

表1-20に，主な可燃性粉じんの発火温度，爆発下限界および最大爆発圧力を示す。なお先述したように，粉じん爆発現象は粒子径や表面状態等の物理的因子に大きく影響を受けるため，表中に記載の値は，実験に供した物質についての値であることに注意する必要がある。

(5) 液体・固体の爆発

凝縮相（液体と固体の総称）は気相に比べて初期密度が大きく，存在する分子の数が多いことから，爆発した場合には気相に比べ発生する分子の数も多くなり，桁違いの威力を示す。トリニトロトルエンのようなニトロ化合物，過酸化ベンゾイルのような過酸化物，ジアゾメタンのようなジアゾ化合物などは分子内に特有な結合グループを有しており，熱，衝撃などの外部刺激を受けた場合，発熱的に分解を開始する。これらの物質は，「自己反応性物質（self-reactive materials）」と呼ばれており，空気や酸素が存在しない場合であっても自己分解により化学反応が進行する特徴を持っていることから，消防法危険物第5類「自己反応性物質」に指定されるものが多い。

また，火薬類取締法で規定される火薬，爆薬は「エネルギー物質」（energetic materials）とも呼ばれるが，これらは，外部から適度なエネルギーが加えられた場合に瞬時に反応して高温，高圧場を形成し，それらを有効に利用するように設計された物質であり，爆発の効果を推進の用途に用いるものを「火薬」，破壊の用途に用いるものを「爆薬」，火薬や爆薬の効果を利用したデバイスを「火工品」と呼び，これら火薬，爆薬，火工品をあわせて「火薬類（explosives）」と呼ぶ（表1-12，40頁参照）。

最近の化学工業においては，機能性材料や医薬品原料などの製造や蒸留の工程において分解を引き起こすような化学物質が生成し，爆発災害の原因となる可能性が

表1-21　発熱分解性の化学物質と熱分解特性（示差走査熱量測定による）

グループ	化学物質	分解開始温度（℃）	分解熱（J/g）
過酸化物	過酸化ベンゾイル	108	1,800
ニトロ化合物	2,4-ジニトロトルエン	271	3,480
アゾ化合物	2,2-アゾビスイソブチロニトリル	103	1,500
ジアゾ化合物	ジフェニルジアゾメタン	56	780
複素環化合物	5-クロロ-1,2,3-チアジアゾール	150	2,000
ヒドラジン	ベンゼンスルフォニルヒドラジド	113	1,600
その他の化合物	高度さらし粉	192	420

あるので，空気中での燃焼・爆発のみならず，分解危険性にも十分留意する必要がある。

表1-21に，示差走査熱量測定（DSC）による，代表的な発熱分解性の化学物質の分解開始温度と分解熱を示す。

液体，固体物質の爆轟現象は，火薬類によるもののほかに，液体酸素と有機物によるものや蒸留中に生成した過アルコールの分解によるもの等がある。爆轟が発生した場合の災害は気相に比べて大きく，これは主に，液体，固体の初期密度がガスや蒸気に比べて大きいため，爆発によって発生するガス量が圧倒的に多いためである。

3 着火源

燃焼や爆発は，可燃性物質が空気，酸素または酸化剤と混合した状態や自己分解性の化学物質に火花，熱，衝撃などのエネルギーが与えられた時に生じるものであるが，どの程度のエネルギーが与えられた時に燃焼や爆発に移行するかが重要なポイントとなる。

⑴ 熱

化学物質は，可燃性のガスや蒸気のように酸素と混合気体を形成し，または加熱により分解して可燃性のガスを発生し，それが発火温度以上に熱せられた時に発火し，燃焼・爆発にまで至るものが多い。しかしながら，外部からの酸素の供給がなくても加熱により発火・爆発する自己反応性物質のようなものもあり，注意が必要である。

化学物質を取り扱う反応，蒸留，乾燥等の工程においては，反応熱または加熱により，化学物質が発火，分解，燃焼などを起こす危険性がある。発火と同様の用語に着火，引火，点火などがあるが，いずれも化学物質の発熱反応によって自己発熱が生じ，系の温度が上昇して発火温度を超えて燃焼，爆発に至る現象であり，同義である。

化学物質の発火現象を説明するものとして「熱発火理論」（Thermal ignition theory）がある。

熱発火理論によれば，化学物質による発熱反応の速度と系外への放熱または冷却による速度が釣り合う点が発火の限界となる。系内の温度分布がなく，均一な温度にある場合を想定したSemenovのモデルを用いると，発熱速度（q_1）および放熱

速度（q_2）は以下のように表せる。発熱速度は，反応速度を温度の関数として表現するアレニウス式により，

$$q_1 = QVC^n B \exp \left(-E/RT \right) \qquad (5)$$

ここで，Q：発熱量，V：反応容積，C^n：反応速度の濃度項，B：反応速度定数，E：みかけの活性化エネルギー，R：気体定数，T：温度　である。

放熱速度は，物質と周囲温度の差に対して直線的に変化するニュートンの冷却式により，

$$q_2 = aS \left(T - T_0 \right) \qquad (6)$$

ここで，a：熱伝達係数，S：壁の表面積，T_0：壁の温度，T：反応体の温度である。

発火に至るかどうかの限界は，(5)，(6)で表される両式が接する点であることから発熱速度と放熱速度が等しいとする(7)，ならびに両式の傾きが等しくなる(8)式を境界条件として連立方程式を解くことにより得られる。

$$q_1 = q_2 \qquad (7)$$

$$\frac{dq_1}{dT} = \frac{dq_2}{dT} \qquad (8)$$

熱発火理論は，物質移動を考慮せず，熱収支のみによって発火の有無を推定できる理論として有用であり，簡単なプログラミングにより，実用上十分な精度の予測が可能であるため広く使われている。

化学物質の発火危険性を評価するためには，それら物質の引火点，発火点，分解温度などを事前に把握しておく必要があり，物質のハザード情報として比較的容易に測定するための機器が開発されている。

㈎　引火点

「引火点」（flash point）とは，可燃性の液体または固体を加熱し，その表面近くに発生する蒸気の濃度が爆発下限界に達する液体または固体の温度をいう。液

第3章 爆発・火災現象の基礎

体の引火点はAntoineの式を用いて物性値から予測することも可能である。また，消防法危険物第4類（引火性液体）分類指定のための公定法に指定されている。

㈠ 発火温度

可燃性のガス，蒸気または固体を空気中で加熱した時に，着火源なしに発火する時の可燃性物質の温度を「発火温度」（ignition temperature）という。可燃性のガスや蒸気が炎や赤熱していない高温物体に接触して発火・燃焼する危険性についても注意が必要である。

また，可燃性のガスまたは液体と空気（酸素）との混合物が断熱圧縮により発火することもあるが，これは圧縮熱により雰囲気温度が発火温度を超えることによる。

発火温度は，熱発火理論で記したように，発熱速度と放熱速度のバランスによって決まるため，用いる装置の熱特性によって異なる値を示すことに注意が必要である。完全断熱系を達成し得る装置の場合には放熱速度がゼロとなるため，最も低い発火温度を測定することができる。

㈢ 分解開始温度

液体または固体を，空気の存在しない状態で一定の温度または一定の昇温速度で加熱した時に分解を開始する温度を「分解開始温度」（decomposition temperature）という。測定においては，定温法と昇温法，また，系が断熱状態である場合と非断熱状態にある場合とに分けられ，一般に，断熱測定の方が非断熱測定法より低い値が得られる。

定温・断熱法の主なものにTNO（オランダ応用科学研究機構）式断熱貯蔵試験，ARC（加速速度熱量測定）断熱試験，定温・非断熱法には，BAM（ドイツ材料試験所）式等温貯蔵試験，国連SADT（自己加熱分解温度）試験，TAM（Thermal Activity Monitor）などがある。

また，昇温・非断熱試験の主なものには示差熱分析（DTA），示差走査熱量測定（DSC）試験等があり，目的に応じて装置を選択する必要がある。

表1-22 に主な引火性液体の引火点，発火温度などの燃焼特性を示す。

⑵ 裸火，電気火花，静電気火花

化学物質の分解，発火，燃焼，爆発は，一定以上のエネルギーが与えられた時に生じるが，溶接・溶断の火花，電気火花などは非常に高温であるため，ガス化した化学物質，粉体などと空気との混合物を容易に発火させることができる。この時に

第１編　爆発・火災防止対策の基礎知識

表1-22　主な引火性液体の引火点，発火温度など

物質名	分子式	引火点（℃）	発火温度（℃）	爆発限界（Vol%）	蒸気密度（空気＝1）
アクロレイン	CH_2CHCHO	-26	220（不安定）	2.8-31	1.9
アクリロニトリル	CH_2CHCN	0	481	3.0-17	1.8
アセトアルデヒド	CH_3CHO	-39	175	4.0-60	1.5
アセトン	CH_3COCH_3	-20	465	2.1-13	2.0
エチルアルコール	C_2H_5OH	13	363	3.3-19	1.6
メチルエチルケトン	$CH_3COC_2H_5$	-9	404	1.7-11.4（93℃）	2.5
酸化エチレン	$(CH_2)_2O$	<-17.8	429	3.6-100	1.5
ガソリン		-43	257	1.4-7.6	3〜4
o-キシレン	$C_6H_4(CH_3)_2$	32	463	1.0-6.0	3.7
酢酸エチル	$CH_3COOC_2H_5$	-4	426	2.0-11.5	3.0
酢酸ブチル	$CH_3COOC_4H_9$	22	425	1.6-7.6	4.0
エチルエーテル	$C_2H_5OC_2H_5$	-45	160	1.9-36	2.6
シクロヘキサン	C_6H_{12}	-20	245	1.3-8.3	2.9
スチレン	$C_6H_5CHCH_2$	32	490	1.1-6.1	3.6
トルエン	$C_6H_5CH_3$	4	480	1.2-7.1	3.1
二硫化硫黄	CS_2	<-30	90	1.3-50	2.6
プロピルアルコール	C_3H_7OH	23	412	2.1-13.7	2.1
ヘキサン	C_6H_{14}	-22	223	1.1-7.5	3.0
ベンゼン	C_6H_6	-11	498	1.3-7.1	2.8
メチルアルコール	CH_3OH	11	385	6.0-36	1.1

必要な最低のエネルギーを「最小発火エネルギー」（minimum ignition energy）といい，安全管理上，重要な値である。

　可燃性ガスや蒸気の最小発火エネルギーは，表1-23に示すように0.01mJから数mJと広い範囲の値を示すが，燃料として用いるガスや蒸気については0.2〜0.3mJのものが多い。

　これらの中で，水素，アセチレン，二硫化炭素は特に最小発火エネルギーが小さく，また，爆発範囲が広いので，十分な注意と適切な管理が必要である。

　表1-24に可燃性粉体の最小発火エネルギーを示す。可燃性粉体の最小発火エネルギーは，ガスや蒸気のそれよりも10倍から100倍程度大きいものが多いが，最近は粉体の粒子径が数マイクロメートルからそれ以下のものも出現してきており，それに応じて最小発火エネルギーも数mJと小さい値が測定される傾向にあり，要注意である。裸火や電気機器からの放電による着火は，エネルギーも大きく，静電気帯電による放電スパークは，帯電電圧や雰囲気条件によっては数mJと比較的大きなエネルギーを放出するため，可燃性のガス・蒸気の着火源として十分な配慮が必要である。この時の放電エネルギーは，対象物体が導体の場合は，次の式で表

56

第3章　爆発・火災現象の基礎

表1-23　可燃性ガスの空気中での最小発火エネルギー

物質	分子式	濃度（vol%）	最小発火エネルギー（mJ）
エタン	C_2H_6	6.0	0.31
エチレン	C_2H_4	6.52	0.096
プロパン	C_3H_8	4.02	0.31
プロピレン	C_3H_6	4.44	0.28
アセチレン	C_2H_2	7.73	0.02
ベンゼン	C_6H_6	2.71	0.55
トルエン	C_7H_8	2.27	2.5
メタノール	CH_3OH	12.24	0.22
アセトン	CH_3COCH_3	4.97	1.15
二硫化炭素	CS_2	6.52	0.015
水素	H_2	29.5	0.020
硫化水素	H_2S	12.2	0.077

表1-24　粉体の空気中での最小発火エネルギー

物質名	爆発下限界濃度（g/m^3）	最小発火エネルギー（mJ）
アルミニウム	30	10
硫黄	35	15
石炭	<200	120
エポキシ樹脂	20	9
合成ゴム	30	30
ポリエチレン	20	10
ポリプロピレン	20	25
小麦	40	40
砂糖	35	30
木材	20	20

される。

$$W = \frac{CV^2}{2} = \frac{QV}{2} = \frac{Q^2}{2C} \qquad (9)$$

ここで，W：放電エネルギー［J］，C：静電容量［F］，V：帯電電位［V］，Q：帯電電荷［C］である。

例えば，帯電電圧が5,000V，静電容量が200pF（200×10^{-12}F）とすると，放電エネルギー（W）は，

$$\frac{(200 \times 10^{-12} \times 5,000 \times 5,000)}{2} = 2.5 \times 10^{-3} = 2.5\text{mJ} \qquad (10)$$

となる。この値は可燃性ガスや蒸気の最小発火エネルギーを大きく超えており，十分な着火源となる可能性がある。

（ア）　対象物体が不導体の場合の放電

一方，対象物体が不導体の場合は，帯電物体の種類，電位，放電電極の形状，放電距離などによって異なる。

また，その時の放電の種類は，次のように分類される。

1）　コロナ放電

①　帯電が比較的小さい不導体表面から先鋭な突起部分を持つ導体への放電

②　帯電した不導体から導電性繊維への放電

③　高電圧をかけた針状の金属電極（除電器など）で生じる放電

④　規模が小さい空間電荷雲から導体の突起部分への放電

2）　ブラシ放電

①　帯電が大きい不導体から曲率半径が数mmから10数mmの突起部分を持つ導体への放電

②　コロナ放電が高電界，曲率半径の増大などにより進展した放電

③　規模が比較的大きい空間電荷雲から導体の突起部分への放電

3）　火花放電

①　帯電した導体表面から近接接地導体への放電

②　ブラシ放電が極端な高電界などによりさらに進展した放電

4）　沿面放電

①　背面に導体がある層状物体（絶縁性コーティングなど）からの放電

②　密集した物体の剥離（布，粘着テープなどの剥離）時の放電

5）　雷状放電

①　粉体サイロ内の微細な粉じん雲の規模，濃度，帯電量が大きい時に生じる放電

②　加圧された液体，粉体，液化ガスなどがノズル，亀裂などから噴出した時に，帯電電荷雲から突起物へ向かって生じる放電

（イ）　化学物質への着火可能性

一方，放電の種類と化学物質への着火可能性については，次のようにまとめられる。

1）　コロナ放電

①　最小発火エネルギーが0.01mJ未満のガス・蒸気（支燃性ガスが酸素，

または空気中の酸素濃度が高い場合）に着火する可能性が大。

② 最小発火エネルギーが 0.01 ～ 0.1mJ のガス・蒸気に着火するおそれあり。

2） ブラシ放電

① 最小発火エネルギーが 0.1mJ 未満のガス・蒸気に着火する可能性が大。

② 最小発火エネルギーが 0.1 ～ 1mJ のガス・蒸気に着火するおそれあり。

3） 火花放電，沿面放電，雷状放電

① 最小発火エネルギーが 1mJ 未満のガス・蒸気に着火する可能性が大。

② 最小発火エネルギーが 1 ～ 10mJ の粉じんおよび 10mJ 以上の粉じんに着火するおそれあり。

また，静電気は，固体などの接触分離，液体などの流動・噴出などにより，化学物質自体および装置類に帯電するが，発生する静電気の発生量は，化学物質の導電率と密接な関係があり，導電率が小さいものほど帯電しやすい傾向にある。

(3) 打撃，衝撃，摩擦

固体や液体の化学物質の中には，打撃，衝撃，摩擦など機械的エネルギーを与えると，発火，分解，または爆発を起こすものがある。これらの化学物質は，自己反応性物質やエネルギー物質に該当するものが多い。したがって，これらの物質の貯蔵，移送時などの取扱いに当たっては，慎重に行う必要がある。

液体窒素中でファインセラミックスなどの製造・取扱い時に空気中の酸素が凝縮し，有機物－液体酸素の混合系が形成され，スコップによる衝撃により爆轟を起こした事例もあるので，自己反応性物質のような単体のみならず，混合系についても十分な注意を払う必要がある。

(4) 混合危険，混触危険

ある種の化学物質は，他の種類の化学物質と混合，接触することにより，発熱や発火，爆発を起こすことがある。空気との接触により発火する「自然発火性物質」や水と接触して発熱・発火する「禁水性物質」もその一つである。

このようにある物質が他の物質と混合，接触して発熱，発火，爆発する危険性を「混合危険」，「混触危険」といい，いろいろな組み合わせが知られている。このような化学物質同士の混合，混触危険のみならず，化学物質と使用材料との反応，不純物の混入による発熱・発火事例も多くあり，化学物質を取り扱うプロセスにおいてこのような危険性が存在している。また，最近は，廃棄物処理やリサイクル工程

第1編　爆発・火災防止対策の基礎知識

においても混合，混触危険による爆発・火災災害が生じているので注意が必要である。

4　化学物質の危険性評価

　爆発・火災といった化学災害には常に化学物質が関わっており，災害防止を考える際の方法として，取り扱う化学物質の危険性を安全データシート（SDS），各種文献やデータベースなどから事前に調査するほか，計算予測や実験により危険性評価を実施しておくことが重要である。

⑴　化学物質のハザード評価

　取り扱う化学物質の蒸気圧，融点，比熱，生成熱といった物理的・化学的特性値は，化学安全の上からも重要なものであり，まず第一に把握しておくべきものである。

　次に発火温度，引火点，爆発限界などの危険因子を調べる必要があるが，これらは文献に出ているものが多いが，SDSや文献に記載のない場合には，実験により情報を取得する必要がある。特に，発火温度は測定方法によって値が異なるので，注意が必要である。

　爆発性物質には，その分子中に特有の原子団を有している場合があり，情報が整理されている。表1-25に，爆発性物質に特有の原子団の例を示す。これらの原子団を有する物質は過去に事故を起こしたものが多く，これらを取り扱う場合には特に注意を要する。

　自己反応性物質や爆発性物質の分解開始温度や分解熱のデータは，公表されてい

表1-25　爆発性物質に特有の原子団

原子団	例
多重結合	アセチレン化合物，金属アセチリド，ハロアセチレン化合物　等
含窒素化合物	アゾ化合物，ジアゾ化合物，アジ化物，ニトロ化合物，ニトロソ化合物，硝酸塩，亜硝酸塩，ジアゾニウム塩，ヒドラジニウム塩，ヒドロキシアンモニウム塩　等
過酸化物および過酸化物を生成しやすい物質	過酸化水素，ペルオキソ酸塩，ヒドロペルオキシド，有機過酸化物　等
金属化合物	金属過酸化物，金属雷酸塩，金属窒化物，金属アセチリド，アンミン金属オキソ酸塩　等
その他	オキソ酸塩（硝酸塩，塩素酸塩，過塩素酸塩），エポキシ化合物　等

第3章　爆発・火災現象の基礎

ないことが多いが，新規物質等，情報の入手が困難な場合には安全，簡便，安価な
スクリーニング試験などを実施して求めておく必要がある。スクリーニング試験は，
一般に，用いる試料量が少ないため，実験装置の種類，実験方法によって測定値に
バラツキがあることを念頭に置き，同一条件で複数回実施する必要がある。

(2)　実際の取扱い状態における危険性評価

　化学物質を化学プロセスにおいて実際に反応，蒸留，または溶解させるような場
合は，単体で用いる場合は少なく，混合系になっている場合が多い。また，貯蔵や
反応プロセスにおける分解，発火，異常反応などによる災害は，化学物質単体から
生じるより，むしろ，酸，アルカリ，副生物などの影響により生じている場合も多
い。したがって，上記の化学物質の危険性データだけで安全を評価することは不十
分であり，不純物や副生物が共存した状態での化学物質の危険性評価を実施するこ
とが必要である。例えば，正常な反応，蒸留などにおける熱的危険性は，熱収支の
計算によって予測することが可能であるが，原料組成の変化，不純物の混入など，
操作条件の変化に伴う危険性については，試料量を多くし，スケールアップした実
験により，その危険限界などを確認しておくことが望ましい。

(3)　化学物質の危険性の分類と感度，威力

　すでに記したように，化学物質は熱，衝撃，他の化学物質との混合・接触などに
より発火，燃焼，爆発して外部に大きなエネルギーを放出する場合があるが，その
危険性は，表1-26に示すように，熱発火・分解危険性，着火・燃焼危険性，衝
撃危険性および反応危険性の4種類に大別できる。

　また，化学物質の危険性は，化学物質が分解，発火，爆発するのに要する，外界
から加えられる限界のエネルギー量としての「感度」と，反応によって発生するエ
ネルギーの大きさおよびエネルギーの発生速度に基づき，外界に対してなす物理的
効果としての「威力」の二面から評価する必要がある。

　例えば，ある化学物質がゆるやかに発熱的に分解して，一定のエネルギーを放出
する場合と，エネルギーの放出量が同じでも，その放出速度が大きく爆発的な分解
を生じる場合とでは，影響や被害に大きな差が生じる。

㋐　可燃性のガスおよび蒸気の危険性評価

　可燃性のガスや蒸気に対する感度としては，最小発火エネルギー，引火点およ
び発火温度が挙げられる。

61

第1編　爆発・火災防止対策の基礎知識

表1-26　化学物質の危険性分類とその因子

ハザード ＼ 因子	感　　度	威　　力
熱発火・分解危険性	発熱開始温度 分解開始温度 発火温度　他	分解熱 燃焼熱 断熱温度上昇 最大発生圧力 圧力発生速度 分解・燃焼速度　他
着火・燃焼危険性	引火点 燃焼点 最小発火エネルギー	燃焼速度 燃焼熱 爆轟性 圧力発生速度　他
衝撃危険性	打撃感度 摩擦感度　他	分解熱 爆発熱 分解速度 圧力発生速度　他
反応危険性	発熱開始温度 発火温度　他	反応熱 燃焼熱 温度上昇速度 圧力発生速度　他

　最小発火エネルギーについては，エネルギー値が小さいガス・蒸気ほど発火・燃焼しやすく，感度が高い。引火点は，主に可燃性の液体の蒸気が対象となっているが，引火点が低い液体ほど，言い換えれば蒸気圧が高いものほど，また発火温度が低いものほど感度が高く危険性が大きくなる。

　その時の威力を示す燃焼速度は，火炎伝播速度（燃焼速度に気体の速度が加わったもの）と異なり，大気圧空気中では1m/秒以下のものが多く，例外的に水素（約3m/秒）がある。しかし，酸素濃度が増加した状態では，燃焼速度が10m/秒程度になるものもあるので，威力因子として評価することができる。

　また，燃焼熱の大きい物質ほど外部に放出するエネルギーが大きいため，危険性が大きくなるが，一般に炭素数に比例して燃焼熱（総発熱量）が大きくなる。

　しかしながら，感度と威力の因子から，どのガス・蒸気が最も危険であるかをランク付けることは困難である。例えば，水素は，最小発火エネルギーは非常に小さく，また燃焼速度は大きいが，燃焼熱は比較的小さい。プロパンやベンゼンは，水素に比べて最小発火エネルギーが大きく，燃焼速度も小さいが，燃焼熱が大きい。災害事例からみると，燃焼熱の大きい物質を取り扱っている場合に大きな災害を引き起こしている例が多いが，取り扱う設備，場所などによっても危険度合いが異なってくる。

⑷　液体および固体の危険性評価

　近年のファインケミカルの生産指向の変化に伴い，物性や危険性のよくわかっ

第3章　爆発・火災現象の基礎

ていない液体・固体の新規化学物質の製造・取扱いが行われるようになり，それに伴う爆発・火災もしばしば見受けられるようになった。

　このような液体・固体の危険性にはいろいろなものがあるが，最も重要なのは，分解温度，分解熱といった熱的因子である。これを感度因子および威力因子からみると，表1-26に示すように，分解開始温度，発火温度，発熱開始温度といったものが感度因子であり，分解熱，燃焼熱，反応熱，温度・圧力上昇速度といったものが威力因子である。

　これらの因子の中で，最も測定しやすいのが分解（発熱）開始温度と分解熱（発熱量）である。分解温度と分解熱は，消防法危険物第5類（自己反応性物質）の判定方法としても採用されており，DSC（示差走査熱量測定）に代表される熱分析装置により容易に測定することができる。

5　化学反応の危険性

　化学反応を取り扱うプロセスにおいては，反応の制御を誤ると異常反応が発生して反応系の温度が上昇し，反応速度が加速すると，発熱量の増大によって暴走反応（runaway reaction）に至る可能性がある。暴走反応とは，何らかの原因で反応や貯蔵，蒸留などの工程で熱的な制御が不能になり，①反応温度の過熱による反応内容物の蒸気圧上昇，②過熱による原料や製品の急激な分解，③不安定物質の生成，蓄積とその急激な分解，などを経て，装置の破壊や反応内容物の噴出等に至る現象である。

　暴走反応が発生した場合には，反応系の温度，圧力が管理値を超え，反応物質や反応生成物，中間物質等が分解，爆発を起こすこともあり，その性状やメカニズムを事前に評価して対策を検討しておくことが重要である。

　表1-27に反応プロセス別の一般的特徴と安全上の留意点を示す。これらの反応の多くは発熱反応であり，温度管理，冷却能力の設定等，プロセスの熱的制御が重要である。

　また，表1-28に暴走反応による事故のプロセス別分類を示す。事故事例の半数近くを重合反応が占めている。表1-27に記したように，重合反応では反応の進行とともに粘度が高くなるという物性の変化を生じるため，系内の攪拌が不十分となり，温度分布が発生して高温部分が反応加速し，暴走反応に至るケースが多い。近年でも重合性モノマー製造プロセスにおいて熱的制御が不能になり，暴走反応から爆発に至った事例がある。

第1編　爆発・火災防止対策の基礎知識

表1-27　反応プロセス別の一般的特徴と安全上の留意点

反応プロセス	一般的特徴と安全上の留意点
重合	単位物質が脱離または付加を伴うことなく，その倍数の分子数を持つ物質に移行する化学変化。 発熱反応であり，生成物は高分子化によって次第に粘度が増し熱の除去が困難になるため，突然反応の制御が不能になることがある。
ニトロ化	有機化合物の分子にニトロ基を導入する反応。 発熱反応であり，生成物が爆発性を有する場合があること，ニトロ化剤として，硝酸，発煙硝酸，濃硝酸-濃硫酸の混酸等を使用すること，副反応が起こりやすいこと等，危険性が高い。特に温度制御が重要である。
スルホン化	有機化合物の分子にスルホン基を導入する反応。 一般に高濃度の硝酸を用い，高温で行う。発熱反応である。
水添	物質が水素と結合して新たな化合物となる反応。 発熱反応であり，高圧で水素を使用すること，触媒を使用すること等のために危険性がある。
ハロゲン化	1個またはそれ以上のハロゲンを有機化合物の中に付加または置換により導入する反応。 発熱反応であり，爆発危険性がある。また，ハロゲン等による腐食が起こりやすい。
アルキル化	有機化合物にアルキル基を付加または置換によって導入する反応。 高温，高圧下では反応が遅く穏やかな発熱反応である。
ジアゾ化	酸性下で芳香族第一アミンと亜硝酸ナトリウムによりジアゾニウム塩を作る反応。 生成物は熱に不安定であるため反応は低温で行う。生成物は爆発危険性がある。
酸化	酸素と他の物質の化合，またはある物質から水素を奪う反応。発熱反応であり，反応速度を制御しないと燃焼の危険性がある。また，反応には酸化性物質を使用するので注意が必要である。
エステル化	アルコールと酸から脱水してエステルを生成する反応。一般に反応速度が遅いために触媒を使用する。 危険性は高くないが，爆発性のある化合物が生成することがある。

表1-28　暴走反応による事故のプロセス別分類（1962～1987年，イギリス）

反応プロセス	事故件数（%）
重合	64（48%）
ニトロ化	15（12%）
スルホン化	13（10%）
水添	10（8%）
中和	8（6%）
ハロゲン化	8（6%）
アルキル化	5（4%）
ジアゾ化	4（3%）
酸化	2（2%）
エステル化	1（1%）
合計	130（100%）

　化学反応プロセスにおける最悪シナリオとして，Stoessel のモデルによるバッチ反応の反応暴走について検討したプロセス温度の経時変化による熱的リスクモデルを図1-12に示す。

　ここでは，反応プロセスのある時点で冷却機能が喪失し，目的とする反応系から逸脱し，望ましくない反応が生起し，やがて反応暴走にいたるというシナリオを検討対象とする。目的とする反応系では，設定されたプロセス温度（T_p）と，反応熱と内容物の熱容量から求められる断熱温度上昇（ΔT_{ad}）の和が，反応系の復帰不能温度（T_{NR}），すなわち内容物のいずれかが分解反応を生じる温度を下回る場

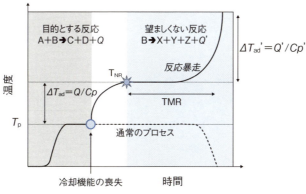

図1-12 反応プロセスの熱的リスクモデル

合には暴走の起こらない本質的に安全なプロセスと考えられる。この場合には各パラメータを事前評価して適切なプロセス温度を設定することが必要である。

一方，$T_p + \Delta T_{ad} \geq T_{NR}$ となる場合には反応暴走のリスクがあると考えられ，温度管理や冷却機能等の検討が必要である。この場合，いずれかの物質が分解した際の断熱温度上昇と復帰不能温度に達してから暴走（熱爆発）に至るまでの時間（TMR：Time to Maximum Rate）によりプロセスのリスクを検討する。反応プロセスのリスク評価におけるスイス化学工業会の推奨値として，**表1-29**に示す値がある。発生確率としてはTMRが8時間，すなわち3交代シフトの1シフト以内の場合，リスクは大きいと判断し，影響度については，プロセス温度からの断熱温度上昇が200Kを超えると，反応溶媒も含め気化が進み，容器内圧力が増大するためリスクは大きいと判断している。これらのパラメータについても，系内化学物質の物性値，熱分析や熱量計等を用いた実験値ならびに熱力学や反応速度論に基づく計算を行って適切な事前評価によるリスク評価を行うことが肝要である。

表1-29 反応プロセスのリスク評価基準の例

評価基準	影響度	発生確率
リスク大	$\Delta T_{ad} > 200K$	TMR < 8hrs
リスク中	$50K < \Delta T_{ad} < 200K$	8hrs < TMR < 24hrs
リスク小	$\Delta T_{ad} < 50K$	TMR > 24hrs

K（ケルビン）：熱力学温度

第2編

化学物質による爆発・火災等のリスクアセスメント

第1章　化学物質リスクアセスメント（爆発・火災防止）概論
第2章　危険性に関しての初期リスク評価ツール
第3章　追加的な初期リスク評価法
第4章　JISHA方式爆発火災防止のための化学物質リスクアセスメント手法
第5章　爆発・火災に関する詳細なリスクアセスメント手法

第2編　化学物質による爆発・火災等のリスクアセスメント

| 第 | 1 | 章 |

化学物質リスクアセスメント（爆発・火災防止）概論

1　はじめに

　化学物質を取り扱う現場では多種多様な化学物質を種々の取扱い方法，条件で使用，製造しており，現場におけるリスク削減のため，取り扱っている個々の化学物質が有する危険性と使用条件，設備・機器類の設計仕様，作業者の人的要因，施設の運転・維持管理体制，緊急時の対応等に関し，防護設備群等による多重階層に基づく安全対策について検討し，整備しておかなければならない。その点において，リスクアセスメント実施の下爆発火災等に関わるリスクの低減措置を講じておくことは極めて重要である。

　2016（平成28）年6月の改正労働安全衛生法の施行により，業種や規模を問わず，所定の化学物質を製造または取り扱う「すべての」事業者が有害性および危険性のリスクアセスメントを実施することが義務化された。有害性とともに危険性に着目したリスクアセスメントも実施しなければならない。現在，化学物質の危険性に関し，諸外国では様々なリスクアセスメント手法が公開されているが，高い専門性が求められるものが多く，化学工業に関わる事業者であっても，中小企業にとっては活用が難しい状況にある。そのような課題解決に向け，厚生労働省委託事業，化学工業関連の工業会，労働安全上の危険物に関する研究機関等により，いくつかの手

表2-1　本書で記載のリスクアセスメント手法の概要

化学物質の危険性に関するリスクアセスメント手法の概要

リスクアセスメント手法名称	化学物質の危険性初期リスク評価ツール	化学物質による爆発・火災等のリスクアセスメント入門ガイドライン	JISHA方式爆発・火災防止のための化学物質リスクアセスメント手法	プロセスプラントのプロセス災害防止のためのリスクアセスメント等の進め方
作成元	日本化学工業協会	みずほ情報総研	中央労働災害防止協会	労働安全衛生総合研究所
リスク評価の詳細程度	初期リスク評価	反応を含む追加的な初期リスク評価	主に化学物質の取扱いに関するリスク評価	詳細なリスク評価
主な適用範囲	法規制の確認	初期リスク評価として化学物質の危険性等をもとに幅広い範囲で適用可	化学物質の取扱い者向けで幅広い範囲で適用可	化学反応プロセスを中心としたプロセス安全のリスク評価
概要	労働安全衛生法等の法規制項目の確認による評価	「化学物質」，「プロセス・作業」，「設備・機器」，「安全化対策導入状況」の4つの観点からのリスク評価	化学物質の危険性のランク，燃焼の要素，異常の発生頻度，影響の重大性の観点からのリスク評価	潜在する危険性を顕在化させる事象（引き金事象）特定，シナリオ同定等からの詳細なリスク評価
指針における方法の位置付け*	3	1	1	1
本書参照頁	2章72頁	3章90頁	4章108頁	5章153頁

＊表2-3の「実施方法」

第1章　化学物質リスクアセスメント（爆発・火災防止）概論

表2-2　既存のリスクアセスメント等に関する手法の概要

技法の種類	概　要
ブレーンストーミング	知識のある人々のグループ間に自由な会話を促し，奨励して，潜在的故障モード及び関連するハザード，リスク，意思決定のための基準，および／または対応選択肢を明らかにする作業
構造化または半構造化インタビュー	インタビューを受ける個々の人々に，回答記入シートにあるあらかじめ用意した一連の質問をして，異なる視点からその見解を求め，その視点からリスクを特定する。半構造化インタビューは，提起された問題の究明について自由に会話する余地を残す。
デルファイ法	専門家のグループから信頼性のある意見の一致を得る手順
チェックリスト	前回のリスクアセスメントの結果または過去の失敗の結果のいずれかとして，通常経験によって作成した，ハザード，リスクまたは管理ミスのリスト
PHA (Preliminary hazard analysis)	簡易な帰納的分析法 その目的は，所定の活動，施設またはシステムで危害を引き起こす可能性のある，ハザード，危険状態および事象を特定すること
構造化"What-if"技法 (Structured "What-if" Technique : SWIFT)	広く一般的に適用されている技法 標準的な"what-if"形式の語句をプロンプト（ヒント）と組み合わせて使用して，システム，プラントアイテム，組織または手順が，正常な運転および行動からの逸脱によってどのように影響されるか調査する。 幅広い十分な経験をもっていない場合，またはプロンプトシステムが包括的でない場合，リスクまたはハザードによっては特定されないものがある。
原因影響分析	考えられる全ての仮説を検討できるように，影響する可能性のある要因を広義のカテゴリに整理する 好ましくない事象または問題について，考えられる原因を究明する構造化するが，仮説は，実際の証拠および仮説の経験的検証によってしか決められないので，それ自体が実際の原因を示すわけではない。情報は，特性要因図（魚の骨線図又は石川線図ともいう。）またはしばしば樹形図にまとめる。
故障の木解析 (Fault tree analysis : FTA)	原因となる要素を演えき的に特定し，論理的に関係付け，原因となる要素と頂上事象（調査対象の望ましくない事象）との論理的関係を描き出す 通常，樹形図で図示する。
事象の木解析 (Event tree analysis : ETA)	結果を緩和するために設計される様々なシステムの動作または不動作に従って，起因事象に続く事象の相互排他的順序を表す図式技法 木のように扇形に広げることによって，追加されるシステム，機能または防壁を考慮しながら，起因事象に対応して悪化または緩和する事象を表すことができる。

法が公開されているので，それらの概要を表2-1にまとめて示した。

また，参考に既存のリスクアセスメント等に関する手法の概要を表2-2に示す。

2　各手法のリスクアセスメント指針における位置付けと主な特徴

本書で紹介するリスクアセスメント手法は2015（平成27）年9月公示の「化学物質等による危険性又は有害性等の調査等に関する指針」におけるリスクアセスメント実施方法（表2-3）のうち，「実施方法」の1あるいは3の方法に該当するものである。

また，いずれの手法においても評価フローとして，危険源の特定→異常現象等の起こるシナリオ導出→災害の重大性とその発生頻度の推定→リスクレベルの判定→リスク低減措置の検討とリスク再評価のステップを取ることになるが，各ステップの実施内容，シナリオ導出の進め方等にそれぞれ特徴がある。その特徴等を表2-4にまとめて示す。

第2編　化学物質による爆発・火災等のリスクアセスメント

表2-3　化学物質等による危険性又は有害性等の調査等に関する指針

実施方法	危険性	有害性
1 化学物質等が当該業務に従事する労働者に危険を及ぼし，または健康障害を生ずるおそれの程度（発生可能性）および当該危険または健康障害の程度（重篤度）を考慮する方法	(ｱ)マトリクス（重篤度と発生可能性を相対的に尺度化し，横軸と縦軸とした表）を用いた方法 (ｲ)数値化による方法 (ｳ)枝分かれ図を用いた方法 (ｴ)ILOの化学物質リスク簡易評価法（コントロール・バンディング） (ｵ)化学反応のプロセス等による災害のシナリオを仮定する方法	
2 当該業務に従事する労働者が化学物質等にさらされる程度（ばく露の程度）および当該対象物の有害性の程度を考慮する方法	－	(ｱ)作業環境測定等により測定した対象の作業場所における気中濃度等を，当該化学物質のばく露限界と比較する方法 (ｲ)数理モデルを用いて労働者周辺の化学物質の気中濃度等を推定し，当該化学物質のばく露限界と比較する方法 (ｳ)マトリクス（有害性とばく露の程度を相対的に尺度化し，横軸と縦軸とした表）を用いた方法
3 上記の方法に準ずる方法	(ｱ)労働安全衛生法関係法令に化学物質等に危険または健康障害を防止するための防止措置が規定されている場合：当該規定を確認する方法	
	(ｲ)労働安全衛生法関係法令に化学物質等に係る危険を防止するため防止措置が規定されていない場合：SDSに記載されている危険性と同種の当該規定を確認する方法	－

表2-4　各危険性に関わるリスクアセスメント手法の特徴

リスクアセスメント手法名称	化学物質の危険性初期リスク評価ツール	化学物質による爆発・火災等のリスクアセスメント入門ガイドライン	JISHA方式爆発・火災防止のための化学物質リスクアセスメント手法	プロセスプラントのプロセス災害防止のためのリスクアセスメント等の進め方
危険源の特定方法	法規則の物質あるいは同等の危険性を有する化学物質の特定	SDS等によるGHS分類等の情報から物質の危険性を特定	SDS等によるGHS分類から物質の危険性を特定とランク付け	SDS等によるGHS分類等の情報から物質の危険性を特定
シナリオの導出方法	なし	チェックフローの確認から代表的な危険性を洗い出し，危険性が顕在化した事例からシナリオを検討	類似災害，過去の災害事例，ヒヤリハット等からシナリオを抽出	プロセスプラント内の危険を顕在化させる事象を網羅的に特定， (i)作業・操作に関する不具合 (ii)設備・装置に関する不具合 (iii)外部要因を引き金事象（初期事象）として想定，プロセス災害発生に至るシナリオを同定
異常現象の発生頻度と災害の重大性の推定	なし	リスクの程度を判定しリスクが大きい等の場合，詳細な評価へつなぐ	類似災害，過去の災害事例等から推定	リスク見積りのための危害の重篤度，発生頻度の基準例を示している
リスク低減措置の検討	法的規制に準拠，さらには多重の防御策を検討	SDS等の記載内容，過去の災害事例等から検討	SDS等の記載内容，過去の災害事例等から検討	低減対策についての検討ポイント，事例を記載

3　危険性に関する各リスクアセスメントの段階的適用について

　リスク評価の実施に当たっては各手法の適用範囲，評価内容の詳細さの程度，特徴を把握し，初期リスク評価から詳細リスク評価へと段階的，補完的にリスクアセ

スメントを実施する進め方が効果的かつ効率的である。例えば，「化学物質の危険性初期リスク評価ツール」にて安衛法等の法規制項目を確認し，防止措置等が不十分であると考える場合は，次の段階として「化学物質による爆発・火災等のリスクアセスメント入門ガイドライン」による評価，「JISHA 方式爆発・火災防止のための化学物質リスクアセスメント手法」による評価を実施し，さらには反応等を含むプロセス安全の評価の場合は，「プロセスプラントのプロセス災害防止のためのリスクアセスメント等の進め方」に基づく詳細な評価を実施し，リスク低減措置を検討することが望まれる。

4　おわりに

　化学物質の危険性に関するリスクは取扱い状況等により異常現象等の発生頻度，影響の重大性は大きく異なる。まずは，法的規制を遵守しているかを確認することが基本である。わが国では安衛法とともに保安 4 法により危険物等の取扱いに対して厳格に規制されており，通常では爆発火災は起こり得ないはずであるが，いくつかの防御層をすり抜けて事故が発生している。これまでも災害，事故が発生するたびに解析が行われ，その要因が解明されているが，リスクをゼロにできるリスクアセスメント手法は存在しない。リスクを最小化し，いかに維持管理していくかが肝要であり，後述する手法もそれぞれに特徴があり，自らの化学物質の取扱い方法，条件，設備状況等を十分に把握した上で，想定されるリスクの状況に応じて，各手法を段階的，補完的に活用し，できる限りヌケがないようリスク低減措置を講じていくことが効果的かつ経済的方法といえる。

第2編　化学物質による爆発・火災等のリスクアセスメント

第2章 危険性に関しての初期リスク評価ツール
（安衛法，安衛則第4章などの規定を確認する方法）

1　背　景

　2016（平成28）年6月施行の改正安衛法により，SDSの提供等が義務付けられた物質（通知対象物）について，それらの物質を取り扱うすべての事業者に対しリスクアセスメントを実施することが義務化された。さらに，2015（平成27）年9月，厚生労働省より「化学物質等による危険性又は有害性等の調査等に関する指針」（化学物質リスクアセスメント指針）が公示され，有害性とともに危険性に関してもリスクアセスメントを実施することとされた。

　そこで，安衛令別表第1に定める危険物および同等のGHS分類による危険性のある物質について，厚生労働省より示されている『危険または健康障害を防止するための具体的な措置が労働安全衛生法関係法令の各条項に規定されている場合に，これらの規定を確認する方法』である安衛則第2編第4章などの規定を確認する方法に関し，日本化学工業協会労働安全衛生部会の下で労働災害防止検討会有志により，リスクアセスメント手法の一つとしてチェックリスト方式の手法が取りまとめられた。

　本ツールは，安衛法に基づく化学物質の危険性に関するリスクアセスメントの簡易的手法とされる，チェックリスト方式の初期リスクアセスメント手法である。実施者としては，主に化学業界の中小規模事業所を対象とし，法的規制を確認することにより，簡易にリスク評価する。労働安全衛生のみならず，爆発，火災の予防に関係する法令（消防法，高圧ガス保安法，石油コンビナート等災害防止法）に関しても，各事業場における化学物質の取扱い状況等に応じてチェック項目を追加できる形式である。

　本チェックリストは主に法的規制に関する事項を整理しているが，規制内容によっては，リスクアセスメントの対象となる設備等によって講ずべきリスク低減措置の重要度に差異が生じるため，具体的実施に当たっては経済的負担とその措置の効果等を総合的に判断することとされている。特に地震，津波等の自然災害に対する対策は，極めて大きなハザードが想定されるが発生の頻度等の発生確率は極めて低く，経営層を含めて十分な検討と判断が必要となる場合があるため，詳細な検討が必要となることに留意すべきである。

2 チェックリスト方式の基本的考え方

　法的規制の確認に基づいていることから，すべての項目に関して所定の措置が実施されていなければならないが，化学物質の危険性に起因するリスクの程度や取扱い方法等によりリスクの大きさが異なることから，化学物質リスクアセスメント指針に示されている下記の実施時期（図2-1）に，実施済みの具体的な防止措置が十分か否か，あるいは新たなリスクが顕在化する可能性がないかなどを確認する必要がある。リスク低減措置が不十分であると判断される場合は，費用対リスク低減効果を勘案しつつ，自主的に追加的措置を講じるよう努めるべきである。

　本チェックリストは危険性に関しての初期リスク評価法として位置付けられ，厚生労働省より公表の『化学物質による爆発・火災等のリスクアセスメント入門ガイドブック』等に準拠し，追加的にリスク評価を実施することがより効果的である。さらに化学反応を含むプロセス等において詳細なリスク評価が必要な場合は，専門的知識を有する関係者，専門家を入れ，化学反応のプロセス等による災害のシナリオを仮定した詳細な評価等を実施することが望まれる。爆発，火災に関し，綿密なリスクアセスメントを実施する場合は，保安事故防止ガイドラインとして日本化学工業協会が発行している『保安事故防止ガイドライン』や労働安全衛生総合研究所が公表している『プロセス災害防止のためのリスクアセスメント等の進め方』等の

```
＜法律上の実施義務＞
１．対象物を原材料などとして新規に採用したり，変更したりするとき
２．対象物を製造し，または取り扱う業務の作業の方法や作業手順を新規に採用し
　　たり変更したりするとき
３．前の２つに掲げるもののほか，対象物による危険性または有害性などについて
　　変化が生じたり，生じるおそれがあったりするとき
　　※新たな危険有害性の情報が，SDS などにより提供された場合など
```

```
＜指針による努力義務＞
１．労働災害発生時
　　※過去のリスクアセスメント（RA）に問題があるとき
２．過去の RA 実施以降，機械設備などの経年劣化，労働者の知識経験などリスクの
　　状況に変化があったとき
３．過去に RA を実施したことがないとき
　　※施行日前から取り扱っている物質を，施行日前と同様の作業方法で取り扱う場
　　　合で，過去に RA を実施したことがない，または実施結果が確認できない場合
```

出典：日本化学工業協会「化学物質の危険性初期リスク評価ツール」（2016）

図2-1　実施時期

第２編　化学物質による爆発・火災等のリスクアセスメント

活用も効果的であり，推奨される。また，化学プラントの変更時等のリスクアセスメントを確実に実施するに当たっては，「化学物質等による危険性又は有害性等の調査等に関する指針」（2015（平成27）年９月公表）に基づくとともに，「化学プラントの爆発火災災害防止のための変更管理」（平成25年４月26日基発0426第2号）に示されている事項に留意の上，リスク低減措置を徹底することが求められる。さらに，化学物質の取扱いにおける非定常作業に関しては，通常の作業に比べ危険性のリスクが高くなる場合が多く，必ず事前にリスクアセスメントを実施し，爆発・火災等への防止措置を講じる必要があり，非定常作業のリスクアセスメントの実施には，中央労働災害防止協会発行の調査研究報告書『化学設備等における非定常作業の安全』等が参考となる。

3　チェック項目の選択とチェックリストによる評価の流れ

　基本的なチェック項目は安衛令別表第１に定める危険物および，それらと同等のGHS分類による危険性のある物質について，安衛則第４章などの安衛法にかかる規定を確認する方法として整理されている。さらに，本チェックリストの使用者の判断により，危険物，高圧ガスの取扱い状況，プラント立地の地域的な状況，個別

表2-5　GHS分類と安衛法の危険性分類の区分対応表

GHS分類上の危険性 （物理化学的危険性）	労働安全衛生法対象の危険性	
爆発物	＜1．爆発性の物＞	
可燃性・引火性ガス	＜4．引火性の物＞	＜5．可燃性のガス＞
エアゾール	＜4．引火性の物＞	＜5．可燃性のガス＞
支燃性・酸化性ガス	＜3．酸化性の物＞	
高圧ガス	＜5．可燃性のガス＞	＜1．爆発性の物＞
引火性液体	＜4．引火性の物＞	
可燃性固体	＜2．発火性の物＞	
自己反応性物質	＜1．爆発性の物＞	
自然発火性液体	＜2．発火性の物＞	
自然発火性固体	＜2．発火性の物＞	
自己発熱性物質	＜2．発火性の物＞	＜1．爆発性の物＞
水反応可燃性物質	＜2．発火性の物＞	＜1．爆発性の物＞
酸化性液体	＜3．酸化性の物＞	
酸化性固体	＜3．酸化性の物＞	
有機過酸化物	＜1．爆発性の物＞	＜3．酸化性の物＞
金属腐食性物質		

＊注記
・安衛令別表第１の発火性，酸化性には固体以外の対象物質はないが液体，ガス状物質にも拡大し摘用を推奨する。
・有機過酸化物は，爆発性のみ例示があるが，酸化性の物にも拡大し摘用を推奨する。
・その他グレーの部分は拡大して摘用することを推奨する。

第2章　危険性に関しての初期リスク評価ツール

の条件などにより消防法，高圧ガス保安法，石油コンビナート等災害防止法に関する項目をオプション項目として選択できるよう整理され，参考資料として法的な定期検査表等が示されている。なお，『安衛令別表第1に定める危険物および同等のGHS分類による危険性のある物質』の特定のため，安衛令別表第1に定める危険物とGHS分類による危険性との対応表として**表2-5**が示されているが，対応表は一般的な危険性の目安として示されたものであり，化学物質の危険性によっては，安衛法上の危険性分類上追加すべき項目があることに留意しなければならない。また，GHS分類上の金属腐食性は直接的には爆発，火災の要因とはならないが，設備の腐食による漏えい等につながり，間接的に危険性のリスクが高まる要因となることに注意すべきである。

＜安衛則に基づく確認項目の構成についての注記＞

・確認項目として安衛則の第4章「爆発，火災等の防止」のうち第2節「危険物等の取扱い等」，第3節「化学設備等」，第4節「火気等の管理」，第5節「乾燥設備」，第6節「アセチレン溶接装置及びガス集合溶接装置」，第8節「雑則」からリストアップされている。

・一般的な化学設備においては主に第2節，第3節，第4節，第8節の各項目が法的規制に該当。第5節，第6節の項目については，当該設備を設置している事業所が法的規制として確認する必要がある。

・第7節「発破の作業」，第7節の2「コンクリート破砕器作業」は化学設備，危険物等の一般的な取扱いに該当しないため，確認項目より除外しているが，該当する作業がある場合，随時追加，確認すべきである。

　以下にチェック項目の選択のフローからリスク評価，低減措置等への流れを示す。

| Step1 ：チェック項目の選択フロー |

●製造，または使用している化学物質の危険性を特定する（安衛令別表第1（**表2-6**）の物質あるいはそれらの混合物）

① 安衛令別表第1の物質およびそれらの混合物に該当するか？

② 取り扱っている物質のSDSを整理し，危険性のGHS分類結果から安衛令別表第1と同等の危険性を有する物質およびそれらの混合物に該当するか？

↓

●危険性を有する物質を取り扱っている作業あるいは設備を特定する

75

第2編　化学物質による爆発・火災等のリスクアセスメント

↓

●リスクアセスメントの対象の範囲を決定する（プラント単位か，取扱い作業単位かなど）。設備面に関して基本はプラント単位を推奨する

↓

●リスクアセスメントの対象に関して安衛法に加えてその他の該当する法令をオプションとして追加するか否かを決定する

消防法，高圧ガス保安法，石油コンビナート等災害防止法に該当する項目を追加するか？

↓

●該当する法令に基づき，基本のチェックリストに追加する項目を選択する

表2-6　（安衛令別表第1）労働安全衛生法上適用される危険性と物質リスト

労働安全衛生法
＜1．爆発性の物＞
ニトログリコール，ニトログリセリン，ニトロセルローズその他の爆発性の硝酸エステル類
トリニトロベンゼン，トリニトロトルエン，ピクリン酸その他の爆発性のニトロ化合物
過酢酸，メチルエチルケトン過酸化物，過酸化ベンゾイルその他の有機過酸化物
アジ化ナトリウムその他の金属のアジ化物
＜2．発火性の物＞
金属「リチウム」
金属「カリウム」
金属「ナトリウム」
黄りん
硫化りん
赤りん
セルロイド類
炭化カルシウム（別名カーバイド）
りん化石灰
マグネシウム粉
アルミニウム粉
マグネシウム粉及びアルミニウム粉以外の金属粉
亜二チオン酸ナトリウム（別名ハイドロサルファイト）
＜3．酸化性の物＞
塩素酸カリウム，塩素酸ナトリウム，塩素酸アンモニウムその他の塩素酸塩類
過塩素酸カリウム，過塩素酸ナトリウム，過塩素酸バリウムその他の無機過酸化物
硝酸カリウム，硝酸ナトリウム，硝酸アンモニウムその他の硝酸塩類
亜塩素酸ナトリウムその他の亜塩素酸塩類
次亜塩素酸カルシウムその他の次亜塩素酸塩類
＜4．引火性の物＞
エチルエーテル，ガソリン，アセトアルデヒド，酸化プロピレン，二硫化炭素その他の引火点が零下30度未満の物
ノルマルヘキサン，エチレンオキシド，アセトン，ベンゼン，メチルエチルケトンその他の引火点が零下30度以上0度未満の物
メタノール，エタノール，キシレン，酢酸ノルマル—ベンチル（別名酢酸ノルマル—アミル）その他の引火点が0度以上30度未満の物
灯油，軽油，テレビン油，イソベンチルアルコール（別名イソアミルアルコール），酢酸その他の引火点が30度以上65度未満の物
＜5．可燃性のガス＞
水素，アセチレン，エチレン，メタン，エタン，プロパン，ブタンその他の温度15度，一気圧において気体である可燃性の物をいう。

第2章　危険性に関しての初期リスク評価ツール

> Step 2：チェックリストによる法的規定項目の適合性確認

> Step 3：リスク低減措置の内容の検討

> Step 4：リスク低減措置優先順付とその実施

> Step 5：チェックリスト確認結果，低減措置の周知と保存

4　本チェックリストの位置付け

　本チェックリストは法的義務を順守するためのみに作成されたものではなく，各事業場の関係者がSDS等により取り扱っている化学物質の危険性を把握し，取扱い方法，設備の状況等を確認し，リスクマネジメントの実施事項の一つとして計画的にリスク低減を図っていくことが本質的な目的である。化学物質の有害性による労働者の健康障害を防止するとともに，爆発・火災事故を防止することは設備の損傷などの経済的損失，人的損失等のリスク管理につながり，ビジネス上の信頼性向上，地域社会への責任等を果たす意味でも極めて重要な活動である。本ツールを初期リスク評価として活用し，評価結果に応じて，より詳細な検討を計画的，実効的に実施しリスク低減につなげることが期待される。

5　安衛則の危険性に関する規制の概要，要点

　チェックリスト使用の際，法規制の概要を把握できるように，化学物質の危険性に関する規制のうち，特定の設備に関わる条項を除き，それらの規制の概要，要点を以下にまとめた。

　法的規制として，安衛則　第4章「爆発，火災等の防止」のうち，以下について概要を説明する。

　・第2節　危険物等の取扱い等
　・第3節　化学設備等
　・第4節　火気等の管理
　・第8節　雑則の一部

● **第2節　危険物等の取扱い等**

第256条　（危険物を製造する場合等の措置）

　爆発性，発火性，酸化性，引火性の性質を持つ化学物質を製造，取り扱うときは，着火源から隔離し，加熱，摩擦，衝撃を与えないこと。また，分解性の物に

関しては分解を促進する条件にさらさないこと。作業場は整理，整頓し可燃物，酸化性の物を放置しないこと。

第257条　（作業指揮者）

　危険物を製造，取り扱う作業は，作業指揮者を定め，その指揮の下，設備やその設置状態等を点検し，異常があるときは必要な措置をとること。また，その記録を残すこと。

第258条　（ホースを用いる引火性の物等の注入）

　引火性の物または可燃性ガスで液状のものを，ホースを用いて注入するときは，ホース結合部ははめ合わせの状態を必ず確認後，作業をすること。

第259条　（ガソリンが残存している設備への灯油等の注入）

　ガソリンが残存する化学設備，タンク車，容器等に経由を注入する作業のときは，その内部を洗浄し，不活性ガスで置換するなどによりガソリンが残っていないことを確認後でなければ，注入作業をしてはならない。

第260条　（エチレンオキシド等の取扱い）

　エチレンオキシド，アセトアルデヒドまたは酸化プロピレンを化学設備，タンク車，容器等に注入する作業のときは，その内部を洗浄し，不活性ガスで置換するなどにより，それらが残っていないことを確認後でなければ，注入作業をしてはならない。

第261条　（通風等による爆発又は火災の防止）

　引火性の蒸気，可燃性ガス，可燃性粉じんが溜まり，爆発，火災のおそれがある場所は通風，換気，除じん等の措置を講じなければならない。

第262条　（通風等が不十分な場所におけるガス溶接等の作業）

　通風，換気が不十分な場所で，可燃性ガスおよび酸素を用いて溶接，溶断，金属の加熱の作業を行うときは，その場所でガス等の漏えいまたは放出による爆発，火災または火傷を防止するため，ガス等のホース，吹管は，損傷，摩耗等によるガス等の漏えいのおそれがないものを使用するなどの漏洩の防止等の措置を講じなければならない。

第263条　（ガス等の容器の取扱い）

　ガス溶接等の業務に使用するガス等の容器については，通風，換気の不十分な場所等に設置しない，着火源から隔離するなど，爆発，火災等のおそれがないよう定めに基づく措置を講じなければならない。

第2章　危険性に関しての初期リスク評価ツール

第264条　（異種の物の接触による発火等の防止）

　　異種の物が接触することにより発火，爆発するおそれのあるとき（混触の危険性があるとき）は，これらの物を接近して貯蔵し，または同一の運搬機に積載してはならない。

第265条　（火災のおそれのある作業の場所等）

　　起毛，反毛等の作業または綿，羊毛，ぼろ，木毛，わら，紙くずその他着火しやすく浮遊性の繊維状の物を多量に取り扱う作業を行う場所，設備等は，火災防止のため適当な位置または構造としなければならない。

第266条　（自然発火の防止）

　　条文のとおり，自然発火の危険がある物を積み重ねるときは，危険な温度に上昇しないように措置を講じなければならない。

第267条　（油等の浸染したボロ等の処理）

　　条文のとおり，油または印刷用インキ類によって浸染したボロ，紙くず等は，不燃性の蓋つき容器に収める等火災防止のための措置を講じなければならない。

● **第3節　化学設備等**

第268条　（化学設備を設ける建築物）

　　化学設備を内部に設ける建築物は，壁，柱，床，はり，屋根，階段等（化学設備に近接する部分に限る。）を不燃性の材料で造らなければならない。

第269条　（腐食防止）

　　化学設備（バルブまたはコックを除く。）のうち危険物または引火点が65℃以上の物が接触する部分は，危険物等による著しい腐食による爆発，火災を防止するため，危険物等の種類，温度，濃度等に応じ，腐食しにくい材料で造り，内張りを施す等の措置を講じなければならない。

第270条　（ふた板等の接合部）

　　化学設備のふた板，フランジ，バルブ，コック等の接合部は，接合部から危険物等が漏えいすることによる爆発，火災を防止するため，ガスケットを使用し，接合面を相互に密接させる等の措置を講じなければならない。（接合部の漏洩防止）

第271条　（バルブ等の開閉方向の表示等）

　　化学設備のバルブ，コック，これらを操作するためのスイッチ，押しボタン等は，誤操作による爆発または火災を防止するため，開閉方向の表示などの措置を

講じなければならない。

第272条（バルブ等の材質等）

化学設備のバルブまたはコックは耐久性のある材料で造る，化学設備使用中にしばしば開放，取り外すことのあるストレーナ等とこれらに最も近接した化学設備との間にはバルブ，コックを二重に設ける，など定めによらなければならない。

第273条（送給原材料の種類等の表示）

化学設備（配管を除く。）に原材料を送給する労働者が送給を誤ることによる爆発または火災を防止するため，見やすい位置に，原材料の種類，送給の対象となる設備その他必要な事項を表示しなければならない。（誤操作防止）

第273条の2（計測装置の設置）

特殊化学設備には，内部の異常事態を早期に把握するため，必要な温度計，流量計，圧力計等の計測装置を設けなければならない。

第273条の3（自動警報装置の設置等）

特殊化学設備（危険物等の量が厚生労働大臣が定める基準に満たないものを除く。）には，内部の異常事態を早期に把握するため，必要な自動警報装置を設けなければならない。

第273条の4（緊急しや断装置の設置等）

特殊化学設備には，異常事態の発生による爆発または火災を防止するため，原材料の送給を遮断し，または製品等を放出するための装置，不活性ガス，冷却用水等を送給するための装置等，事態に対処するための装置を設けなければならない。その装置に設けるバルブまたはコックについては，確実に作動する機能を有することなどの定めによらなければならない。

第273条の5（予備動力源等）

特殊化学設備，特殊化学設備の配管または特殊化学設備の附属設備に使用する動力源は，動力源の異常による爆発または火災を防止するための予備動力源を備えることなどの定めによらなければならない。

第274条（作業規程）

化学設備またはその附属設備を使用して作業を行うときは，設備に関し，バルブ，コック等（化学設備に原材料を送給，または化学設備から製品等を取り出す場合に用いられるものに限る。）の操作事項などについて，爆発または火災を防止するため必要な規程を定め，これにより作業を行わせなければならない。（作業規程の作成）

第2章　危険性に関しての初期リスク評価ツール

第274条の2　（退避等）

　化学設備から危険物等が大量に流出した場合等危険物等の爆発，火災等による労働災害発生の急迫した危険があるときは，直ちに作業を中止し，労働者を安全な場所に退避させなければならない。また，労働者が危険物等による労働災害を被るおそれのないことを確認するまでの間，当該作業場等に関係者以外の者が立ち入ることを禁止し，その旨を見やすい箇所に表示しなければならない。（緊急時の対応）

第275条　（改造，修理等）

　化学設備またはその附属設備の改造，修理，清掃等を行う場合で，設備を分解する作業を行い，またはこれらの設備の内部で作業を行うときは，作業の方法および順序を決定し，あらかじめ，関係労働者に周知させることなど定めによらなければならない。

第276条　（定期自主検査）

　化学設備およびその附属設備については，2年以内ごとに1回，定期に，爆発または火災の原因となるおそれのある物の内部における有無などの事項について自主検査を行わなければならない。ただし，2年を超える期間使用しない化学設備およびその附属設備の当該使用しない期間においては，この限りでない。（定期点検）

第277条　（使用開始時の点検）

　化学設備またはその附属設備を初めて使用するとき，分解して改造，修理を行ったとき，または引き続き1月以上使用しなかったとき，これらの設備について前条第1項各号に掲げる事項を点検し，異常がないことを確認した後でなければ，これらの設備を使用してはならない。また，前項の場合のほか，化学設備またはその附属設備の用途の変更を行なうときは，前条に掲げる事項並びに用途変更のために改造した部分の異常の有無を点検し，異常がないことを確認した後でなければ，これらの設備を使用してはならない。（使用開始時点検）

第278条　（安全装置）

　異常化学反応その他の異常事態により内部の気体の圧力が大気圧を超えるおそれのある容器には，安全弁またはこれに代わる安全装置を備えなければならない。また，前項の容器の安全弁またはこれに代わる安全装置は，その作動に伴って排出される危険物による爆発または火災を防止するため，密閉式構造とし，または排出される危険物を安全な場所へ導き，燃焼，吸収等により安全に処理すること

第2編　化学物質による爆発・火災等のリスクアセスメント

ができる構造のものとしなければならない。

● 第4節　火気等の管理

第279条　（危険物等がある場所における火気等の使用禁止）

　　危険物以外の可燃性の粉じん，火薬類，多量の易燃性の物，危険物が存在して爆発または火災が生ずるおそれのある場所では，火花，アークを発し，あるいは高温となって点火源となるおそれのある機械等または火気を使用してはならない。

第280条　（爆発の危険のある場所で使用する電気機械器具）

　　第261条の場所のうち，同条の措置を講じても，引火性の物の蒸気または可燃性ガスが爆発の危険のある濃度に達するおそれのある箇所で電気機械器具を使用するときは，蒸気またはガスに対しその種類および爆発の危険のある濃度に達するおそれに応じた防爆性能を有する防爆構造電気機械器具でなければ，使用してはならない。

第281条

　　第261条の場所のうち，同条の措置を講じても，可燃性の粉じんが爆発の危険のある濃度に達するおそれのある箇所で電気機械器具を使用するときは，粉じんに対し防爆性能を有する防爆構造電気機械器具でなければ，使用してはならない。

第282条

　　爆燃性の粉じんが存在して爆発の危険のある場所で電気機械器具を使用するときは，粉じんに対して防爆性能を有する防爆構造電気機械器具でなければ，使用してはならない。

第283条　（修理作業等の適用除外）

　　前4条の規定は，修理，変更等臨時の作業を行う場合で，爆発または火災の危険が生ずるおそれのない措置を講ずるときは適用しない。（適用除外）

第284条　（点検）

　　第280条から第282条までの規定により，各条の防爆構造電気機械器具を使用するときは，その日の使用を開始する前に，防爆構造電気機械器具およびこれに接続する移動電線の外装ならびに当該防爆構造電気機械器具と移動電線との接続部の状態を点検し，異常を認めたときは，直ちに補修しなければならない。

第285条　（油類等の存在する配管又は容器の溶接等）

　　危険物以外の引火性の油類あるいは可燃性の粉じんまたは危険物が存在するお

第2章　危険性に関しての初期リスク評価ツール

それのある配管またはタンク，ドラムかん等の容器は，あらかじめ，これらの危険物以外の引火性の油類，可燃性の粉じんまたは危険物を除去する等爆発または火災の防止のための措置を講じた後でなければ，溶接，溶断その他火気を使用する作業または火花を発するおそれのある作業をさせてはならない。

第286条　（通風等の不十分な場所での溶接等）

　通風または換気が不十分な場所で，溶接，溶断，金属の加熱その他火気を使用する作業または研削といしによる乾式研磨，たがねによるはつりその他火花を発するおそれのある作業を行うときは，酸素を通風または換気のために使用してはならない。

第286条の2　（静電気帯電防止作業服等）

　第280条および第281条の箇所ならびに第282条の場所において作業を行うときは，作業に従事する労働者に静電気帯電防止作業服および静電気帯電防止用作業靴を着用させる等労働者の身体，作業服等に帯電する静電気を除去するための措置を講じなければならない。

第287条　（静電気の除去）

　次の設備を使用する場合において，静電気による爆発または火災が生ずるおそれのあるときは，接地，除電剤の使用，湿気の付与，点火源となるおそれのない除電装置の使用その他静電気を除去するための措置を講じなければならない。

第288条　（立入禁止等）

　火災または爆発の危険がある場所には，火気の使用を禁止する適当な表示をし，危険な場所には，必要でない者の立入りを禁止しなければならない。

第289条　（消火設備）

　建築物および化学設備，乾燥設備がある場所，その他危険物，危険物以外の引火性の油類等爆発または火災の原因となるおそれのある物を取り扱う場所には，適当な箇所に，消火設備を設けなければならない。また，消火設備は，建築物等の規模または広さ，建築物等において取り扱われる物の種類等により予想される爆発または火災の性状に適応するものでなければならない。

第290条　（防火措置）

　火炉，加熱装置，鉄製煙突その他火災を生ずる危険のある設備と建築物その他可燃性物体との間には，防火のため必要な間隔を設け，または可燃性物体をしや熱材料で防護しなければならない。

第2編　化学物質による爆発・火災等のリスクアセスメント

第291条　（火気使用場所の火災防止）

喫煙所，ストーブその他火気を使用する場所には，火災予防上必要な設備を設けなければならない。また，労働者は，みだりに，喫煙，採だん，乾燥等の行為をしてはならない。火気を使用した者は，確実に残火の始末をしなければならない。

第292条　（灰捨場）

灰捨場は，延焼の危険のない位置に設け，または不燃性の材料で造らなければならない。

● 　第8節　雑則

第326条　（腐食性液体の圧送設備）

硫酸，硝酸，塩酸，酢酸，クロールスルホン酸，か性ソーダ溶液，クレゾール等皮膚に対して腐食の危険を生ずる液体をホースを通して，動力を用いて圧送する作業を行うときは，圧送に用いる設備について，圧送に用いる設備の運転を行う者が見やすい位置に圧力計を，運転者が容易に操作することができる位置に動力を遮断するための装置を，それぞれ備え付けることなどの措置を講じなければならない。

第327条　（保護具）

腐食性液体を圧送する作業に従事する労働者に，腐食性液体の飛散，漏えいまたは溢流による身体の腐食の危険を防止するため必要な保護具を着用させなければならない。

第328条　（空気以外のガスの使用制限）

圧縮したガスの圧力を動力として用いて腐食性液体を圧送する作業を行うときは，空気以外のガスを圧縮したガスとして使用してはならない。

第328条の5　（ヒドロキシルアミン等の製造等）

ヒドロキシルアミンおよびその塩を製造し，または取り扱うときは，爆発を防止するため，ヒドロキシルアミン等への鉄イオン等の混入を防止すること等のヒドロキシルアミン等と鉄イオン等との異常反応を防止するための措置を講ずるなどの定めによらなければならない。

第2章　危険性に関しての初期リスク評価ツール

労働安全衛生規則　第4章「爆発・火災等の防止」チェック表
第2節 危険物等の取扱い等

条項	見出し	実施事項	確認結果 適合	確認結果 詳細検討要
256	危険物を製造する場合等の措置	化学物質のGHS分類結果およびSDSの危険有害性の要約等をもとに，防止措置を確認する。		
257	作業指揮者	作業は作業内容を適確に把握している指揮者の下に実施し，その記録をきちんと残す。		
258	ホースを用いる引火性の物等の注入	ホース等の接合部の漏れがないかを事前に十分に確認する。		
259	ガソリンが残存している設備への灯油等の注入	化学設備，タンク，容器等の中を不燃性の不活性ガスで置換し，爆発，火災の三要素の可燃性ガスを排除しておく。		
260	エチレンオキシド等の取扱い	前条と同様，化学設備，タンク，容器等の中を不燃性の不活性ガスで置換し，爆発，火災の三要素の可燃性ガスを排除しておく。		
261	通風等による爆発又は火災の防止	引火性，可燃性の蒸気，ガス，粉じんを取り扱う際，通風，換気，除じんを徹底する。		
262	通風等が不十分な場所におけるガス溶接等の作業	可燃性ガス，酸素を用いて溶接等の加熱の作業を行うときは，爆発，火災等を防止するため，ガス等の漏えいがないようにきちんと確認する。		
263	ガス等の容器の取扱い	ガス溶接等の業務に使用する容器は，通風，換気の不十分な場所等に設置しない，着火源から隔離するなどの措置をする。		
264	異種の物の接触による発火等の防止	混触による危険性のあるものは貯蔵，運搬等に十分注意する。		
265	火災のおそれのある作業の場所等	浮遊性で繊維状のものを多量に扱う場合，適切な火災防止措置をとる。		
266	自然発火の防止	自然発火の危険性のあるものは積み重ねておく場合，温度が上昇しないように措置をとる。		
267	油等の浸染したボロ等の処理	油，インキ類が染み込んだボロ，紙くず等は不燃性の蓋つき容器に入れる。		

第3節 化学設備等

条項	見出し	実施事項	確認結果 適合	確認結果 詳細検討要
268	化学設備を設ける建築物	化学設備には原則的には不燃性材料を使う。		
269	腐食防止	化学設備は，取り扱っている化学物質に対し十分腐食しにくい材料等を使う。		
270	ふた板等の接合部	化学設備はふた板，フランジ等の接合部に漏れがないよう十分に確認する。		
271	バルブ等の開閉方向の表示等	化学設備のバルブ，コック等は開閉方向等の表示をする。		
272	バルブ等の材質等	化学設備のバルブ，コック等は耐久性のある材料を使う。また，ストレーナ等と設備の間にはバルブ，コックを二重に設置する。		
273	送給原材料の種類等の表示	化学設備では原材料の送給方向を表示する。		
273の2	計測装置の設置	特殊化学設備は異常を把握するため温度計，流量計，圧力計等の計測装置を設置する。		
273の3	自動警報装置の設置等	特殊化学設備は異常を把握するため自動警報装置を設置する。		

第2編　化学物質による爆発・火災等のリスクアセスメント

条項	見出し	実施事項		
273の4	緊急しや断装置の設置等	特殊化学設備は異常事態に対応した緊急遮断装置等を設置し，緊急時の措置を講じる。		
273の5	予備動力源等	特殊化学設備，附属設備等に使用する動力源は，動力源の異常を防止するため予備動力源を備える。		
274	作業規程	化学設備，附属設備を使用して作業を行うときは，操作事項などについて，必要な規程を定め，作業を行う。		
274の2	退避等	危険物等が大量に流出した場合等危険物等の爆発・火災等の危険があるときは，直ちに作業を中止し，労働者を安全な場所に退避させる。また，労働災害のおそれのないことを確認するまで，関係者以外の者が立ち入ることを禁止し，その旨を見やすい箇所に表示する。		
275	改造，修理等	化学設備，附属設備の改造，修理，清掃等で，設備を分解する作業，設備内部での作業の際は，作業の方法及び順序を決め，関係労働者に周知させる。		
276	定期自主検査	化学設備，附属設備は，2年以内ごとに1回，定期に，爆発又は火災の原因となるおそれのある物が内部にないかなどの事項について，自主検査を行う。		
277	使用開始時の点検	化学設備，附属設備の初めての使用時，分解，改造，修理時，1月以上使用しなかつたとき，前条第1項各号に掲げる事項を点検し，異常がないことを確認してから使用する。また，化学設備，附属設備の用途変更時は，前条に掲げる事項，用途変更のために改造した部分の異常の有無を点検し，異常がないことを確認した後に使用する。		
278	安全装置	異常化学反応等の異常事態により内部の気体の圧力が大気圧を超えるおそれのある容器には，安全弁またはその代替の安全装置を備える。前項の容器の安全弁，安全装置の作動に伴って排出される危険物による爆発，火災を防止するため，密閉式構造とする。または排出される危険物を安全な場所へ導き，燃焼，吸収等により安全に処理することができる構造とする。		

第4節 火気等の管理

条項	見出し	実施事項	確認結果	
			適合	詳細検討要
279	危険物等がある場所における火気等の使用禁止	危険物以外の可燃性の粉じん，火薬類，多量の易燃性の物，危険物が存在し爆発，火災のおそれのある場所では，点火源となるおそれのある機械等，火気を使用してはならない。		
280	爆発の危険のある場所で使用する電気機械器具	引火性の蒸気，可燃性ガスが爆発範囲の濃度に達するおそれのある箇所では，適格な防爆性能を有する防爆構造電気機械器具を使用する。		
281	〈防爆構造電気器具の使用〉	可燃性の粉じんが爆発範囲の濃度に達するおそれのある箇所では，粉じんに対し適確な防爆性能を有する防爆構造電気機械器具を使用する。		
282	〈防爆構造電気器具の使用〉	爆燃性の粉じんが存在し爆発の危険のある場所では，粉じんに対して適確な防爆性能を有する防爆構造電気機械器具を使用する。		
283	修理作業等の適用除外	第279条〜第282条については，修理作業等では適用除外の規定がある。		
284	点検	第280条〜第282条の防爆構造電気機械器具を使用するときは，使用開始前に，防爆構造電気機械器具，接続する移動電線の外装，防爆構造電気機械器具と移動電線との接続部の状態を点検し，異常を認めたときは，直ちに補修する。		

第2章　危険性に関しての初期リスク評価ツール

条項	見出し	実施事項		
285	油類等の存在する配管又は容器の溶接等	危険物以外の引火性の油類，可燃性の粉じん，危険物が存在するおそれのある配管，タンク，ドラムかん等の容器は，あらかじめ，これらを除去する等爆発，火災の防止のための措置を講じた後でなければ，溶接，溶断その他火気を使用する作業，火花を発するおそれのある作業はしない。		
286	通風等の不十分な場所での溶接等	通風，換気が不十分な場所で，溶接，溶断，金属の加熱その他火気を使用する作業，研削といしによる乾式研磨，たがねによるはつりその他火花を発する作業を行うとき，酸素を通風又は換気のために使用しない。		
286の2	静電気帯電防止作業服等	可燃性のもの等を扱う作業を行うとき，作業者に静電気帯電防止作業服，静電気帯電防止用作業靴を着用させる等，労働者の身体，作業服等に帯電する静電気を除去する措置を講じる。		
287	静電気の除去	設備に応じて静電気による爆発，火災が生ずるおそれのあるときは，接地，除電剤の使用，湿気の付与，点火源となるおそれのない除電装置の使用その他静電気を除去する措置を講じる。		
288	立入禁止等	火災または爆発の危険がある場所には，火気の使用を禁止する適当な表示をし，危険な場所には，必要でない者の立入りを禁止しなければならない。		
289	消火設備	建築物，化学設備，乾燥設備がある場所，その他危険物，危険物以外の引火性の油類等爆発または火災の原因となるおそれのある物を取り扱う場所には，適当な箇所に消火設備を設ける。また，消火設備は，建築物等の規模または広さ，建築物等において取り扱われる物の種類等による爆発，火災に適応するものとする。		
290	防火措置	火炉，加熱装置，鉄製煙突その他火災を生ずる危険のある設備と建築物その他可燃性物体との間に，防火のため必要な間隔を設け，可燃性物体をしや熱材料で防護する。		
291	火気使用場所の火災防止	喫煙所，ストーブ等火気を使用する場所には，火災予防上必要な設備を設ける。また，労働者は，みだりに，喫煙，採だん，乾燥等の行為をしない。火気を使用した者は，確実に残火の始末をする。		
292	灰捨場	灰捨場は，延焼の危険のない位置に設けるか，不燃性の材料で造る。		

第8節　雑　則

条項	見出し	実施事項	確認結果	
			適合	詳細検討要
326	腐食性液体の圧送設備	硫酸，硝酸，塩酸等の酸，か性ソーダ溶液，クレゾール等アルカリ性の物資で皮膚に腐食の危険がある液体をホースをとおして，動力を用いて圧送する作業のときは，圧送に用いる設備について，設備の運転を行う者が見やすい位置に圧力計を，運転者が容易に操作することができる位置に動力を遮断するための装置を備え付けることなどの措置を講じる。		
327	保護具	腐食性液体を圧送する作業者に，腐食性液体の飛散，漏えい，溢流による身体の腐食を防止するため，必要な保護具を着用させる。		
328	空気以外のガスの使用制限	圧縮ガスの圧力を動力として用いて腐食性液体を圧送する作業のときは，空気以外のガスを圧縮ガスとして使用しない。		
328の5	ヒドロキシルアミン等の製造等	ヒドロキシルアミン及びその塩を製造，取り扱うときは，爆発を防止するため，ヒドロキシルアミン等への鉄イオン等の混入を防止すること等により，ヒドロキシルアミン等と鉄イオン等との異常反応を防止するための措置を講ずる。		

87

以下に本ツール，法規制等に関して，留意すべき事項等を追記する。

・法規制項目は組織・体制に関するもの，化学物質の適正な取扱いに関するもの，化学物質を取り扱う設備の構造，安全装置等に関するもの，設備の点検，維持管理その他に区分できる。

・化学物質の危険性に関しては安衛法等では基本的な規制項目が多く，遵守していることが普通であり，消防法等他の保安法による規制のほうが厳しい場合が多い。ただし，化学物質の危険性をリスクとして捉え評価することを義務付けした法律は安衛法だけである。初期リスク評価ツールはそうした意義・目的においてリスク評価をするきっかけを見つけるための基本ツールと考えるべきで，詳細なリスク評価は別途実施することが望まれる。

・本ツールでは化学物質の危険性を有する法の適用される物質について法規制項目を確認し，その措置等が十分か否かをチェックする方式となっているが，取り扱っている化学物質の GHS 分類に基づく区分結果等，SDS の情報を活用することが基本であり，加えて，これまでの災害，事故の事例を参考にすることは極めて有効である。ほとんどの災害，事故は類似災害として整理できるといえる。全く事例のない事故は逆説的な見方をすると予測不可能ともいえる。また，個々の事業場によって，設備，取扱い条件，量とも異なることから，日常的なヒヤリ・ハットや KYT 等からリスクを特定することも極めて有効である。

・本ツールを活用することは基本であり，そのチェック結果を関係者で共有し，必要に応じて関係者間で情報を共有し，残存リスクを把握しておくことを忘れてはならない。

・多重防御層によるリスク対応は重要であるが，それを過信してはならない。過去の事例では非定常的な事象から爆発火災に及んだケースが多数あり，その場合，防御層のいくつかが無効化されていたケースが多く見られており，その場合，リスクがどのような面で高くなっているか事前に整理し対応措置を準備することが求められる。

・不安全行動，不安全状態という観点でリスクを整理することも，異常事態のシナリオを想定する上で有効である。

　危険性に関するリスク評価を実施することは，設備のブラックボックス化を防ぐという点では極めて効果が高い。取り扱っている設備の設計，操作条件等，化学物

質の危険性，反応プロセスの中身，リスクの高いプロセス，設備，作業を理解し，危険性への感度を上げることは，事業場全体の安全文化の醸成にも寄与することを認識し，事業場全体で対応することが肝要である。

第2編　化学物質による爆発・火災等のリスクアセスメント

第3章　追加的な初期リスク評価法

1　「スクリーニング支援ツール」の概要について

⑴　はじめに

　2016（平成28）年6月1日の改正安衛法の施行に伴い，業種や規模とは無関係に，化学物質を製造または取り扱う「すべての」事業者が有害性および危険性のリスクアセスメントを実施することが義務化された中，特に危険性に着目したリスクアセスメントは，高い専門性が求められることが多く，ことに化学工業以外の業種においては，対応に苦慮している事業者は少なくない。

　現在，諸外国も含め様々なリスクアセスメント支援ツールが公開されているところであるが，中小企業では活用が難しい状況にある。そんな中，厚生労働省とみずほ情報総研株式会社は，化学工業だけでなく印刷業，金属加工業など，化学物質を取り扱う幅広い業種を対象とし，取り扱う化学物質や作業に潜む発火・爆発危険性やリスクを「知る」ことを主な目的とした簡易なリスクアセスメント手法を構築し，スクリーニング支援ツールを作成した。

⑵　スクリーニング支援ツールとは

　スクリーニング支援ツールは，化学物質の危険性に起因する災害の軽減を目指し，チェックフロー形式の簡易なリスクアセスメント手法を活用したものであり，危険源ごとに災害事例を併せて提供することで，災害に至るシナリオの作成を支援するツールである。

　つまり，リスクアセスメントの最初のステップである危険性を洗い出し，リスクについて「知る」ことに力点を置いたツールであり，リスクアセスメントについて専門的な知識を有しない事業者でも，チェックフローの質問に答えていくだけで，代表的な爆発・火災等の危険性，リスクについて知ることができるようになっている。

　化学物質の危険性に起因する災害が起こる可能性があるかどうかを「知る」ことは，リスクアセスメントの第一歩であると同時に，作業場やプラントの安全性確保の第一歩である。スクリーニング支援ツールは，「化学物質」，「プロセス・作業」，「設

備・機器」に潜む発火・爆発危険性，さらに「安全化対策導入状況」の4つの観点から，「化学物質の発火・爆発危険性」および化学物質の発火・爆発に起因する「設備・機器等の爆発・火災等危険性」などを洗い出し，災害が起こる可能性やリスクがどの程度あるのかをスクリーニングする（簡易に判断する）ためのツールである。

なお，2016（平成28）年4月にスクリーニング支援ツールのドキュメント版[1]が，厚生労働省が運用する「職場のあんぜんサイト」にて公開されたところであるが，2017（平成29）年3月に，有害性のリスクアセスメントを支援するツールである厚生労働省版コントロール・バンディングと同様に，サイト上で使用可能なWebシステム版[2]が公開されている。

(3) スクリーニングの流れ

スクリーニングは，前述した「化学物質」，「プロセス・作業」，「設備・機器」に潜む発火・爆発危険性，さらに「安全化対策導入状況」の4つの観点から行う。図2-2に，4つの観点を踏まえた，リスクを「知る」ためのスクリーニングのフロー図を示す。

まず，取り扱う化学物質や作業などの潜在的な危険性や，その潜在的な危険性が顕在化するシナリオを知る。次に潜在的な危険性の顕在化を最小限にするための安全化対策が十分にとられているかを知る。それらを受けてリスクの程度を判断することで，化学物質の危険性に起因する災害が起こる可能性があるかどうかを「知る」ことが可能となる。そして，その結果を踏まえて，さらなるリスクの低減を目指し，安全化対策（リスク低減措置）を検討し，再度リスクの程度を判断することで，よ

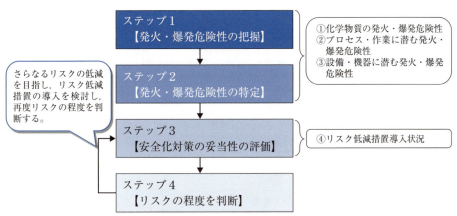

出典：厚生労働省「初心者のための化学物質による爆発・火災等のリスクアセスメント入門ガイドブック」(2016)

図2-2　リスクを「知る」ためのスクリーニングフロー

表2-7 各ステップの目的と概要

	目的	概要
ステップ1	発火・爆発危険性の把握	取り扱う化学物質やプロセス・作業の発火・爆発の危険性および設備・機器に潜む爆発・火災の危険性を洗い出し，潜在的な危険性を「知る」。
ステップ2	発火・爆発危険性の特定	事故事例などを参考に，潜在的な危険性が顕在化するシナリオを検討する。
ステップ3	安全化対策の妥当性の評価	潜在的な危険性が顕在化した場合の影響を最小化するための安全化対策（リスク低減措置）の導入状況を確認し，対策の妥当性を評価する。
ステップ4	リスクの程度を判定	ステップ1～3を踏まえ，リスクの程度を判定し，リスクを「知る」。さらなるリスクの低減を目指し，追加で対応可能なリスク低減措置の内容について検討し，必要に応じて安全化対策（リスク低減措置）を導入の上リスクについて再検討することで，より一層の安全化につながる。

り一層の安全化を図ることが可能となる（表2-7）。

(4) 改正安衛法との関係

スクリーニング支援ツールは，厚生労働省が示した化学物質リスクアセスメント指針（以下「指針」）の「災害のシナリオから見積もる方法」に対応したツールである。

また，指針においてリスクアセスメントの手順は，図2-3のように示されているところであり，ステップ1からステップ3までがリスクアセスメントと定義されている。スクリーニング支援ツールは，主にステップ1からステップ2までを対象とした支援ツールであるが，当該ツールを用いて得られた結果を踏まえて，リスク低減措置の内容を検討した場合に，ステップ3まで実施したことになる（改正安衛法におけるリスクアセスメントを実施したことになる）。

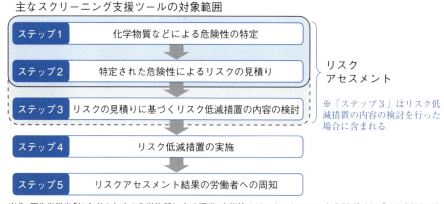

出典：厚生労働省「初心者のための化学物質による爆発・火災等のリスクアセスメント入門ガイドブック」(2016)

図2-3 リスクアセスメントの手順およびスクリーニング支援ツールの対象範囲

⑸ 注意事項

　スクリーニング支援ツールは，前述のとおり，リスクを「知る」ためのツールであり，代表的な危険性のみを対象としているため，すべての危険性を網羅しているわけではないことに注意が必要である。そのため，本ツールを用いてリスクを見積もった結果，「リスクの程度は大きくない」と判定された場合であっても，どこかに危険性が潜んでいないかという意識を持ち，常に安全性の確保に努める必要がある。

　また，本ツールは基本的に厳しい判定（安全側の判定）となる傾向にあるが，これは，本ツールがリスクを「知る」ことを目的としており，化学物質を取り扱うことの危険性に対する意識を高める狙いがある。

　なお，本ツールは，基本的に改正安衛法におけるリスクアセスメントを支援するために作成されており，安衛法第57条の3におけるリスクアセスメント義務対象物質（SDS交付対象物質663物質，2018年1月執筆時現在。ただし，2018年7月1日からアスファルト等が追加され，672物質が対象となる。）が主な対象になっているが，対象以外の化学物質のリスクアセスメントにも対応可能である。

2　「スクリーニング支援ツール」の使い方について

⑴　スクリーニング支援ツールの構成

　スクリーニング支援ツールは，「化学物質」，「プロセス・作業」，「設備・機器」に潜む発火・爆発危険性を洗い出し，さらに「安全化対策導入状況」を確認するための，「はい」または「いいえ」で回答する質問形式のチェックフロー（4種類）と，各チェックフローの回答内容を記載する結果シートから構成されており，厚生労働省の「職場のあんぜんサイト」に掲載されている（表2-8）。スクリーニング支援ツールには，紙ベースのドキュメント版と，Webシステム版の2種類が公開されており，ドキュメント版では，代表的な発火・爆発などの危険性についての詳細説明やリスク低減措置の説明が記載された資料（ガイドブック）が付属しているため，化学物質の危険性やリスクについての基礎教育資料としても活用できる。

　なお，スクリーニング支援ツールのドキュメント版では，結果シート等をコピーの上適宜手作業で各チェックフローの回答内容を記載することとなるが，Webシステム版では，自動的に各チェックフローの回答内容が結果シートに記載され，

第2編　化学物質による爆発・火災等のリスクアセスメント

表2-8　スクリーニング支援ツールの構成と概要

コンテンツ	概　要
チェックフロー	「化学物質」，「プロセス・作業」，「設備・機器」，「安全化対策導入状況」の4つの観点からスクリーニングするためのチェックフロー。「はい」または「いいえ」で回答することで，潜在的な危険性やリスクを「知る」ことが可能となる。(参考) 図にプロセス・作業のチェックフローを示す。
結果シート	チェックフローの回答内容等を整理し，リスクの見積り結果を記載するためのシート。併せて，さらなる対策や今後の方針も記載できるため，リスク低減措置の内容の検討にも活用できる。
ガイドブック	ドキュメント版スクリーニング支援ツールに付属している，化学物質の代表的な危険性や対策などが整理された資料。併せて，リスクアセスメントの基礎などについても整理されているため，社内の教育資料としても活用できる。

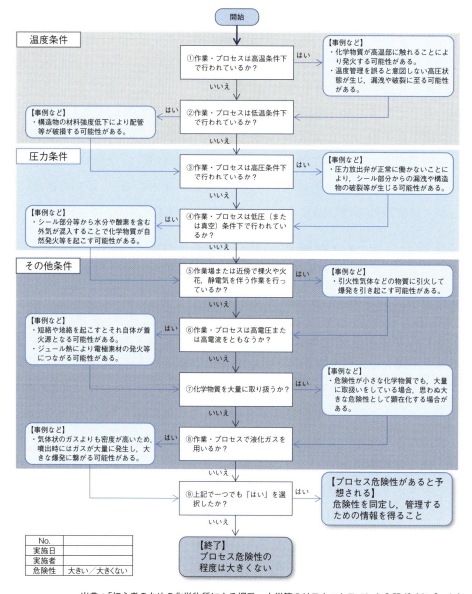

出典：「初心者のための化学物質による爆発・火災等のリスクアセスメント入門ガイドブック」

図2-4　(参考) プロセス・作業のチェックフロー

PDFファイルとしてダウンロード可能となっている。

(2) 全体の流れ

スクリーニング支援ツールの使い方の流れを図2-5に示す。まず、リスクアセスメントの実施者は、SDSなどを用いて化学物質の危険性に関する情報（GHS分類情報、物理科学的性状など）を収集し、チェックフローの質問内容に回答し、潜在的な危険性の内容や安全化対策（リスク低減措置）の導入状況を確認する。次に、各チェックフローの回答内容を、結果シートに記載の上リスクの程度を判定することにより、リスクの程度だけではなく、取り扱う化学物質や作業などに潜在する危険性や、「プロセスのどこで特に危険性が高いのかなどを」「知る」ことにつながり、かつリスク低減措置を検討することが容易になる。

また、結果シートを保管することで、作業員全体で作業の危険性についての知見の蓄積だけではなく、安全意識の向上や定期的な危険性やリスクの確認などにも活用できる。

㋐ 化学物質の危険性に関する情報の収集

どのような化学物質を取り扱うのか、どのような危険性を潜在的に有しているのかなどを正しく把握することは、実際に化学物質を取り扱う作業員だけではなく、管理者など作業員以外の従業員にとっても非常に重要かつ、「基本としておさえておきたいことである。」併せて、有害性に関する情報も収集し、共有する

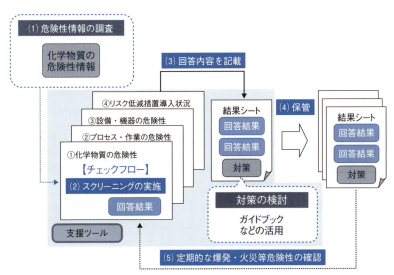

出典：「初心者のための化学物質による爆発・火災等のリスクアセスメント入門ガイドブック」を元に作成

図2-5　スクリーニング支援ツールの使い方の流れ

ことで，発火・爆発時だけではなく，漏えい時の対応の迅速化にもつながるため，可能な限り最新の情報を収集すること。ここでは，化学物質の有害危険性を収集する方法について簡単に紹介する。

1） SDSを用いた情報収集

　　安全データシート（Safety Data Sheet，SDS）は，事業者が特定の化学物質を含んだ製品を他の事業者に出荷する際に添付しなければならない，危険性などの情報が記載された文書を指している。具体的には，①名称，②供給事業者名，③化学物質の成分と含有量，④取扱いおよび保管上の注意，⑤危険性や有害性の情報，⑥ばく露防止および保護対策，⑦緊急時の対策のほか，GHS分類結果・絵表示が記載されている。SDSが未入手の場合は，製品の納入元に照会するか，該当製品のメーカーのホームページから入手可能な場合もある。

　　SDSには，GHS分類情報などの危険有害性情報以外にも，応急処置や火災・漏えい時の措置などが記載されているため，リスクアセスメントの実施時には大いに役に立つ情報源の一つと考えられる（図2-6）。

2） インターネットを用いた情報収集

　　化学物質の危険有害性に関する情報は，国内外の様々な研究機関や政府機関がWebサイトにて公開しており，多くは無料で活用することが可能となっている（表2-9）。

　　特に化学物質の危険性に起因する災害や事故の事例に関する情報は，化学物質の危険性がどのようにして顕在化し，火災などにつながるのかというシ

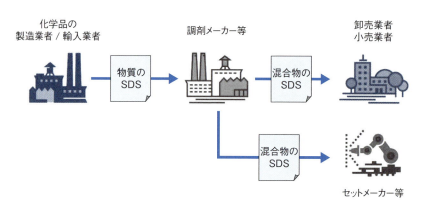

出典：厚生労働省「―GHS対応― 化管法・安衛法におけるラベル表示・SDS提供制度」（2017）
http://www.mhlw.go.jp/new-info/kobetu/roudou/gyousei/anzen/130813-01.html

図2-6　SDSによる情報伝達の流れ

第 3 章　追加的な初期リスク評価法

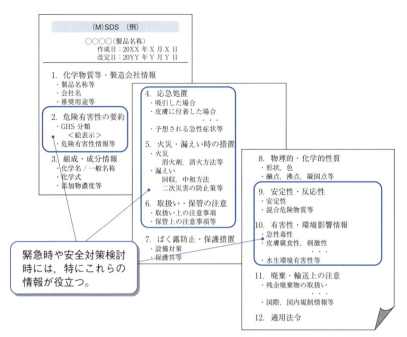

出典：「初心者のための化学物質による爆発・火災等のリスクアセスメント入門ガイドブック」(2016)

図2-7　SDS は役立つ情報源

ナリオや日常・緊急時の対策などを検討する上で非常に重要な情報であるため，収集することでより正確なリスクアセスメントにつながると考えられる。事故情報は，SDS に原則記載されていないため，表2-10 のような情報源から情報を収集すること。

3）　システム版スクリーニング支援ツールでの支援

　Web システム版スクリーニング支援ツールでは，あらかじめ改正安衛法におけるリスクアセスメント対象物質の GHS 分類情報と物質ごとに化学物質に起因する事故事例情報（職場のあんぜんサイト「化学物質による災害事例」に情報があるものに限る）が用意されているため，GHS 分類入力画面上で物質を選択すると自動的に GHS 分類情報と化学物質に起因する事故事

表2-9　主な危険有害性の情報源（国内）

機関名等	サイト名等	URL
厚生労働省	職場のあんぜんサイト「GHS 対応モデルラベル・モデル SDS 情報」	http://anzeninfo.mhlw.go.jp/anzen_pg/GHS_MSD_FND.aspx
製品評価技術基盤機構	NITE 化学物質総合情報提供システム	http://www.nite.go.jp/chem/chrip/chrip_search/systemTop
日本化学工業協会	化学物質リスク評価支援ポータルサイト BIGDr「有害性情報 DB ポータル」	http://www.jcia-bigdr.jp/jcia-bigdr/material/material_search

第2編　化学物質による爆発・火災等のリスクアセスメント

表2-10　主な化学物質に起因する事故事例の情報源（国内）

機関名等	サイト名等	URL
厚生労働省	職場のあんぜんサイト	http://anzeninfo.mhlw.go.jp/anzen_pg/SAI_FND.aspx
中央労働災害防止協会	化学物質による災害事例	http://anzeninfo.mhlw.go.jp/user/anzen/kag/saigaijirei.htm
労働安全衛生総合研究所	爆発火災データベース	http://www.jniosh.go.jp/publication/houkoku/houkoku_2013_03.html
高圧ガス保安協会	事故事例データベース	https://www.khk.or.jp/activities/incident_investigation/hpg_incident/incident_db.html
危険物保安技術協会	危険物総合情報システム	https://www.khk-syoubou.info/sougou/
失敗学会	失敗知識データベース	http://www.shippai.org/fkd/
RISCAD	リレーショナル化学災害データベース	https://riscad.aist-riss.jp/
災害情報センター（ADIC）	災害情報データベース	http://www.adic.waseda.ac.jp/adicdb/adicdb2.php

例情報が出力される。また，マニュアルでGHS分類情報を入力することも可能であるため，GHS分類情報の修正・追加が可能である。

4）　注意事項

SDSは，リスクアセスメントに必要な情報が記載されており，非常に有用な情報源の一つであるが，作成時期によっては古い情報が混在している可能性がある。そのため，可能な限り最新のSDSを入手すること。

また，Webシステム版スクリーニング支援ツールでのGHS分類情報は，当該ツール作成当時の厚生労働省「職場のあんぜんサイト」の「GHS対応モデルラベル・モデルSDS情報」をベースにした情報であり，その後新たに情報が追加されている可能性があるため，確認の上，異なる場合は適宜修正・追加すること。改正安衛法におけるリスクアセスメント対象物質（672物質）以外の物質の場合は，物質名を記載の上，マニュアルでGHS分類情報を入力すること。

(イ)　チェックフローを用いたスクリーニングの実施

スクリーニング支援ツールには，4種類（化学物質，プロセス・作業，設備・機器，安全化対策導入状況）のチェックフローが用意されており，すべて「はい」または「いいえ」で回答する質問形式になっている。

1）　「はい」か「いいえ」で答えるだけ

チェックフローのボックス内の問いに「はい」か「いいえ」で答えるだけで代表的な危険性を洗い出すとともに，実際に危険性が顕在化した事例を示すことで，危険性が顕在化するシナリオ検討を支援している。

第3章 追加的な初期リスク評価法

ガイドブック版でのチェックフローの抜粋を図2-8に示す。事例のボックスにガイドブックの参照箇所が記載されているが、当該箇所には、危険性についての詳細情報に加え、代表的な安全化対策の例などが記載されている。

さらに、安全化対策の導入状況についてもチェックすることで、危険性が顕在化するシナリオや可能性の検討についても支援し、リスクを「知る」ことにつなげる（図2-9）。

原則として問いに対して「はい」と答えると、「危険性の程度が大きい／危険性が顕在化するおそれがある」ことを指し、具体的な危険性が顕在化する事例を提示している。一方、「いいえ」と答えると「危険性の程度は大きくない／危険性の顕在化の可能性を低減させる対策がとれている」ことを指している。

各チェックフローのボックス内の質問内容の概要は後述する。

2) 問いに「はい」と答えた場合

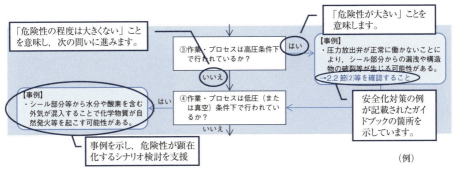

出典：厚生労働省「初心者のための化学物質による爆発・火災等のリスクアセスメント入門ガイドブック」(2016)

図2-8 化学物質, プロセス・作業, 設備・機器のチェックフロー（抜粋）

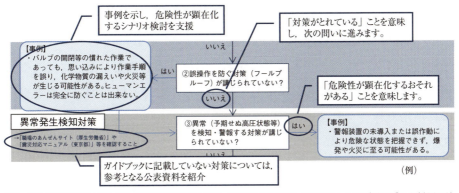

出典：厚生労働省「初心者のための化学物質による爆発・火災等のリスクアセスメント入門ガイドブック」(2016)

図2-9 安全化対策の導入状況のチェックフロー（抜粋）

「危険性の程度が大きい／危険性が顕在化するおそれがある」ことを指しており，チェックフローには，具体的な危険性が顕在化する事例が提示されている。併せて，チェックフローには，ガイドブックの関連個所が記載されているため，どのような安全化対策を導入するべきかの検討に活用できる。

各チェックフローで，一つでも「はい」を選んだ場合，爆発・火災等が起こるおそれがあると考えられるが，各危険性に対しガイドブックに示すような対策だけではなく，その他公的機関等が公表している対策をとることによってリスクを小さくすることが可能である。

3） 問いに「いいえ」と答えた場合

「危険性の程度は大きくない／危険性の顕在化の可能性を低減させる対策がとれている」ことを指している。全チェックフローで，すべて「いいえ」を選んだ場合，爆発・火災等が起こる「リスクの程度は大きくない」と判断できる。

4） システム版スクリーニング支援ツールでの支援

Webシステム版スクリーニング支援ツールでは，適宜「はい」，「いいえ」のラジオボタンをクリックすることでスクリーニングが可能となっており，チェックフローごとに回答内容および回答内容に応じた事故事例が表示される。

5） 注意事項

問いに対して判断が難しい場合には，安全側に立ち，危険性を過小評価しないために，原則「はい」を選択し，結果シートの備考欄等にその旨を記載することで，現場の労働者・管理者間などの意見交換につなげる。

㈡ 結果シートの活用

各チェックフローの回答結果を結果シートに記載し，リスクの程度を見積もる（リスクの程度が大きい／大きくないを判断する）。まず，スクリーニング支援ツールを用いたスクリーニング実施者の氏名，実施日，対象としたプロセスや作業等の概要を記載し，さらに必要に応じて採番することで，時系列での整理や記録の保管に活用できる（表2-11）。

1） 回答内容の記載

表2-12に，スクリーニング支援ツールの結果画面例を示す。チェックフローの問いに「はい」と回答した場合，該当する箇所に例えばチェックを記載することで，潜在的な危険性がどこにあるかが把握しやすくなる（危険

第3章 追加的な初期リスク評価法

表2-11 結果シートへ氏名等を記載

実施日	○○月○○日	取扱い物質	物質B
実施者	○○　○○	CAS NO.	×××-××-×××
作業等の概要	出来上がった金属製の商品Aを物質Bを用いて洗浄し，乾燥機を用いて乾かす作業。金属板の溶接作業場内のスペースで作業を実施。		

表2-12 結果シート例（Webシステム版スクリーニング支援ツール）

	チェック項目	該当	「はい」を選んだ事象・理由等		チェック項目	該当	「はい」を選んだ事象・理由等
(1)	化学物質の危険性			(3)	設備・機器の危険性		
0	該当するGHS分類があるか？※1			1	装置等に配管が接続されているか？		
1	爆発性のある物質か？（爆発性に関わる原子団を持っているか？）			2	耐食性の配管を用いる等，腐食に対する対策を講じていない？		
2	自己反応性のある物質か？（自己反応性に関わる原子団を持っているか？）			3	振動などによるジョイント部の緩みを定期的に検査していない？		
3	自然発火性のある物質か？			4	装置や配管等にバルブがあるか？		
4	水と反応する物質か？			5	異物などによるバルブ詰りを定期的に検査していない？		
5	酸化性の物質か？			6	表示などバルブの誤操作への対策を講じていない？		
6	引火性の物質か？			7	容器等に転倒防止などへの対策を講じていない？	レ	
7	可燃性の物質か？			8	変形や劣化などに対する定期的な検査は実施していない？		
8	過酸化物を生成する物質か？	レ		9	撹拌を伴う設備を用いるか？		
9	物質が意図せずに混合したとき，危険性が高まるおそれがあるか？	レ		10	異物などによる圧力放出弁詰りを定期的に検査していない？		
10	可燃性粉じん（金属の粉体や紙紛など）か？	レ		11	撹拌不十分により温度，濃度の不均一や相分離が生じている？		
11	重合をするおそれのある物質か？	レ		12	ポンプ等を用いた化学物質の移送があるか？	レ	
				13	キャビテーション等への対策が講じられていない？		
				14	沈殿，堆積などを定期的に取り除いていない？	レ	
		結果	危険性　大きい	15	センサーや計器，制御系の定期的な検査を実施していない？	結果	危険性　大きい
(2)	プロセス・作業の危険性			(4)	リスク低減措置の導入状況		
1	作業・プロセスは高温条件下で行われているか？			1	物質・作業に応じた適切な設計，材料選定がなされていない？		
2	作業・プロセスは低温条件下で行われているか？	レ		2	誤操作を防ぐ対策（フールプルーフ）が講じられていない？	レ	
3	作業・プロセスは高圧条件下で行われているか？	レ		3	異常（予期せぬ高圧状態等）を検知・警報する対策が講じられていない？		
4	作業・プロセスは低圧（または真空）条件下で行われているか？			4	異常を災害に発展させないための対策（フェールセーフ，インターロック等）が講じられていない？		
5	作業場または近傍で裸火や火花，静電気を伴う作業を行っているか？	レ		5	避難設備や避難路が確保されていない？	レ	
6	作業・プロセスは高電圧または高電流をともなうか？	レ		6	初期消火のための消火設備や消火用具が確保されていない？	レ	
7	化学物質を大量に取り扱うか？			7	緊急時の初動体制が確立していない？または教育や訓練を通じた周知徹底がされていない？		
8	作業・プロセスで液化ガスを用いるか？			8	緊急連絡網が最新版になっていない？		
				9	緊急時における外部との通信手段は確保していない？	レ	
		結果	危険性　大きい	10	外部（行政機関，地域住民等）との緊急時の連携体制を構築していない？	結果	災害の可能性　高い

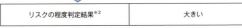

リスクの程度判定結果※2	大きい

※1：GHS情報が入力されている場合には，1～7までは入力無し。
※2：本ツールを用いた判定結果ですので，この結果と事業者において収集した情報を踏まえて最終的なリスクの程度を判断するようにしてください。

性を「知る」ことが容易になる）。

　危険性の程度，安全化対策の導入状況に加え，その他収集した事故事例情報などを踏まえ，リスクを見積もる（リスクを「知る」）。さらに，リスクの

見積り結果から，導入可能な安全化対策（リスク低減措置）の内容や，スクリーニングではなく詳細なリスクアセスメントの実施の必要性などについて検討する。

なお，Web システム版スクリーニング支援ツールでは，回答内容が自動的に結果シートに反映されるだけではなく，リスクの見積り結果や事故事例なども結果シートに PDF ファイルとして出力される。

２）　結果シートの保管および共有

作成した結果シートを捨てずに保管し，誰でもいつでも確認できるよう共有することで，作業員全体で作業の危険性についての知見の蓄積だけではなく，安全意識の向上や定期的な危険性やリスクの確認に加え，危険性やリスクアセスメントの結果の周知，定期的な危険性の確認や，リスクアセスメントの実施などにも役立つと考えられる。

３）　注意事項

Web システム版スクリーニング支援ツールでは，リスクの見積り結果が自動的に判定されるが，あくまで当該ツールでの判定結果であるため，その結果とその他事業者で収集した事故事例，実際の作業環境などを踏まえて最終的には実施者が判断すること。

㋓　**定期的なリスクアセスメントの実施**

取扱い物質や作業の変更，設備・機器の経年劣化により，思いもよらなかった危険性が突然顕在化することがあることから，定期的に危険性について確認の上，リスクアセスメントを実施するべきである。改正安衛法では，下記に示すような事業場における危険性に変化が生じた，または生じるおそれのある場合に，リスクアセスメントを実施することが求められている。

・化学物質を原材料等として新規に採用・変更するとき
・化学物質を製造・取り扱う業務の作業方法や作業手順を新規に採用・変更するとき
・化学物質の危険有害性の新たな知見が得られたとき，SDS の内容が修正されたとき
・化学物質による労働災害が発生し，過去のリスクアセスメント等に問題があるとき
・前回のリスクアセスメント等から一定の期間が経過し，下記のような状況のと

き
- 機械設備等の経年による劣化
- 労働者の入れ替わり等に伴う労働者の安全衛生に係る知識経験の変化
- 新たな安全衛生に関する知見の集積

㈱　詳細なリスクアセスメントの実施について

　前述したが，スクリーニング支援ツールは，リスクアセスメントについて専門的な知識を有しない事業者でも利用可能な，簡易なリスクアセスメント手法に基づいており，代表的な爆発・火災等の危険性，リスクについて「知る」ためのツールである。そのため，すべての危険性を網羅しているツールではない。より明確に，危険源を把握する必要がある場合やリスク低減措置を導入（追加）する際に，危険性への対応の優先順位をつける必要がある場合等には中央労働災害防止協会や労働安全衛生総合研究所などが作成，公開しているツールなどを活用し，詳細なリスクアセスメントを実施するべきである（図2-10）。

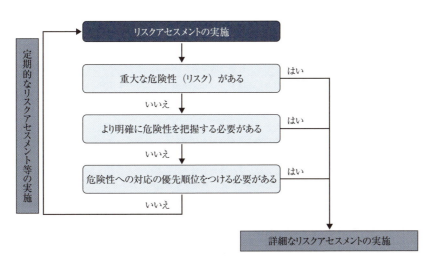

出典：厚生労働省「初心者のための化学物質による爆発・火災等のリスクアセスメント入門ガイドブック」（2016）

図2-10　詳細なリスクアセスメントの実施判断フロー

第2編　化学物質による爆発・火災等のリスクアセスメント

3　各チェックフローのボックス内の質問内容の概要

(1)　化学物質の発火・爆発危険性

質問内容		説　明
事前準備	取扱い物質の SDS は入手済みか？	SDS は，事業者が特定の化学物質を含んだ製品を他の事業者に出荷する際に添付しなければならない，危険性などの情報が記載されたシート。 入手していない場合，購入先などに問い合わせるか，①の問いに進む。
	SDS に GHS に関する情報が記載されているか？	GHS は，世界的に統一されたルールに従って，化学品を危険有害性の種類と程度により分類し，その情報が一目でわかるよう，ラベルで表示したり，安全データシートを提供したりするシステム。 GHS に関する情報が記載されている場合，当該情報を活用し，危険性を把握し，⑧の問いに進む。記載されていない場合，①の問いに進む。
	GHS 分類が「分類対象外」「区分外」「タイプ G」に該当するか？	該当しない場合，危険性は GHS 分類タイプごとに異なる（危険性あり）。
①	爆発性のある物質か？	第3編資料4に示すような原子団を持っている場合，エネルギー（熱，衝撃，摩擦など）が加わると爆発を引き起こす危険性がある。
②	自己反応性のある物質か？	第3編資料5に示すような原子団を持っている場合，長時間放置すると反応が進み，自然発火する危険性がある。
③	自然発火性のある物質か？	着火源などがなくても，空気中の酸素と反応して短時間で発火，または，自然にゆっくりと発熱した熱により発火温度に達し発火を起こす危険性がある。
④	水と反応する物質か？	空気や水と接触することで，発火や可燃性ガスの生成などの危険性がある。
⑤	酸化性の物質か？	可燃性物質との混合系においては，爆発性混合物を形成したり，自ら分解したりすることで可燃性物質の燃焼（酸化）を促進する危険性がある。
⑥	引火性の物質か？	火炎，火花，高温固体などの口火を物質に近づけることにより燃焼が開始する危険性がある。
⑦	可燃性の物質か？	酸化されやすく，打撃や酸化剤との接触または混合などにより爆発する危険性がある。
⑧	過酸化物を生成する物質か？	第3編資料6に示すような化学構造を持っている場合，過酸化物を生成する可能性がある。過酸化物は熱的に不安定な物質または混合物であり，自己発熱分解を起こす危険性がある。
⑨	物質が意図せずに混合したとき，危険性が高まるおそれがあるか？	酸化性物質と可燃性物質との接触のように，2種類以上の化学物質と接触し混合した場合，元の状態よりも危険な状態になる危険性（混合危険性）がある（第3編資料8参照）。
⑩	可燃性粉じん（金属の粉体や紙粉など）か？	可燃性粉じんは，大気中に分散され，着火することにより，爆発を引き起こす可能性がある。また堆積すると自然発火する危険性がある。
⑪	重合をするおそれのある物質か？	第3編資料7に示すような化学物質の場合，撹拌・伝熱の不良による冷却能力低下，重合禁止剤添加量の不足などにより，発熱反応が進行し，暴走に至る危険性がある。
⑫	「事前準備」の後，1つでも「はい」を選択したか？	1つでも「はい」を選択した場合，化学物質単体での危険性があると予想されるため，危険性を同定し，管理するための情報を得ること。一方，すべて「いいえ」を選択した場合，化学物質単体での危険性の程度は大きくないと予想されるが，引き続き情報収集に努めること。

104

第3章　追加的な初期リスク評価法

(2)　プロセス・作業に潜む発火・爆発危険性

	質問内容	説　明
温度条件	①　プロセス・作業は高温条件下で行われるか？	常温では安定である化学物質であっても，高温状態だと分解あるいは発火を起こす危険性がある。 機器の設計温度を超える高温状態の化学物質などが流体として反応装置などに流入してきた場合，機器損傷やフランジ継手などから化学物質が漏えいする危険性がある。
	②　プロセス・作業は低温条件下で行われるか？	低温状態になることで，構造材の材料強度の低下が起こり低温惰性破壊や，液体酸素が生成したりすることで意図しない酸素供給源が発生する危険性がある。 また，反応装置や容器などの内容物が凍結することで破損が起こる危険性がある。
圧力条件	③　プロセス・作業は高圧条件下で行われるか？	高圧状態になった結果，シール部分などからの漏えい，または反応装置などの構造物自体が破壊する危険性がある。 高圧のガスが低圧の容器に急激に流れ込むことで，低圧の容器が破裂し化学物質が飛散することで，近くにいる従業員がけがをする危険性がある。
	④　プロセス・作業は低圧（または真空）条件下で行われるか？	低圧状態（または真空状態）になった結果，シール部分等から外気が入り込み，反応装置内の化学物質が外気に接触し，予期しない反応が起こる危険性がある。 また，常圧設計の容器などの場合，低圧になることで負圧座屈が生じる危険性がある。
その他の条件	⑤　作業場または近傍で裸火や火花，静電気を伴う作業を行っているか？	化学物質の近くや，化学物質を用いた作業室内での火気の使用や火花を生じる作業，静電気を生じる作業は，生じた熱による化学物質の昇温や蒸気への着火・爆発する危険性がある。
	⑥　作業・プロセスは高電圧または高電流をともなうか？	短絡・地絡を起こすとそれ自体が着火の原因となる可能性やジュール熱によって電性素材の爆発を引き起こす危険性がある。
	⑦　化学物質を大量に取り扱うか？	化学物質の危険性自体は小さい場合であっても，大量に取り扱うことで，危険性が大きくなることがある。 特に自己反応性物質や自然発火性物質を大量保管する場合は，発火・爆発の危険性が極めて大きくなる。
	⑧　作業・プロセスで液化ガスを用いるか？	気体状のガスよりも密度が高いため，破壊・噴出すると大量のガスが発生する危険性がある。 また，多くの液化ガスは極低温になっていることにも注意すること。
⑨　①～⑧で，1つでも「はい」を選択したか？		1つでも「はい」を選択した場合，プロセス・作業に危険性が潜んでいると予想されるため，危険性を同定し，管理するための情報を得ること。一方，すべて「いいえ」を選択した場合，プロセス・作業に危険性が潜む危険性の程度は大きくないと予想されるが，引き続き情報収集に努めること。

(3)　設備・機器に潜む発火・爆発危険性

質問内容	説　明
①　耐食性の配管を用いる等，腐食に対する対策を講じていない？	塩素を含む化学物質や硫化水素などは，配管を腐食させ減肉が生じる危険性がある。
②　振動等によるジョイント部の緩みを定期的に検査していない？	振動が伝わると配管が劣化しやすくなり，その結果，配管の開口や割れ，ジョイント部の緩みなどを引き起こし，化学物質が漏えいしたり，異物が混入したりする危険性がある。 生じた錆が配管の曲げ加工の箇所に蓄積し，閉塞することで管内圧力が上昇し配管が破裂する危険性がある。
③　異物などによるバルブ詰まりを定期的に検査していない？	異物などが混入することで，バルブを完全に開けることができずに内容物の流量不足が発生し，流量不足による圧力レベルの変動や温度の変動を引き起こす危険性がある。 バルブを完全に閉めることができずに内容物の漏えいや受け入れ先でのオーバーフローを引き起こす危険性がある。

105

第2編　化学物質による爆発・火災等のリスクアセスメント

	質問内容	説明
④	表示などバルブの誤操作への対策を講じていない？	バルブの開閉作業を作業員が誤り，意図せず不純物が混入することで発火や爆発が発生する危険性がある。
⑤	容器等に転倒防止などへの対策を講じていない？	酸化性物質や可燃性物質など，混合危険性がある化学物質を同じ場所に保管した場合，地震などによって容器が転倒・破損し，保管されていた化学物質同士が接触することで混合危険性が顕在化する危険性がある。
⑥	変形や劣化などに対する定期的な検査は実施していない？	長期間保管（使用）していた容器の点検を怠ることで，容器の劣化に伴う漏えいや，液面計の不具合による実際の液面との不一致に起因するオーバーフローなどが起こる危険性がある。 容器の洗浄が不完全で残った残留物などとの混合反応による発火や爆発などの危険性（混合危険性）がある。
⑦	異物などによる圧力放出弁詰まりを定期的に検査していない？	錆や化学物質の凝集などの異物により圧力弁が詰まることで正常に作動せず，内圧が上昇し，反応器や配管などからの漏えいや破裂の危険性がある。
⑧	撹拌不十分により温度，濃度の不均一や相分離が生じている？	撹拌が不十分だと，温度や濃度が不均一となることで生じたホットスポットが原因で化学物質が分解し，容器の破裂や爆発を引き起こす危険性がある。 2層に分離する液体の混合の場合，急激な撹拌の開始などで急激に反応が進行し，想定外の発熱により爆発にいたる危険性がある。
⑨	キャビテーション等への対策が講じられていない？	ポンプ内の化学物質中にキャビテーションやポンプの振動などにより生じた配管，ジョイント部の劣化に伴う空気等気泡混入が発生し，機器の破損や漏えいなどが起こる危険性がある。
⑩	沈殿，堆積などを定期的に取り除いていない？	沈殿や堆積などで生じたスケールを吸い込むことにより機器の破損などが起こる危険性がある。
⑪	センサーや計器，制御系の定期的な検査を実施していない？	計測器に故障などの不具合が生じている場合，計測値が実際値よりも過小または過大表示となり，正確な温度管理や圧力管理ができなくなることに起因する爆発が起こる危険性がある。
⑫	①～⑪で，1つでも「はい」を選択したか？	1つでも「はい」を選択した場合，設備・機器に危険性が潜んでいると予想されるため，危険性を同定し，管理するための情報を得ること。一方，すべて「いいえ」を選択した場合，設備・機器に危険性が潜む危険性の程度は大きくないと予想されるが，引き続き情報収集に努めること。

⑷　プロセス・作業に潜む発火・爆発危険性

	質問内容	説明
異常発生防止対策	①　物質・作業に応じた適切な設計，材料選定がなされていない？	塩素を含む化学物質や硫化水素などは，配管を腐食させ減肉が生じるおそれがある。そのため，取り扱う物質の特性に応じた材料の選定などを考慮した装置やプロセスを検討すること。
	②　誤操作を防ぐ対策（フールプルーフ）が講じられていない？	例えば，バルブの開閉作業を作業員が誤り，意図せず不純物が混入することで発火や爆発が起こる危険性がある。 ヒューマンエラーは完全に防ぐことはできないことからも，操作によっては望ましくない現象が生じる場合は，そのような操作ができないようにするなどの対策を検討すること。
異常発生検知対策	③　異常（予期せぬ高圧状態等）を検知・警報する対策が講じられていない？	どのような異常が発生しているかを検知するためのセンサー（温度，圧力，流量など）や異常発生を知らせるための警報システムを設置することで，例えば想定外の高温状態の発生など，暴走反応などにつながる現象などを把握し，緊急冷却などの対策を実施することが可能となる。 警報機などの定期点検を怠ると，経年劣化などにより異常発生時に機能しない場合があるため，定期的に動作確認はするべきである。
事故発生防止対策	④　異常を災害に発展させないための対策（フェールセーフ，インターロック等）が講じられていない？	事故シナリオにおけるプロセス異常発生（異常伝播）を防ぐ対策を検討することで，万が一，暴走反応や発火などの異常現象が生じた場合であっても，延焼など二次災害の防止につなげることが可能となる。 定期点検を怠ると，経年劣化などにより異常発生時にインターロックなどが機能しない場合があるため，定期的に動作確認はするべきである。

被害の局限化対策	⑤ 避難設備や避難路が確保されていない？	事故発生により，容器類，機械類，荷物などが倒れ，避難経路がふさがれる危険性がある。 設備の定期点検の実施，避難路に物を置かないなど，日常的に確認を行うこと。
	⑥ 初期消火のための消火設備や消火用具が確保されていない？	取扱い物質の危険性（禁水性，酸化性，混合危険性など）や性状に応じた適切な種類の消火器が必要である。 適切ではない消火器を用いた場合（禁水性の物質に水系消火剤を用いるなど），被害が拡大することがある。
被害の局限化対策	⑦ 緊急時の初動体制が確立していない？ または教育や訓練を通じた周知徹底がされていない？	事故発生時には指揮命令系統を迅速に確立し，アクシデントに素早く・適切に対応する必要があるため，作業員の役割を事前に決定しておき，定期的に訓練を実施すること。
	⑧ 緊急連絡網が最新版になっていない？	緊急時には，従業員，周辺住民，公的機関への連絡が必要となる場合がある。どこかに古い連絡先が残っていた場合，連絡が途絶える，時間がかかるなどの事態につながる可能性がある。
	⑨ 一般回線以外の通信手段（無線，衛星電話等）は確保していない？	緊急時には，一般回線（電話，メール等）はネットワークが混雑等により使用できなくなる可能性があるため，無線や衛星電話などの一般回線以外の通信手段を確保すること。
	⑩ 外部（行政機関，地域住民等）との緊急時の連携体制を構築しているか？	行政，業界，住民との連携を図ることで効果的に防災対策を充実させることができる可能性がある。 事故発生時においても，行政，業界，住民との効果的な連携によりスムーズな復旧活動が可能となる。
	⑪ ①～⑩で，1つでも「はい」を選択したか？	1つでも「はい」を選択した場合，リスク低減措置の導入に不足があると予想されるため，不足している措置を確認し，必要な措置を講じること。一方，すべて「いいえ」を選択した場合，必要なリスク低減措置が導入されていると予想されるが，引き続き残存しているリスクや不備がないか情報収集に努めること。

【参考文献】

［1］ http://anzeninfo.mhlw.go.jp/user/anzen/kag/pdf/M1_risk-assessment-guidebook.pdf
　　　化学物質による爆発・火災等のリスクアセスメントのためのスクリーニング支援ツール
［2］ http://anzeninfo.mhlw.go.jp/rasphys/index.html

第2編　化学物質による爆発・火災等のリスクアセスメント

第4章　JISHA方式爆発火災防止のための化学物質リスクアセスメント手法

1　はじめに

　本章で紹介する化学物質リスクアセスメント手法は，化学工業のようなプラントではなく，一般的に化学物質を取り扱う事業場の作業に照準を合わせた手法である。したがって，プラントで使用することも可能であるが，プラントで使用する場合は，本手法で見つけ出したリスクを詳細に検討することが必要になることもある。

　なお本手法は，中央労働災害防止協会が提供している研修会や書籍などで紹介しているものである。

2　爆発・火災防止のための化学物質リスクアセスメントの実施方法

　本手法の実施手順は，下記のとおり。

　ステップ1：爆発・火災防止CRA（Chemical Risk Assessment）実施計画の策定

　ステップ2：爆発・火災の危険要因（ハザード）の抽出

　ステップ3：爆発・火災リスクの見積りと評価

　ステップ4：爆発・火災リスクのリスク低減策の立案および再評価

　ステップ5：爆発・火災リスクの低減策の実施

　ステップ6：爆発・火災リスクの低減策の検証

　ステップ7：リスクアセスメント実施結果の記録

　ステップ8：臨時の爆発・火災防止CRAの実施

3　実施手順の詳細（ステップ1〜7の詳細）

(1)　ステップ1：爆発・火災防止CRA実施計画の策定

> 　事業者は，化学物質の種類，取扱い方法，条件，取扱い量等の調査を実施し，取扱い実態に基づき，事業所の「爆発・火災防止CRA実施計画」（様式自由）を策定する。

　「爆発・火災防止CRA実施計画」（様式自由）には，次のことが明記されていることが必要である。

第4章　JISHA 方式爆発火災防止のための化学物質リスクアセスメント手法

① 対象施設，プロセス等の適用範囲　（例：高圧ガス施設，危険物施設）

② 実施体制　（部署長を実施責任者とすること）

③ 実施方法

④ 実施スケジュール

⑵　ステップ２：爆発・火災の危険要因（ハザード）の抽出

> 　リスクアセスメント担当者は，「爆発・火災防止 CRA 実施計画」に基づき，必要に応じて製造技術，設備設計等の専門知識を有する者や社内外の専門家（以下「関係者」）の助言を得て，爆発や火災が起きる可能性のある要因を漏れなく調査・抽出する。抽出した爆発・火災の危険源を「爆発・火災防止 CRA リスク評価表」（CRA 様式－２）にまとめる。

爆発・火災の危険要因の抽出の際の留意点は次のとおりである。

㋐　危険要因とは

1)　爆発・火災災害危険

　これらの危険要因として，マッチ，溶接・溶断や電気の火花，衝撃・摩擦による機械的火花，ガスなどの漏洩，反応工程や貯蔵における異常反応，高熱物体と水との接触，反応熱など化学エネルギー（自然発火を含む），放射熱などがある。

2)　破裂災害危険

　これらの危険要因として，ボイラー，圧力容器の破裂などがある。

3)　静電気による災害危険等

　これらの危険要因として，流体や粉体の流動，噴出，落下などによる静電気の発生と放電，静電気除去不良の原因となる接地の不備などがある。

㋑　過去の災害・事故等の発生に関する情報の整理

　過去に発生した災害や事故はもちろんのこと，事故に至らないものであっても異常発生やヒヤリハット等の発生についても情報を収集し詳しく分析後，整理する。これらの情報はシナリオ想定に活用可能である。

㋒　災害が発生する可能性のある作業場所の実態を調査・確認

㋓　次の手法などを活用し爆発・火災リスクの抽出漏れを防止

・What-if 解析

・チェックリスト法

第２編　化学物質による爆発・火災等のリスクアセスメント

　「○○なので，○○して，○○となる」と爆発・火災の原因と結果のストーリーをより具体的に記述することが，リスクの見積りの精度を上げ，適切なリスク低減策の検討につながるので重要である。

⑶　ステップ３：爆発・火災リスクの見積りと評価

> 　リスクアセスメント担当者は，抽出された爆発・火災リスクを必要に応じて関係者の助言を得て定量的に評価する。
>
> 　具体的には，危険源要素発生の可能性（Ｐ），異常現象が発生する頻度（Ｆ），影響の重大性（Ｓ）の各観点から見積りしたそれぞれの評点を乗算してリスクポイントを算出し，リスクポイントに応じたリスクレベルⅠ～Ⅴを決定する。

㈦　危険源要素発生の可能性（Ｐ）に関するリスク見積り

　危険源要素発生の可能性（Ｐ）とは，爆発・火災現象が発生する条件である３要素（燃料，酸素，着火源）が作業現場に存在または発生する可能性を示し，異常現象が生じたときに爆発・火災に至る可能性を意味する。

　まず，災害が発生することを想定するプロセスについて，対象化学物質の固有の危険性に基づいて一次評点を決定し，次に，周囲の環境や条件により二次評点を決定する。この二次評点がＰの値となる。

　なお，評価の取りまとめは「爆発・火災防止 CRA（危険源要素発生の可能性（Ｐ）の評価」（CRA 様式－１）４章４（２），117 頁参照）を活用すると良い。

　１）　一次評価

　　対象化学物質の危険性の度合いに応じ，GHS 分類がある場合は**表２-12**，GHS 分類がない場合は経済産業省が公開している「事業者向け GHS 分類ガイダンス」[注]に従って分類を行い，一次評点を与える。

　　危険性の度合いは，安全データーシート（SDS）を入手し，その物質の危険性等に関する情報などから把握する。

　　なお，混合物の場合は，混合物の GHS 分類結果を使用するが，もし，単一物質の分類結果しか得られない場合は，成分ごとの評価で最も危険性の大きな物質で評価する。

（注）（http://www.meti.go.jp/policy/chemical_management/int/ghs_tool_01GHSmanual.html#h21jenter）

第4章　JISHA方式爆発火災防止のための化学物質リスクアセスメント手法

表2-12　化学物質の固有の危険性に応じた一次評点（GHS分類を利用）

一次評点	6	4	2	1
爆発物（火薬類）＊	等級 1.1-1.3，1-5	等級 1.4	等級 1.6	
可燃性／引火性ガス	区分1	区分2		
エアゾール	区分1	区分2		
支燃性・酸化性ガス		区分1		
高圧ガス	圧縮ガス，液化ガス，溶解ガス	深冷液化ガス		
引火性液体	区分1	区分2	区分3	区分4
可燃性固体		区分1,2		
自己反応性物質および混合物＊	タイプ A-B	タイプ C-F	タイプ G	
自然発火性液体＊	区分1			
自然発火性固体＊	区分1			
自己発熱性物質および混合物	区分1	区分2		
水反応可燃性物質および混合物	区分1	区分2,3		
酸化性液体		区分1,2,3		
酸化性固体		区分1,2,3		
有機過酸化物＊	タイプ A-D	タイプ E-F	タイプ G	
金属腐食性物質		区分1		
鈍感化爆発物		区分1,2	区分3,4	
その他				

（注1）＊の付いた分類に該当する物質の場合は一次評点をそのまま使用する。
（注2）GHS分類の定義は「CRA別紙（GHSにおける物理化学的危険性の種類の定義）」参照

2）　二次評価

　一次評価をもとに次の周囲の環境や条件により二次評価を行い，災害発生の可能性を見積もり，表2-13に基づき評点する。

　爆発（燃焼）の3要素（燃料，酸素，着火源）のうち1要素以上が理論的・技術的に取り除かれている場合は「ほとんど発生しない（1点)」とする。この場合，根拠を添付する。

　なお，着火源が静電気の場合は，「静電気安全指針2007」（労働安全衛生総合研究所)に記載された条件を技術的にクリアしていることが前提である。ただし，自己反応性化学品のように酸素，着火源がなくても爆発に至る物質

表2-13　危険源要素発生の可能性（P）に関するリスク見積り

二次評点	危険源要素発生の可能性
6	可能性が非常に高い
4	可能性が高い
2	可能性がある
1	ほとんど発生しない

第2編　化学物質による爆発・火災等のリスクアセスメント

もあるので注意が必要である。

　また，対象化学物質の使用状況において，取扱温度が，引火点（引火点の
データがない場合，沸点）を超えていれば1ランクアップ，発火温度を超え
ていれば2ランクアップとする。ただし，最高6点までとする。

　上記項目に該当しない場合は，一次評価のままの評点とする。

⒤　異常現象が発生する頻度（F）に関するリスク見積り

　異常現象が発生する頻度は，作業の頻度ではなく，爆発・火災が発生する可能
性が存在している状態で，異常現象により爆発・火災が発生する場合，その異常
現象が発生する頻度とする。

　異常現象には，発熱，火花，静電気放電，衝撃・摩擦，漏洩，異常反応などが
ある。

　異常現象が起こる頻度を推定するには過去のヒヤリハット事例や災害事例を参
考にする。

　通常，誤操作は異常現象のひとつ前の事象なので，誤操作の頻度が災害発生の
頻度に相当するものではない。ただし，その誤操作が必ず異常現象につながる場
合は，誤操作の頻度が災害発生の頻度となる。しかし，誤操作は原則としてフェ
イルセーフの考えにより常に安全側に制御すべきである。

　上記の視点にて異常現象が発生する頻度を見積もり，**表2-14**に基づき評点
する。

㈻　影響の重大性（S）に関するリスク見積り

　影響の重大性は，実際に災害が発生した場合の被害の大きさ（人的被害，物的
被害）を意味する。

　製造または取り扱う化学物質の危険性の性質，量により影響の重大性が変わる
ことなどに配慮し，影響の重大性を見積もり，**表2-15**に基づき評点する。

㈼　リスクの評価

　危険源要素発生の可能性（P），異常現象発生の頻度（F），影響の重大性（S）

表2-14　異常現象が発生する頻度（F）に関するリスク見積り

評　点	異常現象が発生する頻度
4	1年に1～2回以上発生する
3	10年に1～2回以上発生する
2	30年に1～2回以上発生する
1	ほとんど起こり得ない

第4章　JISHA方式爆発火災防止のための化学物質リスクアセスメント手法

表2-15　影響の重大性（S）に関するリスク見積り

評点	災害の程度	具体的な被害の大きさ
10	大規模な損失	・死亡・休業4日以上の傷害が出る ・1カ月以上の修復期間が必要 ・おおむね1億円以上の損失額の見込み
6	中規模な損失	・休業4日未満の傷害が出る ・1カ月未満の修復期間が必要 ・おおむね1,000万円以上の損失額の見込み
3	小規模な損失	・休業にはならない傷害が出る ・1週間以内の修復期間が必要 ・おおむね100万円以上の損失額の見込み
1	微少な損失	・数日以内の修復期間が必要 ・おおむね100万円未満の損失額の見込み

（注）損失額は 設備損失＋修復費用 とする。
　　　なお，金額については，事業の規模に応じて増減させ，リスクの見積り結果が実態に合うように調整する。

表2-16　リスクレベルとリスクポイント

リスクレベル	リスクポイント	判定結果	措置方法
V	54～240	耐えられないリスク	抜本的な見直しが必要
IV	21～53	大きなリスク	速やかに低減対策を検討・実施
III	10～20	中程度のリスク	一定の期間内に低減対策を実施
II	4～9	許容可能なリスク	当面は良いが対策を検討
I	1～3	些細なリスク	現時点では特に対策の必要なし

の各視点から見積もりしたそれぞれの評点を乗算してリスクポイントを算出し，表2-16に基づきリスクポイントに応じたリスクレベルⅠ～Ⅴを決定する。

　　リスクポイント ＝ 危険源要素発生の可能性（P）×

　　　　　　　　　　異常現象発生の頻度（F）×影響の重大性（S）

⑷　ステップ4：爆発・火災リスクのリスク低減策の立案および再評価

　リスクアセスメント担当者は，ステップ3で抽出された爆発・火災リスクに対し必要に応じて関係者の助言を得て複数のリスク低減策をとりまとめ，立案するとともに，立案された各々の低減策に対し再度リスクの見積りを行い，リスクレベルの低下効果を確認する。特に，リスクレベルⅤとⅣの重大リスクについては，リスクレベルがⅢ以下になるようリスク低減策の立案と再評価を行う。

　再見積り後もリスクレベルが低下しない場合は，残っているリスク（残留リスク）に対して対処方法を併せて定める。リスク低減措置によりリスクレベルが低下する場合は，その技術的・理論的根拠を記録として残す。

（ア）　低減策を立案する際には，原則，次の優先順位に基づき検討する。

① 　法令順守

② 　本質安全化（工程変更，取扱物質の変更，爆発・火災の３要素のうち一つ以上の完全除去）

③ 　防護策（工学的対策：保護装置によるインターロック，安全装置の二重化等）

　　付加保護策（エネルギーの遮断・消散の手段，スプリンクラー設置等）

④ 　人に頼った管理的対策（警告・表示，安全作業標準書，取扱説明書，作業許可システム，教育・訓練）。ただし，人に依存する対策の場合，リスクは原則として低減しない。

（イ）　リスク低減策で低減するための技術的根拠や理論的根拠を明確にし，記録として残す。また，その記録を教育資料として活用することが望ましい。（残留リスクが残る場合，どのような危険性が残留するかを，例を示すなどにより記述することが望ましい。）

⑸　ステップ５：爆発・火災リスクの低減策の実施

ステップ４で立案された各々の低減策に対し実施可否を判断し，「爆発・火災防止 CRA 改善実施計画」（様式自由）を策定し実施する。

（ア）　ステップ４で立案された各々の低減策に対し，費用対効果やその低減策により爆発・火災以外の健康障害をはじめとした労働災害，環境影響および製品安全に関する新たなリスクの発生の有無などをリスクアセスメント担当者等関係者で確認（＝統合的リスクアセスメントの実施）し，実施の可否を判断する。この際に，新たなリスクの発生が予測される場合は，その回避策を検討し，リスク回避する。

（イ）　実施の可否を判断し，低減策を実施する場合は，「爆発・火災防止 CRA 改善実施計画」（様式自由）を策定し，実施する。

　　改善実施計画の内容には，次の項目が明記されていることが必要である。

① 　実施項目

② 　実施担当者

③ 　実施スケジュール

④ 　実施までの暫定的なリスク低減策（例：監視強化，管理業務等）

第4章　JISHA方式爆発火災防止のための化学物質リスクアセスメント手法

(ウ)　リスク低減策の実施は，原則としてリスクの高いものから優先的に実施する。
ただし，優先順位を変更せざるを得ない場合は，その理由と実施予定時期を
周知するとともに，その間のリスク低減策を明らかにしておく。

(6)　ステップ6：爆発・火災リスクの低減策の検証

> 「爆発・火災防止CRA改善実施計画」にて決定された低減策を実施後，再度見
> 積りを行い，リスク低減効果について確認する。

(ア)　ステップ3と同様にリスクの見積りと評価を行う。
なお，その際には新たなリスクが生じていないか等についても併せて検討評
価する。

(イ)　一連の評価結果を「爆発・火災防止CRAリスク評価表」（CRA様式－2，
118頁参照）に記録し，関係者の間で共有化する。

(7)　ステップ7：リスクアセスメントの実施結果の記録

> リスクアセスメントの実施結果は，「爆発・火災防止CRAリスク評価表」（CRA
> 様式－2）に記録・保存し，関係者に実施結果を周知する。

リスクアセスメントの実施結果（特定された危険要因，リスクの所在と内容，リ
スク低減対策および許容可能なリスクまで低減できなかったリスクとその対応等）
は，次回のリスクアセスメント実施の際に，有用な情報として活用できる。そこで，
以下のものを記録として残すことが必要である。

①　「爆発・火災防止CRA（危険源要素発生の可能性（P）の評価」（CRA様式
－1，117頁参照）

②　「爆発・火災防止CRAリスク評価表」（CRA様式－2，118頁参照）

③　リスク低減のための技術的根拠や理論的根拠

(8)　ステップ8：臨時の爆発・火災防止CRAの実施

> 設備の新増設，廃止，原材料の変更やプロセス事故の発生があった場合，または
> 管理する危険要因に変化が生じ，新たな爆発・火災リスクが想定される場合は，適
> 宜，臨時の爆発・火災防止CRAを行い，必要な対策を講じる。

第4章

第２編　化学物質による爆発・火災等のリスクアセスメント

4　リスクアセスメント関連資料

(1)（CRA 別紙）

GHS における物理化学的危険性の定義

1　物質の状態に関わる大枠の定義

ガス	50℃において蒸気圧が300kPa（絶対圧）を超えるか，または標準気圧（101.3kPa），20℃において完全にガス状である物質。
液体	50℃において蒸気圧が300kPa（絶対圧）以下，かつ標準気圧，20℃において完全にガス状ではなく，かつ標準気圧において融点または融解が始まる温度が20℃以下である物質。
固体	液体または気体の定義にあてはまらない物質，または混合物。

2　GHS 分類毎の定義

爆発物（火薬類）	爆発物とは，それ自体の化学反応により，周囲環境に損害を与えるような温度および圧力ならびに速度でガスを発生する能力のある固体物質または液体物質（もしくは物質の混合物）をいう。
可燃性・引火性ガス	可燃性・引火性ガスとは，標準気圧101.3kPa，温度20℃で，空気との混合気が燃焼範囲を有するガスをいう。
エアゾール	エアゾールとは，圧縮ガス，液化ガスまたは溶解ガス（液状，ペースト状または粉末を含む場合もある）を内蔵する金属製，ガラス製またはプラスチック製の再充塡不能な容器に，内容物をガス中に浮遊する固体もしくは液体の粒子として，または液体中またはガス中に泡状，ペースト状もしくは粉状として噴霧する噴射装置を取り付けたものをいう。
支燃性・酸化性ガス	支燃性・酸化性ガスとは，一般的に酸素を供給することにより，空気以上に他の物質の燃焼を引き起こす，または燃焼を助けるガスをいう。
高圧ガス	高圧ガスとは，20℃で200kPa（ゲージ圧）以上の圧力の下で容器に充塡されているガスまたは液化または深冷液化されているガスをいう。
引火性液体	引火性液体とは，引火点が93℃以下の液体をいう。
可燃性固体	可燃性固体とは，易燃性を有するまたは摩擦により発火あるいは発火を助長するおそれのある固体をいう。
自己反応性物質および混合物	自己反応性物質および混合物とは，熱的に不安定で，酸素（空気）がなくとも強い発熱分解を起こしやすい液体または固体の物質あるいは混合物である。
自然発火性液体	自然発火性液体とは，たとえ少量であっても，空気と接触すると５分以内に発火しやすい液体をいう。
自然発火性固体	自然発火性固体とは，たとえ少量であっても，空気と接触すると５分以内に発火しやすい固体をいう。
自己発熱性物質および混合物	自己発熱性物質および混合物とは，自然発火性液体または自然発火性固体以外の固体物質または混合物で，空気との接触によりエネルギー供給がなくとも，自己発熱しやすいものをいう。
水反応可燃性物質および混合物	水反応可燃性物質および混合物とは，水との相互作用により，自然発火性となるか，または可燃性・引火性ガスを危険となる量発生する固体または液体の物質あるいは混合物をいう。
酸化性液体	酸化性液体とは，それ自体は必ずしも可燃性を有しないが，一般的には酸素の発生により，他の物質を燃焼させまたは助長するおそれのある液体をいう。
酸化性固体	酸化性固体とは，それ自体は必ずしも可燃性を有しないが，一般的には酸素の発生により，他の物質を燃焼させまたは助長するおそれのある固体をいう。
有機過酸化物	有機過酸化物とは，２価の -O-O- 構造を有し，１あるいは２個の水素原子が有機ラジカルによって置換されている過酸化水素の誘導体と考えられる，液体または固体有機物質をいう。この用語はまた，有機過酸化物組成物（混合物）も含む。有機過酸化物は熱的に不安定な物質または混合物であり，自己発熱分解を起こすおそれがある。さらに，以下のような特性を１つ以上有する。(a)爆発的な分解をしやすい，(b)急速に燃焼する，(c)衝撃または摩擦に敏感である，(d)他の物質と危険な反応をする。
金属腐食性物質	金属に対して腐食性である物質または混合物とは，化学反応によって金属を著しく損傷し，または破壊する物質または混合物をいう。
鈍感化爆発物	大量爆発や非常に急速な燃焼をしないように，爆発性を抑制するために鈍感化され，したがって，危険性クラス「爆発物」除外されている，固体または液体の爆発性物質あるいは混合物をいう。

(2)（CRA 様式－1）

爆発・火災防止 CRA（危険源要素発生の可能性（P）の評価）

1　対象化学物質

化学物質名	CAS No.

2　一次評価（物質危険性）

			一次評点			
			6	4	2	1
GHS危険性分類がある場合	(1)	爆発物	等級 1.1-1.3, 1-5	等級 1.4	等級 1.6	
	(2)	可燃性／引火性ガス	区分 1	区分 2		
	(3)	エアゾール	区分 1	区分 2,3		
	(4)	支燃性／酸化性ガス		区分 1		
	(5)	高圧ガス	圧縮ガス，液化ガス，溶解ガス	深冷液化ガス		
	(6)	引火性液体	区分 1	区分 2	区分 3	区分 4
	(7)	可燃性固体		区分 1,2		
	(8)	自己反応性物質および混合物	タイプ A-B	タイプ C-F	タイプ G	
	(9)	自然発火性液体	区分 1			
	(10)	自然発火性固体	区分 1			
	(11)	自己発熱性物質および混合物	区分 1	区分 2		
	(12)	水反応可燃性物質および混合物	区分 1	区分 2,3		
	(13)	酸化性液体		区分 1,2,3		
	(14)	酸化性固体		区分 1,2,3		
	(15)	有機過酸化物	タイプ A-D	タイプ E-F	タイプ G	
	(16)	金属腐食性物質		区分 1		
	(17)	鈍感化爆発物		区分 1,2	区分 3,4	
ない						

3　二次評価（周囲の環境や条件を考慮）

(1)　爆発の3要素の有無確認

要素	可燃物	空気（酸素）	着火源
有無			

(2)　特性値との比較

項目	融点	沸点(b)	引火点(c)	発火温度(d)	蒸気密度	爆発範囲
特性値（℃）						

工程	取扱温度(a)（℃）	ランクアップの有無

(a)≧(b) or (c) → 1ランクアップ
(a)≧(d) → 2ランクアップ

4　まとめ

一次評点	二次評点（最終）	根　　拠

第２編　化学物質による爆発・火災等のリスクアセスメント

⑶　（CRA 様式-2）

爆発・火災防止化学物質リスクアセスメント・リスク評価表

【Ｐ：危険源要素の発生可能性】

6点：発生可能性が非常に高い
4点：発生可能性が高い
2点：発生可能性がある
1点：ほとんど発生しない
物質の危険性より一次評価
周辺の環境・条件で二次評価

×

【Ｆ：異常現象の発生頻度】

4点：年に１～２回程度発生する
3点：10年に１～２回程度発生する
2点：30年に１～２回程度発生する
1点：ほとんど起こり得ない

×

【Ｓ：影響の重大性】

10点：大規模な損失
6点：中規模な損失
3点：小規模な損失
1点：微少な損失
プロセス事故における
影響を評価

						リスク抽出・見積り						リスク
	危険要因の内容						リスク見積り・評価（現状）					リスク低減対策
No.	工程／系列または設備名	作業名	取扱化学物質名（CAS No.）	定常／非定常	災害が発生するプロセス［事故の型］○○なので，○○して，○○になるより具体的に記載することが重要（抽象的に記載するとリスク低減対策が曖昧となる）	危険源要素の発生可能性（一次評点）（P）	危険源要素の発生可能性（二次評点）（P）	異常現象の発生頻度（F）	影響の重大性（S）	リスクポイント	リスクレベル	一つの危険要因に対して，複数の対策を検討すること。更にそれぞれの対策に対してリスク評価すること。

第4章　JISHA方式爆発火災防止のための化学物質リスクアセスメント手法

（部門：　　　　　　　　　　　）

抽出・低減対策	低減対策結果
部門長承認	部門長承認
（　　年　　月　　日）	（　　年　　月　　日）

=

リスクレベル	リスクポイント	判定結果（措置方法）
V	54～240	耐えられないリスク（抜本的な見直しが必要）
IV	21～53	大きなリスク（速やかに低減対策を検討・実施する（徹底的な管理業務を行う））
III	10～20	中程度のリスク（一定の期間内に低減対策を実施する）
II	4～9	小さなリスク（当面は良いが対策を検討）
I	1～3	些細なリスク（現時点では特に対策の必要なし）

リスク評価・低減対策実施者

低減対策の検討							リスク低減対策の実施							
リスク見積り・評価（検討後）					残留リスクへの対応もしくはリスク低減根拠	実施可否判定	リスク低減対策の実施内容	リスク見積り・評価（実施後）					残留リスクへの対応もしくはリスク低減根拠	
危険源要素の発生可能性（P）	異常現象の発生頻度（F）	影響の重大性（S）	リスクポイント	リスクレベル				危険源要素の発生可能性（P）	異常現象の発生頻度（F）	影響の重大性（S）	リスクポイント	リスクレベル		
							実施内容に対し，個別に評価する。必要に応じ，複数の低減実施項目で総合評価しても良い。							

5 リスクアセスメントの実施事例

以下には具体的な実施方法の理解のため，リスクアセスメントの実施事例と災害事例をもとにリスクアセスメントを適用した事例を示した。

(1) 実施事例1

㋐ 原料投入混合作業

袋に入ったペレット状のビタミン剤10kgを，500kgのエタノールが入った1トンの混合タンクに，投入口から投入し，攪拌して溶解させる。投入作業は室温（25℃）で行う。

㋑ その他の作業（非定常）

上記の混合タンクに隣接する貯蔵タンク（エタノール溶解ビタミン剤）において，鉄製アームを修復するアーク溶接を行う。

㋒ 使用SDS

エタノール（CAS No.64-17-5）

第4章　JISHA方式爆発火災防止のための化学物質リスクアセスメント手法

実施事例1　：　回答例

爆発・火災防止 CRA（災害発生の可能性（P）の評価）

1　対象化学物質

化学物質名	CAS No.
エタノール	64-17-5

2　一次評価（物理化学的危険性）

		一次評点			
		6	4	2	1
GHS危険性分類がある場合	(1) 爆発物	等級 1.1-1.3, 1.5	等級 1.4	等級 1.6	
	(2) 可燃性／引火性ガス	区分1	区分2		
	(3) エアゾール	区分1	区分 2,3		
	(4) 支燃性／酸化性ガス		区分1		
	(5) 高圧ガス	圧縮ガス，液化ガス，溶解ガス	深冷液化ガス		
	(6) 引火性液体	区分1	区分2	区分3	区分4
	(7) 可燃性固体		区分 1,2		
	(8) 自己反応性物質および混合物	タイプ A-B	タイプ C-F	タイプ G	
	(9) 自然発火性液体	区分1			
	(10) 自然発火性固体	区分1			
	(11) 自己発熱性物質および混合物	区分1	区分2		
	(12) 水反応可燃性物質および混合物	区分1	区分 2,3		
	(13) 酸化性液体		区分 1,2,3		
	(14) 酸化性固体		区分 1,2,3		
	(15) 有機過酸化物	タイプ A-D	タイプ E-F	タイプ G	
	(16) 金属腐食性物質		区分1		
	(17) 鈍感化爆発物		区分 1,2	区分 3,4	
その他					

3　二次評価（周囲の環境や条件を考慮）

(1) 爆発の3要素

要素	可燃物	空気（酸素）	着火源
有無	エタノール	有	静電気，溶接の火花

(2) 特性値との比較

項目	融点	沸点(b)	引火点(c)	発火温度(d)	蒸気密度 蒸気圧	爆発範囲
特性値（℃）	− 114.5℃	78℃	13℃	422℃	−	3.3 − 19 Vol/%

工程	取扱温度(a)（℃）	ランクアップの有無	
投入 溶解作業	室温　25	1ランクアップ	(a)≧(b) or (c) → P :1 rank up
			(a)≧(d) → P :2 rank up

なお，爆発3要素が一つでもなければ一次評点は「1」

4　まとめ

一次評点	二次評点（最終）	根　　拠
4点	6点	使用温度が引火点を超えているため

121

第２編　化学物質による爆発・火災等のリスクアセスメント

爆発・火災防止 CRA リスク評価表（例 1 − 1）

リスク抽出・特定	危険要因の内容	Ｎｏ		
		工程／系列又は設備名	調剤工程	
		作業名	ビタミン剤の投入混合作業	
		取扱化学物質名（CAS No.）	エタノール（64-17-5）	
		定常／非定常	定常	
		災害が発生するプロセス［事故の型］○○なので，○○して，○○になるより具体的に記載することが重要（抽象的に記載するとリスク低減策が曖昧となる）	混合タンク内のエタノールが揮発して爆発性の混合ガスを形成したので，ビタミン剤が袋と擦れて静電気が発生して，爆発する。	
	リスク見積り，評価（現状）	危険源要素発生の可能性（Ｐ）（一次評点）	4	
		危険源要素発生の可能性（Ｐ）（二次評点）	6	
		異常現象が発生する頻度（Ｆ）	3	
		影響の重大性（Ｓ）	10	
		リスクポイント	180	
		リスクレベル	Ⅴ	
リスク低減策	リスク低減策	1つの危険要因に対して，複数の対策を立案検討すること。さらにそれぞれの対策に対してリスク評価すること。	混合タンク内を不活性ガスで置換する。	接地したシューターを用いて，投入する。
	リスク見積り，評価（低減後）	危険源要素発生の可能性（Ｐ）	1	6
		異常現象が発生する頻度（Ｆ）	3	1
		影響の重大性（Ｓ）	10	10
		リスクポイント	30	60
		リスクレベル	Ⅳ	Ⅴ
	残留リスクへの対応もしくはリスク低減根拠		危険源要素の除去	静電気の発生防止
実施可否判定			否	否
リスク対策後	具体的リスク低減実施内容	低減実施内容に対し個別に評価する。必要に応じ，複数の低減実施項目で総合評価しても良い	不活性ガス置換の上，自動搬送装置を導入する。	接地シューターを用いた上で，混合タンク内を不活性ガスで置換する。
	リスク見積り，評価（対策後）	危険源要素発生の可能性（Ｐ）	1	1
		異常現象が発生する頻度（Ｆ）	3	1
		影響の重大性（Ｓ）	6	10
		リスクポイント	18	10
		リスクレベル	Ⅲ	Ⅲ
	残留リスクへの対応もしくはリスク低減根拠低減データ元		危険源要素の除去と人的被害の縮小	静電気の発生防止と危険源要素の除去

第4章　JISHA方式爆発火災防止のための化学物質リスクアセスメント手法

爆発・火災防止CRAリスク評価表（例1−2）

リスク抽出・特定	危険要因の内容	No		
		工程／系列又は設備名	調剤工程	
		作業名	ビタミン剤の投入混合作業	
		取扱化学物質名 （CAS No.）	エタノール （64-17-5）	
		定常／非定常	定常	
		災害が発生するプロセス ［事故の型］ ○○なので，○○して，○○になる より具体的に記載することが重要 （抽象的に記載するとリスク低減策が曖昧となる）	混合タンク内部のエタノールが揮発して爆発性の混合ガスを形成したので，混合中にエタノール溶液と混合タンク壁面が擦れて静電気が発生して，爆発する。	
	リスク見積り，評価（現状）	危険源要素発生の可能性（P） （一次評点）	4	
		危険源要素発生の可能性（P） （二次評点）	6	
		異常現象が発生する頻度（F）	3	
		影響の重大性（S）	10	
		リスクポイント	180	
		リスクレベル	V	
リスク低減策	リスク低減策	1つの危険要因に対して，複数の対策を立案検討すること。さらにそれぞれの対策に対してリスク評価すること。	混合タンク内を不活性ガスで置換する。	混合中は混合タンク付近への立ち入りを禁止する。
	リスク見積り，評価（低減後）	危険源要素発生の可能性（P）	1	6
		異常現象が発生する頻度（F）	3	3
		影響の重大性（S）	10	6
		リスクポイント	30	108
		リスクレベル	Ⅳ	V
	残留リスクへの対応もしくはリスク低減根拠		危険源要素の除去	人的被害の縮小
実施可否判定			否	否
リスク対策後	具体的リスク低減実施内容	低減実施内容に対し個別に評価する。必要に応じ，複数の低減実施項目で総合評価しても良い	混合タンク内を不活性ガスで置換した上で，混合タンクの接地を行う。	立入禁止の上，混合タンク内を不活性ガスで置換する。
	リスク見積り，評価（対策後）	危険源要素発生の可能性（P）	1	1
		異常現象が発生する頻度（F）	1	3
		影響の重大性（S）	10	6
		リスクポイント	10	18
		リスクレベル	Ⅲ	Ⅲ
	残留リスクへの対応もしくはリスク低減根拠 低減データ元		危険源要素の除去と静電気の発生防止	人的被害の縮小と危険源要素の除去

第２編　化学物質による爆発・火災等のリスクアセスメント

爆発・火災防止 CRA リスク評価表（例 1−3）

リスク抽出・特定	危険要因の内容	Ｎo		
		工程／系列又は設備名	調剤工程	
		作業名	ビタミン剤の投入混合作業	
		取扱化学物質名（CAS No.）	エタノール（64-17-5）	
		定常／非定常	定常	
		災害が発生するプロセス[事故の型]○○なので，○○して，○○になるより具体的に記載することが重要（抽象的に記載するとリスク低減策が曖昧となる）	混合タンク内部のエタノールが揮発して爆発性の混合ガスを形成したので，作業者に静電気が帯電して，爆発する。	
	リスク見積り，評価（現状）	危険源要素発生の可能性（Ｐ）（一次評点）	4	
		危険源要素発生の可能性（Ｐ）（二次評点）	6	
		異常現象が発生する頻度（Ｆ）	4	
		影響の重大性（Ｓ）	10	
		リスクポイント	240	
		リスクレベル	Ⅴ	
リスク低減策	リスク低減策	1つの危険要因に対して，複数の対策を立案検討すること。さらにそれぞれの対策に対してリスク評価すること。	帯電防止作業靴・服を着用する。	不活性ガス置換の上，自動搬送装置を導入する。
	リスク見積り，評価（低減後）	危険源要素発生の可能性（Ｐ）	6	1
		異常現象が発生する頻度（Ｆ）	1	1
		影響の重大性（Ｓ）	10	1
		リスクポイント	60	6
		リスクレベル	Ⅴ	Ⅱ
	残留リスクへの対応もしくはリスク低減根拠		静電気の発生防止	危険源要素の除去，人的被害の縮小
実施可否判定			否	可
リスク対策後	具体的リスク低減実施内容	低減実施内容に対し個別に評価する。必要に応じ，複数の低減実施項目で総合評価しても良い	帯電防止作業靴・服を着用した上で，タンク内を不活性ガスで置換する。	
	リスク見積り，評価（対策後）	危険源要素発生の可能性（Ｐ）	1	
		異常現象が発生する頻度（Ｆ）	1	
		影響の重大性（Ｓ）	10	
		リスクポイント	10	
		リスクレベル	Ⅲ	
	残留リスクへの対応もしくはリスク低減根拠低減データ元		静電気の発生防止と危険源要素の除去	

第4章　JISHA 方式爆発火災防止のための化学物質リスクアセスメント手法

爆発・火災防止 CRA リスク評価表（例1−4）

リスク抽出・特定	危険要因の内容	No		
		工程／系列又は設備名	調剤工程	
		作業名	ビタミン剤の投入混合作業	
		取扱化学物質名 （CAS No.）	エタノール （64-17-5）	
		定常／非定常	非定常	
		災害が発生するプロセス ［事故の型］ ○○なので，○○して，○○になる より具体的に記載することが重要 （抽象的に記載するとリスク低減策が曖昧となる）	混合タンク内部のエタノールが揮発して爆発性の混合ガスを形成したので，溶接の火花が引火して，混合タンクが爆発する。	貯蔵タンクに残っていたエタノールが溶接の火花で着火したので，混合タンクが熱せられて，混合タンクが爆発する。
	リスク見積り，評価（現状）	危険源要素発生の可能性（P）（一次評点）	4	4
		危険源要素発生の可能性（P）（二次評点）	6	6
		異常現象が発生する頻度（F）	4	4
		影響の重大性（S）	10	10
		リスクポイント	240	240
		リスクレベル	V	V
リスク低減策	リスク低減策	1つの危険要因に対して，複数の対策を立案検討すること。さらにそれぞれの対策に対してリスク評価すること。	混合タンク内を不活性ガスで置換する。	貯蔵タンクに残っているエタノールを水洗で完全除去する。
	リスク見積り，評価（低減後）	危険源要素発生の可能性（P）	1	1
		異常現象が発生する頻度（F）	4	4
		影響の重大性（S）	10	10
		リスクポイント	40	40
		リスクレベル	IV	IV
	残留リスクへの対応もしくはリスク低減根拠		危険源要素の除去	危険源要素の除去
実施可否判定			否	否
リスク対策後	具体的リスク低減実施内容	低減実施内容に対し個別に評価する。必要に応じ，複数の低減実施項目で総合評価しても良い	混合タンクに爆発放散口を設ける。	貯蔵タンク内エタノールを除去の上，溶接中は混合タンクの使用を中止する。
	リスク見積り，評価（対策後）	危険源要素発生の可能性（P）	1	1
		異常現象が発生する頻度（F）	4	1
		影響の重大性（S）	6	10
		リスクポイント	24	10
		リスクレベル	IV	III
	残留リスクへの対応もしくはリスク低減根拠 低減データ元		危険源要素の除去と被害縮小	危険源要素の除去と異常発生頻度減

第4章

(2) 実施事例2

㋐ 投入・充填・梱包作業

粗粉砕された粒径5mmのマグネシウム合金を，10kgずつ容器に小分けしてから，粉砕クラッシャーに，投入口から投入し，細粉砕する。粉砕物を取り出し，60メッシュ（直径0.25mm）にて篩(ふる)い，細粉砕物をビニル袋に梱包する。投入・充填・梱包作業は室温（25℃）で行う。

㋑ その他の作業

上記の作業終了後，クラッシャー機を真空掃除機で清掃する。

㋒ 使用SDS

マグネシウム合金（CAS No. 7439-95-4）

なお，マグネシウム粉のSDSも使用して，危険性を特定する。

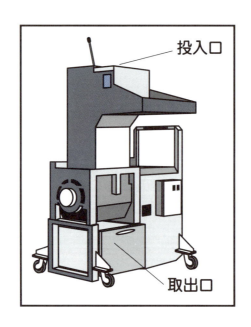

第4章　JISHA方式爆発火災防止のための化学物質リスクアセスメント手法

実施事例2　：　回答例

爆発・火災防止CRA（災害発生の可能性（P）の評価）

1　対象化学物質

化学物質名	CAS No.
マグネシウム粉（合金）	7439-95-4

2　一次評価（物理化学的危険性）

		一次評点			
		6	4	2	1
GHS危険性分類がある場合	(1)　爆発物	等級1.1-1.3, 1.5	等級1.4	等級1.6	
	(2)　可燃性／引火性ガス	区分1	区分2		
	(3)　エアゾール	区分1	区分2,3		
	(4)　支燃性／酸化性ガス		区分1		
	(5)　高圧ガス	圧縮ガス，液化ガス，溶解ガス	深冷液化ガス		
	(6)　引火性液体	区分1	区分2	区分3	区分4
	(7)　可燃性固体		区分1,2		
	(8)　自己反応性物質および混合物	タイプA-B	タイプC-F	タイプG	
	(9)　自然発火性液体	区分1			
	(10)　自然発火性固体	区分1			
	(11)　自己発熱性物質および混合物	区分1	区分2		
	(12)　水反応可燃性物質および混合物	区分1	区分2,3		
	(13)　酸化性液体		区分1,2,3		
	(14)　酸化性固体		区分1,2,3		
	(15)　有機過酸化物	タイプA-D	タイプE-F	タイプG	
	(16)　金属腐食性物質		区分1		
	(17)　鈍感化爆発物		区分1,2	区分3,4	
その他	粉じん爆発（平均粒径）	超微細粒（0.01mm）	微細粒（0.1mm）	細粒（1mm）	

3　二次評価（周囲の環境や条件を考慮）

(1)　爆発の3要素

要素	可燃物	空気（酸素）	着火源
有無	マグネシウム粉	有	粒子の衝撃で静電気発生 金属が接触し火花が発生

(2)　特性値との比較

項目	融点	沸点(b)	引火点(c)	発火温度(d)	蒸気密度 蒸気圧	爆発範囲
特性値（℃）	651℃	1,100℃	データなし	473℃	データなし	下限　3.02Vol/%

工程	取扱温度(a)（℃）	ランクアップの有無
粉砕	室温　25	無
清掃	室温　25	無

(a)≧(b)or(c) → P :1 rank up
(a)≧(d) → P :2 rank up

なお，爆発3要素が1つでもなければ一次評点は「1」

4　まとめ

物質の危険性	一次評点	二次評点	根　拠
水反応可燃性化学物質	6点	6点	3要素が除かれていない
粉じん（粗粉）	1点	1点	3要素が除かれていない
粉じん（細粉）	2点	2点	3要素が除かれていない

127

第2編　化学物質による爆発・火災等のリスクアセスメント

爆発・火災防止 CRA リスク評価表（例2-1）

		No		
リスク抽出・特定	危険要因の内容	工程／系列又は設備名	マグネシウム合金の粉砕加工	
		作業名	粗粉砕物投入作業	クラッシャー粉砕
		取扱化学物質名 （CAS No.）	マグネシウム合金 （7439-95-4）	
		定常／非定常	定常	
		災害が発生するプロセス ［事故の型］ ○○なので，○○して，○○になる より具体的に記載することが重要 （抽象的に記載するとリスク低減策が曖昧となる）	粗粉砕品なので，投入時に容器と粗粉砕品が擦れて静電気が発生して，粉じん爆発する。	粗粉砕品および細粉砕品が存在するので，粉砕中に粒子同士が擦れて静電気が発生して，粉じん爆発する。
	リスク見積り，評価（現状）	危険源要素発生の可能性（P） （一次評点）	1	2
		危険源要素発生の可能性（P） （二次評点）	1	2
		異常現象が発生する頻度（F）	4	4
		影響の重大性（S）	6	6
		リスクポイント	24	48
		リスクレベル	Ⅳ	Ⅳ
リスク低減策	リスク低減策	1つの危険要因に対して，複数の対策を立案検討すること。さらにそれぞれの対策に対してリスク評価すること。	クラッシャーを接地する。かつ，容器を確実に接地する。	クラッシャーを接地する。
	リスク見積り，評価（低減後）	危険源要素発生の可能性（P）	1	2
		異常現象が発生する頻度（F）	1	1
		影響の重大性（S）	6	6
		リスクポイント	30	12
		リスクレベル	Ⅱ	Ⅲ
	残留リスクへの対応もしくはリスク低減根拠		静電気の発生防止	静電気の発生防止
実施可否判定			可	否
リスク対策後	具体的リスク低減実施内容	低減実施内容に対し個別に評価する。必要に応じ，複数の低減実施項目で総合評価しても良い		クラッシャーを確実に接地した上で，クラッシャー内を窒素で置換する。
	リスク見積り，評価（対策後）	危険源要素発生の可能性（P）		1
		異常現象が発生する頻度（F）		1
		影響の重大性（S）		6
		リスクポイント		6
		リスクレベル		Ⅱ
	残留リスクへの対応もしくはリスク低減根拠 低減データ元			静電気の発生防止と危険源要素の除去

第4章　JISHA方式爆発火災防止のための化学物質リスクアセスメント手法

爆発・火災防止 CRA リスク評価表（例2−2）

		No		
リスク抽出・特定	危険要因の内容	工程／系列又は設備名	マグネシウム合金の粉砕加工	
		作業名	クラッシャー粉砕	クラッシャー粉砕
		取扱化学物質名 （CAS No.）	マグネシウム合金 （7439-95-4）	
		定常／非定常	定常	
		災害が発生するプロセス ［事故の型］ ○○なので，○○して，○○になる より具体的に記載することが重要 （抽象的に記載するとリスク低減策が曖昧となる）	クラッシャーが磨耗していたので，火花が発生して，粉じん爆発する。	マグネシウムは水反応可燃性化学品なので，空気中の水分で発熱して，発火する。
	リスク見積り，評価（現状）	危険源要素発生の可能性（P）（一次評点）	4	6
		危険源要素発生の可能性（P）（二次評点）	4	6
		異常現象が発生する頻度（F）	4	2
		影響の重大性（S）	6	3
		リスクポイント	96	36
		リスクレベル	V	IV
リスク低減策	リスク低減策	1つの危険要因に対して，複数の対策を立案検討すること。さらにそれぞれの対策に対してリスク評価すること。	クラッシャーに爆発放散口を設ける。	クラッシャー内を乾燥した空気でパージする。
	リスク見積り，評価（低減後）	危険源要素発生の可能性（P）	4	6
		異常現象が発生する頻度（F）	4	1
		影響の重大性（S）	3	3
		リスクポイント	48	18
		リスクレベル	IV	III
	残留リスクへの対応もしくはリスク低減根拠		被害縮小	異常発生頻度減
実施可否判定			否	可
リスク対策後	具体的リスク低減実施内容	低減実施内容に対し個別に評価する。必要に応じ，複数の低減実施項目で総合評価しても良い	クラッシャーに爆発放散口を設けた上で，クラッシャーの点検と整備を行う。	
	リスク見積り，評価（対策後）	危険源要素発生の可能性（P）	4	
		異常現象が発生する頻度（F）	3	
		影響の重大性（S）	3	
		リスクポイント	36	
		リスクレベル	IV	
	残留リスクへの対応もしくはリスク低減根拠 低減データ元		被害縮小と火花発生頻度減	

第2編　化学物質による爆発・火災等のリスクアセスメント

爆発・火災防止 CRA リスク評価表（例2-3）

リスク抽出・特定	危険要因の内容	Ｎo	
		工程／系列又は設備名	マグネシウム合金の粉砕加工
		作業名	細粉砕製品の取り出し後の清掃作業
		取扱化学物質名（CAS No.）	マグネシウム合金（7439-95-4）
		定常／非定常	定常
		災害が発生するプロセス[事故の型]○○なので，○○して，○○になるより具体的に記載することが重要（抽象的に記載するとリスク低減策が曖昧となる）	粗粉砕品および細粉砕品が存在するので，真空掃除機内で粒子が擦れて静電気が発生して，粉じん爆発する。
	リスク見積り，評価（現状）	危険源要素発生の可能性（P）（一次評点）	4
		危険源要素発生の可能性（P）（二次評点）	4
		異常現象が発生する頻度（F）	2
		影響の重大性（S）	3
		リスクポイント	24
		リスクレベル	Ⅳ
リスク低減策	リスク低減策	1つの危険要因に対して，複数の対策を立案検討すること。さらにそれぞれの対策に対してリスク評価すること。	掃除機のホース，フィルターなどに導電性材質を使用したうえで，掃除機を接地する。
	リスク見積り，評価（低減後）	危険源要素発生の可能性（P）	4
		異常現象が発生する頻度（F）	1
		影響の重大性（S）	3
		リスクポイント	12
		リスクレベル	Ⅲ
	残留リスクへの対応もしくはリスク低減根拠低減データ元		静電気の発生防止
実施可否判定			可
リスク対策後	具体的リスク低減実施内容	低減実施内容に対し個別に評価する。必要に応じ，複数の低減実施項目で総合評価しても良い	
	リスク見積り，評価（対策後）	危険源要素発生の可能性（P）	
		異常現象が発生する頻度（F）	
		影響の重大性（S）	
		リスクポイント	
		リスクレベル	
	残留リスクへの対応もしくはリスク低減根拠低減データ元		

6　災害事例

　既述のように，災害事例を参考として危険性に関するリスクアセスメントを実施することはシナリオを想定する際に極めて有効である。以下は，災害事例をもとにリスクアセスメントを適用したと仮定した場合の事例を示した。

⑴　災害事例1

　本災害は，医薬品中間体製造工程において，製品の減圧乾燥機への充填作業中に発生した。

　医薬品中間体製造工程において，ノルマルヘプタンで湿潤している製品を減圧乾燥機へ充填する際，静電気によりノルマルヘプタンに引火した。引火により減圧乾燥機への製品充填用ポリエチレン製シュートが焼失し，乾燥機室の石膏ボード製壁3面が破損した。発生時の乾燥機室内は無人であった。発生に気付いた労働者が減圧乾燥機上部のマンホールから出ている炎を消火器にて消火した。

㋐　原　因

　①　排出した医薬品中間体の体積分の空気が排出口から減圧乾燥機内部に侵入し酸素濃度が上昇したこと

　②　接続シュートの漏れ確認が遵守されていなかったこと

　③　シュート材質が帯電防止のものでなく，取扱いが容易なポリエチレンシートを使用していたこと

㋑　対　策

　①　ホッパーと乾燥機を接続するシュートを緊縛し，空気の流入を防ぎ，ノルマルヘプタンと医薬品中間体混合物の充填前に乾燥機内の窒素置換を行うこと。

　②　シュートの材質を帯電防止のものにすること。

　③　危険性有害性等の調査結果にかかるリスク低減措置が確実に実行されるよう，作業手順および評価体制等を実効あるものとすること。

第２編　化学物質による爆発・火災等のリスクアセスメント

爆発・火災防止 CRA（災害発生の可能性（P）の評価）

1　対象化学物質

化学物質名	CAS No.
ノルマルヘプタン	142-82-5

2　一次評価（物理化学的危険性）

		一次評点			
		6	4	2	1
GHS危険性分類がある場合	(1) 爆発物	等級 1.1-1.3, 1.5	等級 1.4	等級 1.6	
	(2) 可燃性／引火性ガス	区分 1	区分 2		
	(3) エアゾール	区分 1	区分 2,3		
	(4) 支燃性／酸化性ガス		区分 1		
	(5) 高圧ガス	圧縮ガス，液化ガス，溶解ガス	深冷液化ガス		
	(6) 引火性液体	区分 1	区分 2	区分 3	区分 4
	(7) 可燃性固体		区分 1,2		
	(8) 自己反応性物質および混合物	タイプ A-B	タイプ C-F	タイプ G	
	(9) 自然発火性液体	区分 1			
	(10) 自然発火性固体	区分 1			
	(11) 自己発熱性物質および混合物	区分 1	区分 2		
	(12) 水反応可燃性物質および混合物	区分 1	区分 2,3		
	(13) 酸化性液体		区分 1,2,3		
	(14) 酸化性固体		区分 1,2,3		
	(15) 有機過酸化物	タイプ A-D	タイプ E-F	タイプ G	
	(16) 金属腐食性物質		区分 1		
	(17) 鈍感化爆発物		区分 1,2	区分 3,4	
その他	粉じん爆発（平均粒径）	超微細粒 (0.01mm)	微細粒 (0.1mm)	細粒 （1 mm）	

3　二次評価（周囲の環境や条件を考慮）

（1）爆発の3要素

要素	可燃物	空気（酸素）	着火源
有無	ノルマルヘプタン	有	静電気

（2）特性値との比較

項目	融点	沸点(b)	引火点(c)	発火温度(d)	蒸気密度蒸気圧	爆発範囲
特性値（℃）	-90.549℃	98.38℃	-7℃	285℃	3.46	1.1 ～ 6.7vol%

工程	取扱温度(a)（℃）	ランクアップの有無

(a)≧(b) or (c) → P : 1 rank up
(a)≧(d) → P : 2 rank up

なお，爆発3要素が1つでもなければ一次評点は「1」

4　まとめ

一次評点	二次評点（最終）	根　拠

第4章　JISHA方式爆発火災防止のための化学物質リスクアセスメント手法

爆発・火災防止 CRA リスク評価表（例1-1）

リスク抽出・特定	危険要因の内容	Ｎo		
		工程／系列又は設備名	医薬品中間体製造工程	
		作業名	製品の減圧乾燥機への充填作業	
		取扱化学物質名（CAS No.)	ノルマルヘプタン（142-82-5)	
		定常／非定常	定常	
		災害が発生するプロセス［事故の型］〇〇なので，〇〇して，〇〇になるより具体的に記載することが重要（抽象的に記載するとリスク低減策が曖昧となる）	ノルマルヘプタンで湿潤している製品を減圧乾燥機へ充填するので，仕込み用シュートに帯電，静電気が発生しノルマルヘプタンに引火した。	
	リスク見積り，評価（現状）	危険源要素発生の可能性（Ｐ）（一次評点）	2	
		危険源要素発生の可能性（Ｐ）（二次評点）	2	
		異常現象が発生する頻度（Ｆ）	4	
		影響の重大性（Ｓ）	6	
		リスクポイント	48	
		リスクレベル	Ⅳ	
リスク低減策	リスク低減策	1つの危険要因に対して，複数の対策を立案検討すること。さらにそれぞれの対策に対してリスク評価すること。	ホッパーと乾燥機を接続するシュートを緊縛し，空気の流入を防ぎ充填前に乾燥機内の窒素置換を行う。	シュートの材質を帯電防止のものにすること。
	リスク見積り，評価（低減後）	危険源要素発生の可能性（Ｐ）	2	1
		異常現象が発生する頻度（Ｆ）	1	1
		影響の重大性（Ｓ）	6	6
		リスクポイント	12	6
		リスクレベル	Ⅲ	Ⅱ
	残留リスクへの対応もしくはリスク低減根拠		危険源要素の除去	静電気の発生防止
実施可否判定			可	可

第２編　化学物質による爆発・火災等のリスクアセスメント

爆発・火災防止 CRA リスク評価表（例１−２）

リスク抽出・特定	危険要因の内容	Ｎｏ	
		工程／系列又は設備名	医薬品中間体製造工程
		作業名	製品の減圧乾燥機への充填作業
		取扱化学物質名 （CAS No.）	ノルマルヘプタン （142-82-5）
		定常／非定常	定常
		災害が発生するプロセス ［事故の型］ ○○なので，○○して，○○になる より具体的に記載することが重要 （抽象的に記載するとリスク低減策が曖昧となる）	ノルマルヘプタンで湿潤している製品を減圧乾燥機へ充填するので，仕込み用シュートに帯電，静電気が発生しノルマルヘプタンに引火した。
	リスク見積り，評価（現状）	危険源要素発生の可能性（Ｐ） （一次評点）	2
		危険源要素発生の可能性（Ｐ） （二次評点）	2
		異常現象が発生する頻度（Ｆ）	4
		影響の重大性（Ｓ）	6
		リスクポイント	48
		リスクレベル	Ⅳ
リスク低減策	リスク低減策	1つの危険要因に対して，複数の対策を立案検討すること。さらにそれぞれの対策に対してリスク評価すること。	危険性有害性等の調査結果に係るリスク低減措置が確実に実行されるよう，作業手順および評価体制等を実効あるものとする。
	リスク見積り，評価（低減後）	危険源要素発生の可能性（Ｐ）	2
		異常現象が発生する頻度（Ｆ）	3
		影響の重大性（Ｓ）	6
		リスクポイント	36
		リスクレベル	Ⅳ
	残留リスクへの対応もしくはリスク低減根拠		管理的措置
実施可否判定			可

（ウ）　アセスメント上のポイント解説

●乾燥設備に関しては法規制があり，法遵守の観点から以下にその規制項目を示す。基本的に法遵守を確認しなければならないが，さらに，静電気対策として帯電防止，静電気の除去がどの程度徹底されているかがポイントである。また，リスク低減策として既述されている項目を実施した場合の，リスクの再見積り結果を示した。作業手順の見直し等は管理的措置として大きくは低減しないと考えるべきであるが，実効性のある評価体制が確立し作業手順の見直しがされることを考慮し，異常現象の発生頻度を１段階低く評価してある。

●乾燥設備に関する法規制の内容は以下の通り（安衛則）。

第5節　乾燥設備

（危険物乾燥設備を有する建築物）

第293条　事業者は，危険物乾燥設備（乾燥室に限る。以下この条において同じ。）を設ける部分の建築物については，平家としなければならない。ただし，建築物が当該危険物乾燥設備を設ける階の直上に階を有しないもの又は耐火建築物若しくは準耐火建築物である場合は，この限りでない。

（乾燥設備の構造等）

第294条　事業者は，乾燥設備については，次に定めるところによらなければならない。ただし，乾燥物の種類，加熱乾燥の程度，熱源の種類等により爆発又は火災が生ずるおそれのないものについては，この限りでない。

1　乾燥設備の外面は，不燃性の材料で造ること。

2　乾燥設備（有機過酸化物を加熱乾燥するものを除く。）の内面，内部のたな，わく等は，不燃性の材料で造ること。

3　危険物乾燥設備は，その側部及び底部を堅固なものとすること。

4　危険物乾燥設備は，周囲の状況に応じ，その上部を軽量な材料で造り，又は有効な爆発戸，爆発孔等を設けること。

5　危険物乾燥設備は，乾燥に伴つて生ずるガス，蒸気又は粉じんで爆発又は火災の危険があるものを安全な場所に排出することができる構造のものとすること。

6　液体燃料又は可燃性ガスを熱源の燃料として使用する乾燥設備は，点火の際の爆発又は火災を防止するため，燃焼室その他点火する箇所を換気することができる構造のものとすること。

7　乾燥設備の内部は，そうじしやすい構造のものとすること。

8　乾燥設備ののぞき窓，出入口，排気孔等の開口部は，発火の際延焼を防止する位置に設け，かつ，必要があるときに，直ちに密閉できる構造のものとすること。

9　乾燥設備には，内部の温度を随時測定することができる装置及び内部の温度を安全な温度に調整することができる装置を設け，又は内部の温度を自動的に調整することができる装置を設けること。

10　危険物乾燥設備の熱源として直火を使用しないこと。

11　危険物乾燥設備以外の乾燥設備の熱源として直火を使用するときは，炎又ははね火により乾燥物が燃焼することを防止するため，有効な覆い又は隔壁を設けること。

第2編　化学物質による爆発・火災等のリスクアセスメント

（乾燥設備の附属電気設備）

第295条　事業者は，乾燥設備に附属する電熱器，電動機，電灯等に接続する配線及び開閉器については，当該乾燥設備に専用のものを使用しなければならない。

② 事業者は，危険物乾燥設備の内部には，電気火花を発することにより危険物の点火源となるおそれのある電気機械器具又は配線を設けてはならない。

（乾燥設備の使用）

第296条　事業者は，乾燥設備を使用して作業を行なうときは，爆発又は火災を防止するため，次に定めるところによらなければならない。

1　危険物乾燥設備を使用するときは，あらかじめ，内部をそうじし，又は換気すること。

2　危険物乾燥設備を使用するときは，乾燥に伴つて生ずるガス，蒸気又は粉じんで爆発又は火災の危険があるものを安全な場所に排出すること。

3　危険物乾燥設備を使用して加熱乾燥する乾燥物は，容易に脱落しないように保持すること。

4　第294条第6号の乾燥設備を使用するときは，あらかじめ，燃焼室その他点火する箇所を換気した後に点火すること。

5　高温で加熱乾燥した可燃性の物は，発火の危険がない温度に冷却した後に格納すること。

6　乾燥設備（外面が著しく高温にならないものを除く。）に近接した箇所には，可燃性の物を置かないこと。

（乾燥設備作業主任者の選任）

第297条　事業者は，令第6条第8号 の作業については，乾燥設備作業主任者技能講習を修了した者のうちから，乾燥設備作業主任者を選任しなければならない。

（乾燥設備作業主任者の職務）

第298条　事業者は，乾燥設備作業主任者に次の事項を行なわせなければならない。

1　乾燥設備をはじめて使用するとき，又は乾燥方法若しくは乾燥物の種類を変えたときは，労働者にあらかじめ当該作業の方法を周知させ，かつ，当該作業を直接指揮すること。

2　乾燥設備及びその附属設備について不備な箇所を認めたときは，直ちに必要な措置をとること。

3　乾燥設備の内部における温度，換気の状態及び乾燥物の状態について随時点

検し，異常を認めたときは，直ちに必要な措置をとること。

4 乾燥設備がある場所を常に整理整とんし，及びその場所にみだりに可燃性の物を置かないこと。

（定期自主検査）

第299条 事業者は，乾燥設備及びその附属設備については，1年以内ごとに1回，定期に，次の事項について自主検査を行なわなければならない。ただし，1年をこえる期間使用しない乾燥設備及びその附属設備の当該使用しない期間においては，この限りでない。

1 内面及び外面並びに内部のたな，わく等の損傷，変形及び腐食の有無

2 危険物乾燥設備にあつては，乾燥に伴つて生ずるガス，蒸気又は粉じんで爆発又は火災の危険があるものを排出するための設備の異常の有無

3 第294条第6号の乾燥設備にあつては，燃焼室その他点火する箇所の換気のための設備の異常の有無

4 のぞき窓，出入口，排気孔等の開口部の異常の有無

5 内部の温度の測定装置及び調整装置の異常の有無

6 内部に設ける電気機械器具又は配線の異常の有無

② 事業者は，前項ただし書の乾燥設備及びその附属設備については，その使用を再び開始する際に，同項各号に掲げる事項について自主検査を行なわなければならない。

③ 事業者は，前二項の自主検査を行つたときは，次の事項を記録し，これを3年間保存しなければならない。

1 検査年月日

2 検査方法

3 検査箇所

4 検査の結果

5 検査を実施した者の氏名

6 検査の結果に基づいて補修等の措置を講じたときは，その内容

（補修等）

第300条 事業者は，前条第1項又は第2項の自主検査の結果，当該乾燥設備又はその附属設備に異常を認めたときは，補修その他必要な措置を講じた後でなければ，これらの設備を使用してはならない。

(2) 災害事例２

この災害は，木材加工を行っている工場において，発生した木粉を貯蔵するサイロが爆発し，近くにいた作業者が熱風等により火傷を負ったものである。

災害が発生した工場では，丸のこ盤や木工用サンダー等を用いて木材加工を行っており，その際に発生した木粉をダクトで吸引し，サイロに貯蔵していた。サイロに貯蔵された木粉は，サイロ下部に設置されたスクリューコンベヤによりボイラーへ送られて燃料に供されていた。

災害発生当日，ボイラー取扱作業主任者である作業者Aは，ボイラーの運転状況に応じて工場内の各所で出た不要な材木や木屑，サイロに貯蔵された木粉等を燃料としてボイラーに供給する作業を朝から行っていた。Aが当日の最後の作業としてサイロの近くでスクリューコンベヤの操作を行っていたとき，突然サイロが爆発し，爆風と火炎に巻き込まれたAは作業服に火が付いて火傷を負った。

爆発が起きたサイロでは，サイロ内で拡散した木粉が外部に漏れ作業環境を悪化させるのを抑えるとともに，発熱や静電気による発火を防止するため，ボイラーで発生した水蒸気をサイロ内に吹き込む設備があったが，災害発生当日は稼働させていなかった。

工場の設備担当者や安全衛生担当者は，スクリューコンベヤと木粉との摩擦により，発熱や静電気が生じることを認識していなかった。このため，工場では，作業者に対して粉じん爆発の危険性に関する教育を実施していなかった。

㋐ 原　因

この災害の原因としては次のようなことが考えられる。

① スクリューコンベヤと木粉との摩擦による発熱または静電気が着火源となり，木粉が粉じん爆発を起こしたこと

なお，災害発生当時，サイロ内での木粉の拡散や発熱等による発火を防止するための蒸気を吹き込む設備を稼働していなかったことが危険性を高めた。

② サイロが粉じん爆発の被害を抑制できる構造になっていなかったこと

サイロには爆発放散口がなく，粉じん爆発が発生したときの被害を抑制できる構造となっていなかった。そのため，サイロの近くで作業していたAが爆風と火炎に巻き込まれた。

③　粉じん爆発の危険性について作業者に対し教育を実施していなかったこと

工場では，サイロで粉じん爆発が起きるという認識がなく，作業者に対して粉じん爆発の危険性等についての安全衛生教育を実施していなかった。

㈄　対　策

同種災害の防止のためには，次のような対策の徹底が必要である。

①　スクリューコンベヤと木粉との摩擦による発熱や静電気を防止する措置を講じること

安全対策として設置された水蒸気を吹き込む設備を稼動させる等の措置を講じてスクリューコンベヤを動かすことが重要である。この場合，スクリューコンベヤと水蒸気の吹き込みはインターロックにより同時に稼動するように改善することが望ましい。

②　内部で粉じん爆発が起きたときの被害を抑制できる構造のサイロとすること

粉じん爆発が起こるおそれのあるサイロは，上方等，作業者への被害が及ばない方向に向けた爆発放散口を設けて，万一粉じん爆発が起きてもその被害が最小で済む構造とする。

③　作業者に対し，粉じん爆発の危険性を教育すること

関係作業者に対し安全衛生教育を実施し，木粉による粉じん爆発の危険性のほか，爆発を抑制する措置，爆発が起きたときの被害を抑える措置や避難方法等について周知させる。

第2編　化学物質による爆発・火災等のリスクアセスメント

爆発・火災防止 CRA（災害発生の可能性（P）の評価）

1　対象化学物質

化学物質名	CAS No.
木粉	該当なし

2　一次評価（物理化学的危険性）

		一次評点			
		6	4	2	1
G H S 危 険 性 分 類 が あ る 場 合	(1)　爆発物	等級 1.1-1.3, 1.5	等級 1.4	等級 1.6	
	(2)　可燃性／引火性ガス	区分1	区分2		
	(3)　エアゾール	区分1	区分2,3		
	(4)　支燃性／酸化性ガス		区分1		
	(5)　高圧ガス	圧縮ガス，液化ガス，溶解ガス	深冷液化ガス		
	(6)　引火性液体	区分1	区分2	区分3	区分4
	(7)　可燃性固体		区分1,2		
	(8)　自己反応性物質および混合物	タイプ A-B	タイプ C-F	タイプ G	
	(9)　自然発火性液体	区分1			
	(10)　自然発火性固体	区分1			
	(11)　自己発熱性物質および混合物	区分1	区分2		
	(12)　水反応可燃性物質および混合物	区分1	区分2,3		
	(13)　酸化性液体		区分1,2,3		
	(14)　酸化性固体		区分1,2,3		
	(15)　有機過酸化物	タイプ A-D	タイプ E-F	タイプ G	
	(16)　金属腐食性物質		区分1		
	(17)　鈍感化爆発物		区分1,2	区分3,4	
その他	粉じん爆発（平均粒径）	超微細粒 （0.01mm）	微細粒 （0.1mm）	細粒 （1mm）	

3　二次評価（周囲の環境や条件を考慮）
(1)　爆発の3要素

要素	可燃物	空気（酸素）	着火源
有無	木粉	有	静電気

(2)　特性値との比較

項目	融点	沸点(b)	引火点(c)	発火温度(d)	蒸気密度 蒸気圧	爆発範囲
特性値（℃）	データなし	データなし	データなし	データなし	データなし	データなし

工程	取扱温度(a)（℃）	ランクアップの有無

$(a) \geq (b)$ or $(c) \rightarrow$ P：1 rank up
$(a) \geq (d) \rightarrow$ P：2 rank up

なお，爆発3要素が1つでもなければ一次評点は「1」

4　まとめ

一次評点	二次評点（最終）	根　拠

140

第4章　JISHA方式爆発火災防止のための化学物質リスクアセスメント手法

爆発・火災防止 CRA リスク評価表（例2-1）

リスク抽出・特定	危険要因の内容	Ｎｏ		
		工程／系列又は設備名	木粉の貯蔵サイロ	
		作業名	サイロに貯蔵された木粉等を燃料としてボイラーに供給する作業	
		取扱化学物質名（CAS No.）	木粉（微粉状）	
		定常／非定常	定常	
		災害が発生するプロセス［事故の型］○○なので，○○して，○○になるより具体的に記載することが重要（抽象的に記載するとリスク低減策が曖昧となる）	サイロ内に拡散した木粉があるので，スクリューコンベヤと木粉との摩擦により，発熱や静電気が生じ，木粉に着火し，粉じん爆発した。	
	リスク見積り，評価（現状）	危険源要素発生の可能性（P）（一次評点）	6	
		危険源要素発生の可能性（P）（二次評点）	6	
		異常現象が発生する頻度（F）	3	
		影響の重大性（S）	6	
		リスクポイント	108	
		リスクレベル	V	
リスク低減策	リスク低減策	1つの危険要因に対して，複数の対策を立案検討すること。さらにそれぞれの対策に対してリスク評価すること。	安全対策としての水蒸気を吹き込む設備を稼動させる等によりスクリューコンベヤを動かすこと。この場合，スクリューコンベヤと水蒸気の吹き込みはインターロックにより同時に稼動するようにすること。	内部で粉じん爆発が起きたときの被害を抑制できる構造のサイロとすること。　粉じん爆発が起こるおそれのあるサイロは，上方等，作業者への被害が及ばない方向に向けた爆発放散口を設けて，万一粉じん爆発が起きてもその被害が最小で済む構造とする。
	リスク見積り，評価（低減後）	危険源要素発生の可能性（P）	2	6
		異常現象が発生する頻度（F）	1	3
		影響の重大性（S）	6	3
		リスクポイント	12	54
		リスクレベル	Ⅲ	V
	残留リスクへの対応もしくはリスク低減根拠低減データ元		粉じん爆発の抑制措置	被害縮小
実施可否判定			可	可

第2編 化学物質による爆発・火災等のリスクアセスメント

爆発・火災防止 CRA リスク評価表（例2-2）

リスク抽出・特定	危険要因の内容	Ｎｏ	
		工程／系列又は設備名	木粉の貯蔵サイロ
		作業名	サイロに貯蔵された木粉等を燃料としてボイラーに供給する作業
		取扱化学物質名（CAS No.）	木粉（微粉状）
		定常／非定常	定常
		災害が発生するプロセス[事故の型]○○なので，○○して，○○になるより具体的に記載することが重要（抽象的に記載するとリスク低減策が曖昧となる）	サイロ内に拡散した木粉があるので，スクリューコンベヤと木粉との摩擦により，発熱や静電気が生じ，木粉に着火し，粉じん爆発した。
	リスク見積り，評価（現状）	危険源要素発生の可能性（P）（一次評点）	6
		危険源要素発生の可能性（P）（二次評点）	6
		異常現象が発生する頻度（F）	3
		影響の重大性（S）	6
		リスクポイント	108
		リスクレベル	Ⅴ
リスク低減策	リスク低減策	1つの危険要因に対して，複数の対策を立案検討すること。さらにそれぞれの対策に対してリスク評価すること。	作業者に対し，粉じん爆発の危険性を教育すること。関係作業者に対し安全衛生教育を実施し，木粉による粉じん爆発の危険性のほか，爆発を抑制する措置，爆発が起きたときの被害を抑える措置や避難方法等を周知する。
	リスク見積り，評価（低減後）	危険源要素発生の可能性（P）	6
		異常現象が発生する頻度（F）	3
		影響の重大性（S）	6
		リスクポイント	108
		リスクレベル	Ⅴ
	残留リスクへの対応もしくはリスク低減根拠低減データ元		管理的措置
実施可否判定			可

㈦　アセスメント上のポイント解説
● 取り扱っている物質は木粉でありGHS分類上の危険性に関わる分類結果はないが，可燃性固体の微細な粉じんのほとんどが粉じん爆発のおそれがある。ただし，サイロ内での木粉の拡散や発熱等による発火を防止するための蒸気を吹き込む設備があり，きちんと稼働していれば発火は抑制されていたと考えられるため，危険源要素発生の可能性を1段階低く評価した。また，可燃性の粉じんに関して安衛則にも関連法令として第261，265，279，281，285条があり，これら法遵守の確認を実施しなければならない。また，前事例と同様に静電気対策として帯電防止，静電気の除去がどの程度徹底されているかがポイントである。

(3) 災害事例3

本災害は，半導体の材料となる多結晶シリコンを製造している化学工場の排水槽において発生した。

事業場内の洗い場において，高純度シリコンの製造プラントで使用されている熱交換器のチューブ（表面積201m^2）に付着したポリマーの洗浄作業を行った。

洗浄に使用された洗浄水を溜める排水槽（0.5m×0.5m×0.5m）に水酸化ナトリウム廃液を送水したところ，排水槽内で爆発が発生した。

水酸化ナトリウム廃液（アルカリ性）の送水により，排水槽の内槽に堆積していたポリマーの残渣物であるシリコシュウ酸の加水分解が加速し，水素の発生量が急激に増え，排水槽内に水素が充満したところ，シリコシュウ酸が発火し，水素に引火して爆発したものと推定される。

なお，この爆発での負傷者はいなかった。

㈦　原　因
① 排水槽の内槽の側壁面に付着していた乾燥したシリコシュウ酸が，水酸化ナトリウム廃液を送水した際の振動でシリコシュウ酸同士の摩擦により発火し，排水槽内に充満した水素に引火し爆発したこと
② 水酸化ナトリウム廃液の入替作業において，労働者が作業手順を逸脱して，

第2編　化学物質による爆発・火災等のリスクアセスメント

　　　酸性物質であるシリコシュウ酸が残留している排水槽に水酸化ナトリウム廃
　　　液の全量を送水したことにより，シリコシュウ酸の加水分解を加速させ，水
　　　素の発生量が急激に増えたこと
　③　排水槽におけるポリマー残渣物の処理基準がなかったこと
　④　労働者のポリマー残渣物に対する安全意識が希薄であったこと
⒜　対　策
　①　排水槽で発生する水素ガス等を十分に廃棄できる構造とすること
　②　水酸化ナトリウムの入替作業に係る設備および作業手順を見直し，労働者
　　　に周知徹底を図ること
　③　ポリマー残渣物の処理基準を作成し，労働者に周知徹底を図ること
　④　ポリマー残渣物に対する安全意識を高揚させるための教育を実施すること

第４章　JISHA 方式爆発火災防止のための化学物質リスクアセスメント手法

爆発・火災防止 CRA（災害発生の可能性（P）の評価）

1　対象化学物質

化学物質名	CAS No.
シリコン	元素であり該当なし
シリコシュウ酸（副生物）	該当なし。ただし，SIH 含有ケイ素化合物として取扱指針がある。引火性，爆発性の水素を発生。

2　一次評価（物理化学的危険性）

			一次評点			
			6	4	2	1
GHS危険性分類がある場合	(1)	爆発物	等級 1.1-1.3，1.5	等級 1.4	等級 1.6	
	(2)	可燃性／引火性ガス	区分 1	区分 2		
	(3)	エアゾール	区分 1	区分 2,3		
	(4)	支燃性／酸化性ガス		区分 1		
	(5)	高圧ガス	圧縮ガス，液化ガス，溶解ガス	深冷液化ガス		
	(6)	引火性液体	区分 1	区分 2	区分 3	区分 4
	(7)	可燃性固体		区分 1,2		
	(8)	自己反応性物質および混合物	タイプ A-B	タイプ C-F	タイプ G	
	(9)	自然発火性液体	区分 1			
	(10)	自然発火性固体	区分 1			
	(11)	自己発熱性物質および混合物	区分 1	区分 2		
	(12)	水反応可燃性物質および混合物	区分 1	区分 2,3		
	(13)	酸化性液体		区分 1,2,3		
	(14)	酸化性固体		区分 1,2,3		
	(15)	有機過酸化物	タイプ A-D	タイプ E-F	タイプ G	
	(16)	金属腐食性物質		区分 1		
	(17)	鈍感化爆発物		区分 1,2	区分 3,4	
その他	粉じん爆発（平均粒径）					

3　二次評価（周囲の環境や条件を考慮）

(1)　爆発の３要素

要素	可燃物	空気（酸素）	着火源
有無	シリコシュウ酸	有	摩擦による加熱

(2)　特性値との比較

項目	融点	沸点(b)	引火点(c)	発火温度(d)	蒸気密度蒸気圧	爆発範囲
特性値（℃）	データなし	データなし	データなし	データなし	データなし	データなし

工程	取扱温度(a)（℃）	ランクアップの有無

(a)≧(b)or(c) → P：1 rank up
(a)≧(d) → P：2 rank up

なお，爆発３要素が１つでもなければ一次評点は「1」

4　まとめ

一次評点	二次評点（最終）	根　拠

第2編　化学物質による爆発・火災等のリスクアセスメント

爆発・火災防止CRAリスク評価表（例3-1）

リスク抽出・特定	危険要因の内容	Ｎｏ		
		工程／系列又は設備名	多結晶シリコンを製造している化学工場の排水槽	
		作業名	製造プラントの熱交換器のチューブに付着したポリマーの洗浄作業	
		取扱化学物質名 （CAS No.）	シリコン （シリコシュウ酸副生物）	
		定常／非定常	非定常	
		災害が発生するプロセス ［事故の型］ ○○なので，○○して，○○になる より具体的に記載することが重要 （抽象的に記載するとリスク低減策が曖昧となる）	水酸化ナトリウム廃液（アルカリ性）の送水により，排水槽の内槽に堆積していたポリマーの残渣物であるシリコシュウ酸の加水分解が加速され，水素の発生量が急激に増え，排水槽内に水素が充満したので，シリコシュウ酸が発火し，水素に引火して爆発した。	
	リスク見積り，評価（現状）	危険源要素発生の可能性（P） （一次評点）	6	
		危険源要素発生の可能性（P） （二次評点）	6	
		異常現象が発生する頻度（F）	2	
		影響の重大性（S）	3	
		リスクポイント	36	
		リスクレベル	Ⅳ	
リスク低減策	リスク低減策	1つの危険要因に対して，複数の対策を立案検討すること。さらにそれぞれの対策に対してリスク評価すること。	排水槽で発生する水素ガス等を十分に廃棄できる構造とすること。	水酸化ナトリウムの入替作業にかかわる設備および作業手順を見直し，労働者に周知徹底を図ること。
	リスク見積り，評価（低減後）	危険源要素発生の可能性（P）	6	6
		異常現象が発生する頻度（F）	1	1
		影響の重大性（S）	3	3
		リスクポイント	18	18
		リスクレベル	Ⅲ	Ⅲ
	残留リスクへの対応もしくはリスク低減根拠		引火性ガスの除去	設備および作業手順の見直し，管理的措置
実施可否判定			可	可

第4章　JISHA方式爆発火災防止のための化学物質リスクアセスメント手法

爆発・火災防止ＣＲＡリスク評価表（例3-2）

リスク抽出・特定	危険要因の内容	Ｎo		
		工程／系列又は設備名	多結晶シリコンを製造している化学工場の排水槽	
		作業名	製造プラントの熱交換器のチューブに付着したポリマーの洗浄作業	
		取扱化学物質名（CAS No.)	シリコン（シリコシュウ酸副生物）	
		定常／非定常	非定常	
		災害が発生するプロセス［事故の型］○○なので，○○して，○○になるより具体的に記載することが重要（抽象的に記載するとリスク低減策が曖昧となる）	水酸化ナトリウム廃液（アルカリ性）の送水により，排水槽の内槽に堆積していたポリマーの残渣物であるシリコシュウ酸の加水分解が加速し，水素の発生量が急激に増え，排水槽内に水素が充満したので，シリコシュウ酸が発火し，水素に引火して爆発した。	
	リスク見積り，評価（現状）	危険源要素発生の可能性（P）（一次評点）	6	
		危険源要素発生の可能性（P）（二次評点）	6	
		異常現象が発生する頻度（F）	2	
		影響の重大性（S）	3	
		リスクポイント	36	
		リスクレベル	Ⅳ	
リスク低減策	リスク低減策	1つの危険要因に対して，複数の対策を立案検討すること。さらにそれぞれの対策に対してリスク評価すること。	ポリマー残渣物の処理基準を作成し，労働者に周知徹底を図ること。	ポリマー残渣物に対する安全意識を高揚させるための教育を実施すること。
	リスク見積り，評価（低減後）	危険源要素発生の可能性（P）	6	6
		異常現象が発生する頻度（F）	1	2
		影響の重大性（S）	3	3
		リスクポイント	18	36
		リスクレベル	Ⅲ	Ⅳ
	残留リスクへの対応もしくはリスク低減根拠		水反応可燃性化学品の処理方法見直し，管理的措置	管理的措置
実施可否判定			可	可

(ウ)　アセスメント上のポイント解説

●取り扱っている物質に危険性がない場合でも，それらを取り扱っている工程で危険性の高い副生物が生成されることがあり，反応工程，取扱い物質の副生成反応に関連しても十分な調査が必要である。また，本事例ではシリコン系（SiH含有化合物）の副生物があり，酸，アルカリ等との混触により急激に水素が発生することがわかっており，取扱い上，十分な安全対策が必要である。その対策がどの程度採られていたかがポイントなる。（**参考資料：SiH含有ケイ素化合物の取扱指針**）

(4) 災害事例4

この災害は、酢酸エチルの入った反応釜へ粉体の写真用薬品原料を投入する作業中に火災が発生したものである。

災害が発生した日、研究員の立ち会いの下、製造課係員3名により自動システムを操作して反応釜（直径が2m、深さが2.5m、鋼製、ジャケット付き）へ酢酸エチル溶液1,000Lの仕込みを開始した。酢酸エチルの仕込みを終え、攪拌を開始してから15分ほど経過して、ファイバードラム（直径35cm、高さ75cm、ドラム部上下に金属リング付き）に入った粉体の写真用薬品原料を投入し始めた。

投入する粉体の原料はビニル袋に入れられ真空パックされたものがファイバードラムの中に入っており、この粉体の原料の投入は、ファイバードラムを2名の係員で抱え込み、ビニル袋の口を切り反応釜の投入口へ入れ、ファイバードラムを抱えている係員2名でビニル袋を手でほぐしながら行うものである。

2名の係員がファイバードラムに入った粉体の原料を投入し始めてから6本目のファイバードラムに入った粉体を投入していたところ、反応器の原料投入口付近から発火して、この作業に従事していた係員3名と作業に立ち会っていた研究員1名が火傷を負った。

(ア) 原　因

この災害は、酢酸エチルの入った反応釜へ粉体の写真用薬品原料を投入する作業中に火災が発生したものであるが、その原因としては次のようなことが考えられる。

① 粉体の原料を反応釜へ投入する作業を行っているとき、原料の粉体と原料を入れていたビニル袋との摩擦により静電気が発生し、粉体およびビニル袋に帯電していたこと

② 粉体またはビニル袋に帯電した静電気が、反応釜投入口またはファイバードラムに取り付けられた金属リングなどに放電したこと。また、作業員に帯電した静電気の放電も可能性として考えられること

③ 反応釜に仕込まれた引火性物質である酢酸エチルが反応釜内で蒸発し、蒸

発した蒸気が反応釜内に滞留していたこと

④　粉体の原料の容器に電気的に絶縁性のものを使用していたが，粉体投入作業に伴い発生する静電気の除去対策が不十分であったこと

⑤　作業員は，静電気帯電防止服および静電気帯電防止靴を着用していたが，十分静電気が除去できなかったこと

⑥　酢酸エチルなど引火物を原材料として使用する製造設備の設計段階における静電気の危険性などの検討が不十分であったこと

㈼　対　策

この災害は，反応釜へ粉体の写真用薬品原料を投入する作業中に火災が発生したものであるが，同種災害の防止のためには，次のような対策の徹底が必要である。

①　粉体の原料を反応器へ投入するときは，導電性の素材により造られた容器を用いて，容器を接地するなどの帯電防止を行うこと

②　静電気の危険性を軽減するため，粉体の原料を先に仕込むなど反応器への原料の投入順序の変更を検討すること

③　反応釜内に可燃性雰囲気が生成しないように不活性ガスで置換すること

④　導体部分は，帯電防止のための確実な接地効果が得られるように接地すること

⑤　帯電防止用作業服および帯電防止用作業靴を着用し，床は鋼製床，帯電防止貼り床など導電性のものとすること

⑥　酢酸エチルなど引火性の物を含有するものを取り扱う作業を行うときは，作業指揮者に作業の直接指揮，設備の点検，作業手順の遵守状況の監視などを行わせること

⑦　引火性の物質を取り扱うとき，あらかじめ，静電気の発生などの危険性を把握し，その対策の検討が十分に行われる体制を構築すること

⑧　引火物の危険・有害性およびその防護対策などについて安全衛生教育を実施すること

第2編　化学物質による爆発・火災等のリスクアセスメント

爆発・火災防止 CRA（災害発生の可能性（P）の評価）

1　対象化学物質

化学物質名	CAS No.
酢酸エチル	141-78-6

2　一次評価（物理化学的危険性）

		一次評点			
		6	4	2	1
GHS危険性分類がある場合	(1)　爆発物	等級 1.1-1.3, 1.5	等級 1.4	等級 1.6	
	(2)　可燃性／引火性ガス	区分 1	区分 2		
	(3)　エアゾール	区分 1	区分 2,3		
	(4)　支燃性／酸化性ガス		区分 1		
	(5)　高圧ガス	圧縮ガス，液化ガス，溶解ガス	深冷液化ガス		
	(6)　引火性液体	区分 1	区分 2	区分 3	区分 4
	(7)　可燃性固体		区分 1,2		
	(8)　自己反応性物質および混合物	タイプ A-B	タイプ C-F	タイプ G	
	(9)　自然発火性液体	区分 1			
	(10)　自然発火性固体	区分 1			
	(11)　自己発熱性物質および混合物	区分 1	区分 2		
	(12)　水反応可燃性物質および混合物	区分 1	区分 2,3		
	(13)　酸化性液体		区分 1,2,3		
	(14)　酸化性固体		区分 1,2,3		
	(15)　有機過酸化物	タイプ A-D	タイプ E-F	タイプ G	
	(16)　金属腐食性物質		区分 1		
	(17)　鈍感化爆発物		区分 1,2	区分 3,4	
その他	粉じん爆発（平均粒径）				

（(6) 引火性液体の「区分 2」が丸で囲まれている）

3　二次評価（周囲の環境や条件を考慮）
（1）爆発の3要素

要素	可燃物	空気（酸素）	着火源
有無	酢酸エチル	有	静電気

（2）特性値との比較

項目	融点	沸点(b)	引火点(c)	発火温度(d)	蒸気密度 蒸気圧	爆発範囲
特性値（℃）	-83℃	77℃	-4℃	427℃	3.04	2.18 ～ 11.5 %

工程	取扱温度(a)（℃）	ランクアップの有無

(a)≧(b) or (c) → P： 1 rank up
(a)≧(d) → P： 2 rank up

なお，爆発3要素が1つでもなければ一次評点は「1」

4　まとめ

一次評点	二次評点（最終）	根　　拠

150

第4章　JISHA 方式爆発火災防止のための化学物質リスクアセスメント手法

爆発・火災防止 CRA リスク評価表（例4-1）

リスク抽出・特定	危険要因の内容	Ｎo		
		工程／系列又は設備名	写真用薬液混合設備	
		作業名	反応釜への粉体の薬品原料を投入する作業	
		取扱化学物質名（CAS No.）	酢酸エチル（141-78-6）	
		定常／非定常	定常	
		災害が発生するプロセス［事故の型］○○なので，○○して，○○になるより具体的に記載することが重要（抽象的に記載するとリスク低減策が曖昧となる）	酢酸エチルの入った反応釜へファイバードラムに入った粉体の原料を投入し静電気が発生したので，反応器内の酢酸エチルに引火した。	
	リスク見積り，評価（現状）	危険源要素発生の可能性（P）（一次評点）	4	
		危険源要素発生の可能性（P）（二次評点）	4	
		異常現象が発生する頻度（F）	4	
		影響の重大性（S）	6	
		リスクポイント	96	
		リスクレベル	V	
リスク低減策	リスク低減策	1つの危険要因に対して，複数の対策を立案検討すること。さらにそれぞれの対策に対してリスク評価すること。	粉体原料を投入のとき，導電性の素材で造られた容器を用い，接地するなどの帯電防止を行うこと。	静電気の危険性を軽減するため，粉体の原料を先に仕込むなど反応器への原料投入順序の変更を検討すること。
	リスク見積り，評価（低減後）	危険源要素発生の可能性（P）	4	2
		異常現象が発生する頻度（F）	2	2
		影響の重大性（S）	6	6
		リスクポイント	48	24
		リスクレベル	IV	IV
	残留リスクへの対応もしくはリスク低減根拠		静電気の発生防止	危険源要素の除去
実施可否判定			可	可

第4章

151

第2編　化学物質による爆発・火災等のリスクアセスメント

爆発・火災防止 CRA リスク評価表（例4-2）

		No		
リスク抽出・特定	危険要因の内容	工程／系列又は設備名	写真用薬液混合設備	
		作業名	反応釜への粉体の薬品原料を投入する作業	
		取扱化学物質名（CAS No.）	酢酸エチル（141-78-6）	
		定常／非定常	定常	
		災害が発生するプロセス ［事故の型］ ○○なので，○○して，○○になる より具体的に記載することが重要 （抽象的に記載するとリスク低減策が曖昧となる）	酢酸エチルの入った反応釜へファイバードラムに入った粉体の原料を投入し静電気が発生したので，反応器内の酢酸エチルに引火した。	
	リスク見積り，評価（現状）	危険源要素発生の可能性（P）（一次評点）	4	
		危険源要素発生の可能性（P）（二次評点）	4	
		異常現象が発生する頻度（F）	4	
		影響の重大性（S）	6	
		リスクポイント	96	
		リスクレベル	V	
リスク低減策	リスク低減策	1つの危険要因に対して，複数の対策を立案検討すること。さらにそれぞれの対策に対してリスク評価すること。	反応釜内を不活性ガスで置換すること。	導体部分は，帯電防止のための確実な接地効果が得られるように接地すること。
	リスク見積り，評価（低減後）	危険源要素発生の可能性（P）	1	4
		異常現象が発生する頻度（F）	4	2
		影響の重大性（S）	6	6
		リスクポイント	24	48
		リスクレベル	IV	IV
	残留リスクへの対応もしくはリスク低減根拠		危険源要素の除去	静電気の発生防止
実施可否判定			可	可

㈄ アセスメント上のポイント解説

●可燃性の液体が入っている容器等に粉体を投入する際には，その摩擦等により静電気が発生する可能性がある。前事例と同様に静電気対策として帯電防止，静電気の除去がどの程度徹底されているかがポイントである。静電気対策は「静電気安全指針2007」（労働安全衛生総合研究所）に記載された条件を技術的にクリアしていることを確認することが重要である。

第5章　爆発・火災に関する詳細なリスクアセスメント手法

| 第**5**章 | 爆発・火災に関する
詳細なリスクアセスメント手法 |

1　はじめに

　実効性のあるリスクアセスメント等を実施する上で重要な点は「プロセス災害（漏洩・火災・爆発・破裂など）を発生させる潜在危険をいかに特定するか？」，「現実的に起こり得るシナリオをいかに同定するか？」，「効果的なリスク低減措置をいかに検討・決定するか？」である。プロセス災害防止のためのリスクアセスメントでは，最初に「火災・爆発などに至るシナリオを導出すること」が求められるが，シナリオの同定では，物質・プロセス，設備・装置，作業・操作などの様々な視点からプロセスに潜在する危険源や，危険を顕在化させる事象を特定する必要がある。このため対象とするプロセスプラントや関連する作業・操作などに関する豊富な知識と経験がなければ，これを検討することは難しい。本章では，労働安全衛生総合研究所がまとめた技術資料[1]「プロセスプラントのプロセス災害防止のためのリスクアセスメント等の進め方」に基づき，爆発・火災に関する詳細なリスクアセスメント手法について紹介する。

(1)　本手法の目的

　プロセスプラントにおけるプロセス災害防止のためのリスクアセスメント等の実施は，以下に示すことを目的とする。

- あらかじめ，取り扱う化学物質・プロセスの危険源を把握するとともに，設備・装置，作業・操作に関する不具合を引き金事象（潜在する危険を顕在化させる事象）として特定し，プロセス災害発生に至るリスクがあることを意識するこ

表2-17　用　語

引き金事象	潜在する危険を顕在化させる事象。本手法では，作業・操作の不具合，設備・機器の不具合，外部要因の3種類について網羅的に特定し，解析を行う。
プロセス災害	漏洩・火災・爆発・破裂などの災害を指し，人的被害の有無を問わない。
シナリオ	引き金事象発生からプロセス異常（中間事象）を経て，プロセス災害または労働災害の発生に至る一連の過程。
多重防護	プロセス災害の防止を目的とした，a) 異常発生防止対策，b) 異常発生検知手段，c) 事故発生防止対策，d) 被害の極限化対策のうち，複数の対策によるリスク低減戦略。ただし b) 異常発生検知手段は他の3つの対策とともに用いられる。
燃焼の3要素	燃料（可燃物），酸素（支燃物），着火源のこと。燃焼するには通常，この3つの要素が必要不可欠である。

153

第2編　化学物質による爆発・火災等のリスクアセスメント

と。

- 化学物質の反応や高温・高圧下などで稼働しているプロセスプラント・設備に関する異常など，現場では気付きにくいような危険源を把握すること。
- ５Ｓ活動，危険予知訓練，ヒヤリハット情報の収集など，通常の製造現場で実施されている安全管理活動では気付くことが難しいような潜在的なリスクを見つけ出すこと。
- 取り扱う化学物質の量が少なくても，条件が整えば，プロセス災害が発生することを知ること。
- 作業・操作や設備・装置の不具合の例などを参考に，引き金事象を網羅的に特定し，リスク低減措置を実施することで，プロセス災害や労働災害を防止すること。
- リスク低減措置の検討・実装については，その種類と目的を明確にすること。

(2)　本手法の特徴

本章で紹介するリスクアセスメント等の進め方は従来から示されている手法と基本的には同じであるが，リスクアセスメント等を実施する際の課題となる，潜在する危険性を顕在化させる事象（引き金事象）の特定やシナリオ同定，リスク低減措置の検討方法，現場作業者への周知など，リスクアセスメント等の実施手順に従って丁寧に検討する。次のような特徴がある。

- 最初に簡単な質問に答える形で，プロセス災害発生などの危険源を把握するとともに，リスクアセスメント等を実施する際の留意点を知ること。
- 危険な状態を顕在化させる引き金事象の特定は，プロセス災害発生の原因となり得る事象（作業・操作や設備・装置の不具合，外部要因など）を想定して行うこととしており，対象となる作業・操作を行う上での注意点や設備・装置の取扱いなどを網羅的に解析すること。
- 引き金事象からプロセス異常（プロセス変数のずれなど）発生，プロセス災害発生までのシナリオを同定し，プロセス災害発生のリスクレベルを求めること。
- リスク低減措置の効果を確認することを目的として３回のリスク評価を行うこと。
- リスクアセスメント等実施シートに記載しながら進めることで，引き金事象の特定からプロセス災害発生に至るシナリオ同定を検討すること。またその検討過程を明示的に記録すること。

- リスクアセスメント等の実施により得られた情報には，潜在するプロセス災害発生の危険性やリスク低減措置の設計根拠などに関する情報などが含まれ，現場作業者がこれらの情報を把握し，意識して作業・操作を行うことで，生産開始後のリスクマネジメントにつながること。

2 手法の概要（全体の流れ）

図2-11にプロセス災害防止のためのリスクアセスメント等の進め方の概要を示す。

(1) STEP 1：取扱い物質およびプロセスに係る危険源の把握

リスクアセスメントの対象となる化学物質およびプロセスなどに関する質問に答えることで，以下のような危険源を事前に把握する。
・どのような危険性を有するか？
・どのようなプロセス災害を引き起こす可能性があるか？

ここで把握された危険源に関する情報をもとに，STEP 2以下のリスクアセスメント等を実施する。物質およびプロセスに係る危険源が確認されなかった場合でも，対象とする作業者による作業や操作に関する不具合，設備や装置の不具合などが発生する可能性はあるため，STEP 2以下のリスクアセスメント等を実施する[1]。

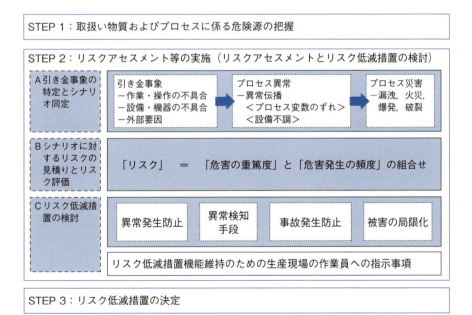

図2-11　プロセス災害防止のためのリスクアセスメント等の進め方

第２編　化学物質による爆発・火災等のリスクアセスメント

⑵　STEP 2：リスクアセスメント等の実施

STEP 1の結果をもとに，以下の手順でリスクアセスメント等を実施する。

A　潜在する危険を顕在化させる引き金事象を特定するとともに，引き金事象からプロセス災害発生に至るシナリオを同定する。

B　シナリオに対するリスクを見積もり，許容可能なリスクレベルに到達しているかどうかを評価する。すでにリスク低減措置が実装されている場合には，その有効性を確認するために，リスク低減措置が存在しないと仮定した場合（その１）とリスク低減措置が機能する場合（その２）についてリスクを見積もる。

C　リスクレベルが高い（許容レベルを超えている）シナリオに対して，追加のリスク低減措置を検討（立案）し，再度，リスクレベルを見積もる（その３）。提案された追加のリスク低減措置の実装可否を判断する。リスクレベルが許容範囲に収まるまで複数のリスク低減措置の提案を繰り返す。また，リスク低減措置の機能を維持するために，現場作業者が対応すべき事項などがある場合には，実施シート（159頁参照）に記載しておき，実施を促す。残留リスクがある場合には，対応を明確にしておく。

D　A～Cを繰り返すことで，様々なシナリオを同定し，リスクの見積りおよびリスク評価を行い，必要なリスク低減措置を検討する。

⑶　STEP 3：リスク低減措置の決定

STEP 2でまとめられた様々なシナリオに対するリスクアセスメント等実施結果をもとに，実施するリスク低減措置を決定する。

①　シナリオごとの検討結果をリスクアセスメント等結果シート（160頁参照）にまとめ，リスクレベルが高いシナリオから順番に，実施すべきリスク低減措置を検討する。

②　優先順位に従って，技術面・コスト面などを踏まえ，リスク低減措置を決定する。

---

1)　2006（平成18）年3月10日付け危険性又は有害性等の調査等に関する指針公示第1号によりリスクアセスメントが努力義務化されている

第5章　爆発・火災に関する詳細なリスクアセスメント手法

3　事前準備資料および記録シート（様式）

(1)　リスクアセスメント等の実施に必要となる情報

　リスクアセスメント等を実施するメンバー全員が対象とする化学設備，プロセス，作業手順等に関する具体的な情報を共有するために，**表2-18**に示す資料などを入手しておく。

(2)　リスクアセスメント等記録シート

　リスクアセスメント等の結果を記録するために，2種類のシートがある[2]。

表2-18　リスクアセスメント等の実施に必要となる情報（関連資料）[※1]

種　類	具体例	必要とする理由
物質の情報	□　安全データシート（SDS）	・取り扱う化学物質の特性（引火点，毒性など）GHS分類を確認する。
プロセスの情報	□　反応条件　　　　　□　運転条件 □　物質の取扱量	・流量，温度，圧力，濃度などの正常なプロセス挙動，運転条件などを把握する。
機器の情報	□　機器・装置リスト（スペック条件を含む） □　機器図面	・対象内に存在する設備・装置などを確認し，それらの不具合要因を抽出する。 ・設備・装置のつながりを確認し，異常伝播の構造を把握する。 ・既存のリスク低減措置を確認する。
マニュアル関連図書類（※2）	□　運転手順書　　　　□　作業標準 □　作業手順書（工程表）　□　操作手順書 □　タイムチャート　□　温度・圧力プロファイル	・作業方法・手順などの基本を確認し，それぞれに対する作業・操作ミスなどを抽出する。
図面類[※3]	□　プロセスフロー図　□　配管計装図 □　機械設備などのレイアウトなど，作業の周辺の環境に関する情報	・設備・機器のつながりを確認し，異常伝播の構造を把握する。
その他	□　類似事故事例DB[※4]　□　災害統計（データ） □　リスクアセスメント等の実施にあたり参考となる資料など	・過去に発生した類似のプロセス災害に関する情報を得る。

※1　「化学物質等による危険性又は有害性等の調査等に関する指針」の「7．情報の入手等について」も参考にすることができる。
　　　資料等の呼び方については各事業場により異なる場合や，1つの資料としてまとめている場合などがあるので，それぞれの内容を判断し，該当する資料を準備する。
　　　表2-18に示した資料等はリスクアセスメント等実施時だけでなく，通常の作業時にも確認することが重要であり，整理し，いつでも利用できるようにしておく。
※2　マニュアル等が整備されていない場合でも，リスクアセスメント等実施者の間で情報を共有し，理解しておくために，簡単でもよいので普段行っている作業を順番に書き出す。
※3　図面類が整備されていない場合には，対象となる設備などを見ながら概略図を書くとともに，構成されている機器・装置などをリストアップする。
※4　例えば，次のようなデータベースを参考にすることができる。
　　1）安衛研爆発・火災DB：http://www.jniosh.go.jp/publication/houkoku/houkoku_2013_03.html
　　2）職場のあんぜんサイト：http://anzeninfo.mhlw.go.jp/anzen/sai/saigai_index.html

2)　従来のリスクアセスメント等の手法で用いられているシートを一部改良したものであり，基本的事項は同じである。

第2編　化学物質による爆発・火災等のリスクアセスメント

（ア）　リスクアセスメント等実施シート

「リスクアセスメント等実施シート」（表2-19）は，引き金事象発生からプロセス災害発生に至る一つのシナリオについての検討結果を記録するためのシートで，シートの上から順番に検討・記述していくことで，リスクアセスメントの検討結果を記録することができる。リスクアセスメント等実施シートの特徴は以下のとおりである。

- リスクアセスメントを実施する前に，解析対象とする工程の作業・操作，設備・装置とその目的などを明確にする。
- 引き金事象（初期事象），プロセス異常（中間事象），プロセス災害（結果事象）を区別して記載することでシナリオおよびリスク低減措置を検討しやすい。
- リスク低減措置の有効性を確認するために，3回のリスク評価を行う。
- 生産開始後の現場作業者がリスクアセスメント等の結果を参照する，あるいは見直すことができるように，引き金事象の特定，シナリオ同定，リスク見積り・評価，リスク低減措置検討のそれぞれ段階での検討内容を明記しておく。これより，どのような種類のリスク低減措置がどのような目的で実施されているか（設計論理）を記録として残す（リスク管理情報の共有）。

（イ）　リスクアセスメント等実施結果シート

「リスクアセスメント等実施結果シート」（表2-20）は，シナリオごとに作成したリスクアセスメント等実施シートを集めて一つの実施結果シート（一覧表）としてまとめたものである。様々なシナリオに対する検討結果全体を見渡すことで，各シナリオのリスクレベルを比較し，対応の優先度に従ったリスク低減措置を決定するために用いる。リスクアセスメント等結果シートの特徴は以下のとおりである。

- リスクの見積り結果の偏りを発見する。
- リスクレベルが高い順番にシナリオを並べ替えることで，リスク低減措置検討の優先順位を決める。
- 全体を俯瞰することで，リスクレベルが大きい工程，作業・操作，設備・機器などを把握する。
- 起案されたリスク低減措置が複数ある場合，その整合性確認を促す。
- リスク低減措置の実施状況を把握する。

第5章　爆発・火災に関する詳細なリスクアセスメント手法

表2-19　プロセス災害防止のためのリスクアセスメント等実施シート（様式）

実施日	○年○月○日
実施者（記載者）	○○○○

STEP 1　取扱い物質およびプロセスに係る危険源の把握

取扱い物質およびプロセスに係る危険源の把握結果		質問票で「はい」に○が付いた項目

STEP1で把握した危険源を記載

STEP 2　リスクアセスメント等の実施

作業・操作，設備・装置とその目的		（作業・操作，設備・装置）（目的）		

解析対象とする工程の作業・操作，設備・装置とその目的などを明記

A 引き金事象特定とシナリオ同定

	引き金事象（初期事象）			

引き金事象（初期事象）を想定

	プロセス異常（中間事象）			

プロセス災害発生に至るシナリオを同定（引き金事象，プロセス異常，プロセス災害を区別）

	プロセス災害（結果事象）			

既存のリスク低減措置の有無確認（【種類】と【目的】を明記）

既存のリスク低減措置の有効性の確認（その1，その2）

B　既存のリスク低減措置の確認	・○○○　＜目的＞＜種類＞		

B　リスク見積りと評価（その1）既存のリスク低減措置が無いと仮定した場合	重篤度	頻度	リスクレベル
	○△×	○△×	ⅠⅡⅢ

B　リスク見積りと評価（その2）既存のリスク低減措置の有効性確認	重篤度	頻度	リスクレベル
	○△×	○△×	ⅠⅡⅢ

●リスク低減措置の種類
A）本質安全対策
B）工学的対策
C）管理的対策
D）保護具着用

●リスク低減措置の目的
a）異常発生防止
b）異常発生検知
c）事故発生防止
d）被害の局限化

C　追加のリスク低減措置の検討　＆　C　リスク見積りと評価（その3）追加のリスク低減措置の有効性確認	⒤　○○○　＜目的＞＜種類＞・追加リスク低減措置毎にリスクを見積もり，評価する	重	頻	リ
	⒭			
	⒩			
	⒥			

追加のリスク低減措置の提案と有効性の確認（その3）

C　追加のリスク低減措置の実施可否	⒤　〜　⒥			

追加のリスク低減措置の実施可否の確認

C　リスク低減措置の機能を維持するための現場作業者への注意事項等	⒤　〜　⒥			

リスク低減措置の機能を維持するために現場作業者に伝えておくべき事項を記載

C　その他，生産開始後の現場作業者に特に伝えておくべき事項	残留リスクの有無の確認：残留リスクへの対応方法：			

残留リスクの確認と対応を記載

備考				

3）　表2-19に示す実施シートは，1つのシナリオに対する結果を一葉にまとめることを目的としているが，表2-20に示す実施結果シートと記載項目は同じであり，最初から表2-20のシートを用意し，検討結果を記入してもよい。

表2-20　プロセス災害防止のためのリスクアセスメント等実施結果シート（様式）

取扱い物質・プロセスの危険源の把握	対象工程・作業、設備・装置（機器）とその目的	実施担当者と実施日 ○○	実施担当者と実施日 ○年○月○日

STEP1の記録

No.	A 引き金事象特定とシナリオ同定			B 既存のリスク低減措置	B リスク見積りとリスク評価（その1）既存のリスク低減措置がないと仮定した場合			B リスク見積りとリスク評価（その2）既存のリスク低減措置の有効性確認			C 追加のリスク低減措置	C リスク見積りとリスク評価（その3）追加のリスク低減措置の有効性確認			C 追加のリスク低減措置の実施可否	C リスク低減措置の機能を維持するための現場作業者への注意事項等	C その他、産運開始後の現場作業者に特に伝えておくべき事項
	引き金事象（初期事象）	プロセス異常（中間事象）	プロセス災害（結果事象）		重篤度	頻度	リスクレベル	重篤度	頻度	リスクレベル		重篤度	頻度	リスクレベル			

STEP2の記録（シナリオ1）

STEP2の記録（シナリオ2）

リスク見積りとリスク評価（その2）の結果に基づき、リスクレベルが高い順番に追加のリスク低減措置を検討

STEP1およびSTEP2で作成されたシナリオごとのリスクアセスメント等実施シート（表2-19）をまとめ、一覧表を作成

シナリオごとのリスクレベル判定のばらつきなどがあれば、必要に応じて修正

第5章 爆発・火災に関する詳細なリスクアセスメント手法

4　STEP 1：取扱い物質およびプロセスに係る危険源の把握

　リスクアセスメントの対象とするプロセスプラントについて，取り扱う化学物質そのものやプロセスでなされている化学反応，あるいは，反応を伴わない製造工程に危険源があるかどうかを把握する。表 2-21 に取扱い物質およびプロセスに係る危険源を把握するための質問票を示す[4]。次の計 17 の質問からなる。

　(Ⅰ)　取り扱う化学物質そのものにプロセス災害を引き起こす可能性があるかどうかを把握するための質問（9問）

　(Ⅱ)　プロセスでなされている反応やプロセスに設定された物理条件に，プロセス災害を引き起こす可能性があるかどうかを把握するための質問（5問）

　(Ⅲ)　その他の要因に関する質問（3問）

　17 の質問すべてに「はい」または「いいえ」で回答する。質問に対する回答が「はい」となったものは，その物質またはプロセス内の反応や物理条件などがプロセス災害発生の危険源となり得ることを意味し，STEP 2 でリスクアセスメント等を実施する際に，特に着目すべき点である。

質問に回答する際のポイント

❶　質問に回答する際には，以下の情報などを参考にする[5]。
　・物質の情報，プロセスの情報，事故事例データベース
　・技術資料[1] の付録（参考資料；表 A1 〜表 A7）に示した用語の説明など
❷　回答が「はい」となった質問については，その物質またはプロセスが火災・爆発等発生の危険源となり得ることを意味し，STEP 2 でリスクアセスメント等を実施する際に，特に着目すべき点となる[6]。
❸　質問内容に該当するかどうか判断できない場合には，該当する（すなわち「はい」）とみなし，STEP 2 でリスクアセスメント等を実施する際に詳細な解析を行う[7]。

---

4)　技術資料[1] の表4には各質問の補足説明および関連する事故事例をまとめているので，参照することができる。

5)　過去の事故事例などを調査する際には，全く同じ物質やプロセスについてのみ調査を行うのではなく，同様の物質またはプロセスを扱った化学設備やプラントにおける災害発生状況についても調査することが重要である。また，作業員の経験なども踏まえ，様々な視点から取扱い物質およびプロセスに係る危険源を調査することが重要である。

6)　質問に対する回答がすべて「いいえ」となった場合でも，作業・操作の不具合や設備・装置の不具合が発生する場合も考えられ，より網羅的なリスクアセスメント等を実施することが望ましい（安衛法第 28 条の 2 におけるリスクアセスメント等実施の努力義務）。

7)　詳細な解析を行うための方法として，文献調査，従業員との議論，専門家への相談，危険性を評価するための試験などを実施するとよい。技術資料[1] の表 A8 には取り扱う物質単独や物質の反応・混合の危険性を評価するための試験法の一般的な方法をまとめているが，十分な知見がないまま実施すると，安全性や信憑性に問題があるので，適宜，専門家に依頼あるいは相談して実施する。

161

第2編　化学物質による爆発・火災等のリスクアセスメント

表2-21　取扱い物質およびプロセスに係る危険源把握のための質問票（簡略版）

	質　問	どちらかに○
1	取扱い物質は，危険性又は有害性等の調査（リスクアセスメント）を義務付けられているか？	はい　いいえ
2	取扱い物質は，いずれかの GHS 分類が「分類対象外」「区分外」「タイプ G」以外のものか？	はい　いいえ
3	取扱い物質は，可燃性，引火性か？	はい　いいえ
4	取扱い物質は，爆発性に関わる原子団，あるいは自己反応性に関わる原子団を持っているか？	はい　いいえ
5	取扱い物質は，可燃性（有機物，金属など）の粉体（可燃性粉じん）か？	はい　いいえ
6	取扱い物質は，過酸化物を生成する物質か？	はい　いいえ
7	取扱い物質は，重合反応を起こす物質か？	はい　いいえ
8	取扱い物質は，液化ガスか？	はい　いいえ
9	取扱い物質は，SDS が存在していないけれども，危険有害性が疑われるか？	はい　いいえ
10	対象とするプロセスプラントは，意図的に反応（副反応・競合反応なども含む）を起こしているか？	はい　いいえ
11	対象とするプロセスプラントは，何らかの物理的な操作の際に温度が上がるか？	はい　いいえ
12	対象とするプロセスプラントは，意図した物質の混合や，意図していない物質の混入により，以下のいずれかの可能性があるか？ （1）　温度が上昇する （2）　参考資料の表 A2 の GHS 分類のいずれかの危険源となる物質を生成する（質問 2. 参照） （3）　大量のガスを発生する （4）　取り扱う物質の熱安定性が低下する	はい　いいえ
13	対象とするプロセスプラントは，常温・常圧ではない箇所（高温，低温，高圧，真空（低圧），繰返し昇温・降温，昇圧・降圧）が存在するか？	はい　いいえ
14	対象とするプロセスプラントは，大量保管をしている箇所が存在するか？	はい　いいえ
15	対象とするプロセスプラントは，腐食が進みやすい箇所が存在するか？	はい　いいえ
16	対象とするプロセスプラントは，外界からの影響要因（雨水による外面腐食，紫外線による材料劣化など）が存在するか？	はい　いいえ
17	対象とするプロセスプラントは，高電圧／高電流の箇所が存在するか？	はい　いいえ

5　STEP 2：リスクアセスメント等の実施

STEP 1 で把握された取扱い物質およびプロセスに係る危険源と過去の事故事例などを参考に，以下 A ～ C の手順により，リスクアセスメント等を実施する。

A　引き金事象の特定とシナリオの同定

プロセスプラント内に潜在する危険を顕在化させる事象を網羅的に特定するために，①作業・操作に関する不具合，②設備・装置に関する不具合，および③外部要因を引き金事象（初期事象）として想定し，プロセス災害発生に至るシナリオを同定する。

> A@　リスクアセスメント等の対象とする作業・操作または設備・装置の目的を確認し，実施シートに記入する。

危険な状況・状態を想定するためには，正しい作業・操作，望ましい設備・装置の状態を把握しておく必要がある。このため，対象とする工程の作業・操作，設備・装置とその目的を明確に記しておく。

第5章　爆発・火災に関する詳細なリスクアセスメント手法

> Ａⓑ　潜在する危険を顕在化させる引き金事象として次の３種類を特定する。①～③はどの順番で実施してもよい。

① 作業・操作に関する不具合の想定

　　作業・操作の不具合が引き金となり，プロセス災害が発生することがある。運転マニュアル，作業手順書（工程表），操作手順書などをもとに，どのような作業・操作を行っているかを確認する[8]。作業・操作には順番，時期，時間，充塡量などのパラメータが定められているが，それぞれに表2-22に示すようなずれを順番に適用することで，作業・操作などの不具合（確認ミス，作業ミスなど）を引き金事象として特定する。例えば，次のような不具合を想定することができる。

作業・操作などの不具合の例

・指示器の確認を怠った（作業を実行しない）。
・ポンプ起動の順番を間違えた（逆の順番で操作を実行する）。
・バルブを開くタイミングが遅れた（作業の実行が遅過ぎる）。
・原料の投入量が少な過ぎた（充塡量が少な過ぎる）。

表2-22　作業・操作に関する不具合を検討するためのずれの例

パラメータ	ずれの例
作業・操作の順番	作業・操作を実行しない
	逆の順番で作業・操作を実行する
	一部の作業・操作のみを実行する
	余計な作業・操作を実行する
	異なる作業・操作を実行する
作業・操作の時期	作業・操作の実行が早過ぎる
	作業・操作の実行が遅過ぎる
作業・操作の時間	作業・操作時間が長過ぎる
	作業・操作時間が短過ぎる
充塡量	充塡量がゼロ
	充塡量が多過ぎる
	充塡量が少な過ぎる

8)　機器の操作手順などが記載された詳細な運転手順書などを基本とする場合には，特定される不具合の数が膨大となる。この場合，作業・操作の目的（作業意図，運転意図など）を明確にすることで，いくつかの作業・操作をまとめ，そのまとめた作業・操作の目的を達成できなくするような不具合（作業ミスなど）を特定し，どのような結果を導くかをシナリオとして同定する。ひとまとめにした作業内での操作の順番などを気にする必要がある場合には，詳細に分割して検討するとよい。

② 設備・装置に関する不具合の想定

　　設備・装置の不具合が引き金となり，プロセス災害が発生することがある。プロセスフロー図や配管計装図などをもとに，解析対象としている工程・作業・操作に関わる設備・装置などをリストアップし，それらの設備・装置に不具合が生じた場合を想定することで，引き金事象として特定する。**表2-23**に設備・装置の不具合の例とそれぞれにより引き起こされる可能性のあるプロセス異常の例を示す。**表2-23**を参考に設備・装置ごとに様々な不具合を想定する。

<u>設備・装置の不具合の例</u>（かっこ内は引き起こされるプロセス異常の例）

・調節弁の故障閉（流量なし，圧力増加，液レベル高など）

・ポンプの故障停止（流量なしなど）

・配管の閉塞（流量なし，圧力増加など）

・熱交換器のチューブ破断（圧力増加など）

③ 外部要因の想定

　　停電や自然災害などが引き金となり，プロセス災害が発生することがある。これらのプラント外での異常事象を引き金事象として特定する。**表2-24**に外部要因の例を示す。これらの事象は①作業・操作の不具合，②設備・装置の不具合につながり，また複数の不具合が同時に発生することもある。

引き金事象を特定する際のポイント

潜在する危険を顕在化させる事象（引き金事象）を網羅的に特定し，災害発生の可能性について検討することが重要であり，すべての作業・操作，設備・装置に関する不具合を特定する必要があるが，必ずしも一度にすべての引き金事象を特定し，リスク低減措置を検討する必要はない。リスクアセスメント等実施対象範囲を絞り込み，何回かに分けて継続的に実施することが重要となる[9]。

---

9) 一般に，事故につながりそうな作業・操作，設備・機器のみを選択しがちであるが，まず最初に，過去に経験した故障・誤操作と同種の故障・誤操作，および**表2-23〜表2-25**に示した不具合の例などを参考に，引き金事象を特定する。さらに隠れた引き金事象を見つけるため，一つひとつの作業・操作または設備・機器について，不具合を想定する。網羅的に引き金事象を特定していくと，プロセス災害発生には至らない場合もあるが，この場合でも，なぜ特定された引き金事象は火災・爆発などの災害に至らないのか？という理由を把握しておくことが重要となる。

第5章　爆発・火災に関する詳細なリスクアセスメント手法

表2-23　設備・装置に関する不具合の例

(a)　容器・配管系の破損

容器・配管系	説　明	不具合，および引き起こされるプロセス異常の例
配管	流量，耐圧，耐食性などにより，多種多様のものがある。振動が伝わると劣化が進みやすく，ジョイント部も含めた点検・管理が必要である。	閉塞，圧力損失の増大，内圧低下，減圧不良，逆流，漏洩，漏れ込み，圧力の急変（水撃）など。
ダクト	配管と比べると径が大きく大流量であることが多い。給気系や排気系などでしばしば共通設備として使われる。	配管と同様の不具合。一般に耐圧性能や構造強度は配管よりも劣る。共通設備では，流れ込み防止がないと異常時に逆流が起きる。設計条件（温度，圧力，風量）を超えて凝縮性プロセス流体が流れた場合には，ダクト内で凝縮することがあり，漏洩や堆積，可燃性・蓄熱性の変性物の生成につながる。
タンク	気体用と液体用が一般的だが，粉体に使われることがある。一時貯留から長期保管まで用途は様々である。	漏洩，漏れ込み，破裂，貯留中の物性（粘度，温度など）の変動，揮発分喪失，保温あるいは加温・冷却不良，不均一な温度分布，液面計と液面の不一致が起こりうる。ジャケットや内部コイル付きのタンクでは，その内部の熱媒・冷媒が漏れることがある。
容器	タンクと比べると容量は少なめのもの。平常時に高圧であったり減圧であったりすることが多い。	タンクと同様の不具合が考えられる。高圧あるいは減圧の場合には，破裂，内圧低下，減圧不良，圧力の急変に注意が必要となる。
コンテナ	輸送用または保管用の入れ物で，蓋あるいは栓により密閉できるもの。メンテナンス不良でのトラブルが散見されるので，点検・管理が重要である。	漏洩，漏れ込み，酸欠，内容物の劣化が考えられる。移動用のものでは，コンテナー自身の劣化が起こりやすい。
フレキシブルホース	振動がある箇所や地震対策，作業範囲の拡大に必須である配管部品。浸透性と耐久性に応じた素材の選定の他，ジョイント部の緩みなどの点検と管理がポイントである。	配管と同様の不具合。一般に耐圧性能や材料強度，経年劣化が問題になりやすい。
サイトグラス	覗き窓や液面計のこと。金属部とのシール部分が弱点であり，メンテナンスが必要である。	配管と同様の不具合。透明部分（ガラス，プラスチック）は一般に強度が低い。
ガスケット／シール	部品間の密閉性を保つための消耗部品。消耗品であり，交換時には同一規格のものを用いる。	配管と同様の不具合。内圧低下，減圧不良，漏洩，漏れ込みなどの原因になりやすい。

(b)　機器故障

機　器	説　明	不具合，および引き起こされるプロセス異常の例
圧力放出弁・安全弁	設備・機器内の圧力を下げるための弁。	動作せず，閉塞，流量不足，平常時の漏洩・漏れ込み。大気放出をした時には，放出完了後に大気の逆流が起こりやすい。また，放出時の摩擦や静電気により着火する場合や，放出部に存在する異物（錆など）がトラブルの原因になる場合がある。
ポンプ	吸い込み型と送り出し型がある。ポンプだけでなく送り側および受け側の状態もあわせて見ることがポイント。	流れの停止，流量の増減，気泡の混入，圧力の増減，吸込圧力上昇，構成部品の混入，漏洩，漏れ込みなどが起こる。また，受け側の圧力との差圧により意図しない流れが起きる。
コンプレッサ	気体を圧縮して昇圧するもの。圧縮時に発熱する。	ポンプと同様だが，特に流量減と圧力低下が起きやすい。可燃性蒸気を扱う場合には，発火することがある。
攪拌機	液体と液体の混合や液体に固体を溶かす時に使用される。分離防止用のものもある。設計範囲外の運転はトラブルに直結する。	混合した物質の分離，温度や濃度の不均一，構成部品の混入が考えられる。攪拌軸とそのシール部が弱点であり，疲労破壊の他，漏洩や混入が起きることがある。

165

第2編　化学物質による爆発・火災等のリスクアセスメント

バルブ	開閉バルブと調整バルブ，手動操作式と動力操作式がある。遠隔操作ができることもある。	閉のまま開かない，開いたまま閉まらない，全閉にならず漏れがある。全開にならず流量不足が起こり得る。 調整バルブでは，上記の他，開度が変わらない，開度が指示と異なるといった不具合もある。これらの不具合により，液面や圧力レベルの変動，熱媒用のものであれば，温度の変動が起きる。
センサと計測器	圧力や温度，流量などを計測する。制御用のものと監視用のものがある。	計測値が想定範囲以外の場合，計測値が実際値よりも過小または過大表示となる。計測値に時間遅れ。信号が来ていても読み取れない場合もある。計測値にぶれがあり不安定。外部要因による信号途絶や表示装置の不具合（過小，過大，ぶれ，表示せず）を考える必要がある。
コントロール系	動作用の動力源が必要。多重化などの対策が可能。異常に気付かずに運転を継続することを含む。	指示と異なる動作や動作をしないなど，コントロール先の機器において，すべての不具合があり得る。異常状態が別の異常状態の原因となりやすい。停止することが危険である場合がある。
ベント	容器などにおいて，内圧と外気圧をバランスさせるもの。	配管・ダクトおよび圧力放出弁・安全弁と同様のトラブルと配慮が必要である。

(c)　ユーティリティ喪失

ユーティリティ	説　明	不具合，および引き起こされるプロセスのずれの例
電気	制御用，動力用，照明用，熱源用など用途は幅広い。	停電が起きた直後から，回転機器をはじめとして，電気機器のすべてが停止したり，機能が低下したりする。なお，バックアップ電源が備わっていれば，損失を回避できるが，バックアップ可能な時間には制限がある。
窒素	不活性ガス雰囲気用や酸素濃度の調整用のもの。液体窒素が極低温の保温用に使用されることがある。	供給停止による即座の影響は少ないが，不活性ガス環境や酸素濃度を調整した空間が乱される。液体窒素では極低温が保持されなくなる。
水	水温により，冷水，常温水，温水がある。動力用に使用されることがある。	加温または冷却用の場合は，目標温度からずれが生じる。希釈用の場合は，その目的物質の濃度にずれが生じる。動力用の場合は，対象機器が動作しなくなったり動作不良を起こしたりする。
冷媒・熱媒	熱を移動させるための媒体。ヒートポンプに使われる。	送給先において，冷却または加熱の目標温度からのずれが生じる。
空気	希釈用，燃焼用，動力用，空冷用，乾燥用などとして用いられる。	空気不足により，希釈用ならば目的物質の濃度のずれが起きたり，燃焼用ならば燃焼不良が起きたりする。この他，乾燥不良，冷却不良が起きることがある。動力用の場合は，対象機器が動作しなくなったり動作不良を起こしたりする。
換気	有害物質や粉じんなどを運び出す場合と，消費された空気を補う場合がある。	有害物質の濃度上昇，不純物の混入，粉じん濃度の上昇，作業環境の悪化，酸素不足による燃焼不良や酸欠事故などの可能性がある。
蒸気	熱媒・熱源であることが多いが，動力用に使われる場合がある。	熱媒に準じる。凝縮水がトラブル（閉塞，腐食など）の原因となりやすい。

第５章　爆発・火災に関する詳細なリスクアセスメント手法

表2-24　外部要因の例

外部要因の例	不具合，および引き起こされるプロセスのずれの例
停電	すべての電気機器・電気設備の停止に伴う不具合。
極端な天候	豪雨，洪水，高波，高潮，積雪，冷温害，高温害，落雷，雷障害，突風，竜巻，雹（ひょう），台風，気圧変化，結露など。
大規模な自然災害（地震・津波・地割れ・地盤の隆起と沈下・土砂崩れ・地滑り・雪崩・噴火など）	原料を積み上げているところ（ストックヤード）は転倒防止が必要。オフサイト系も含めてプロセスと考える。地震をはじめとする自然災害は，同時に多くの要因を引き起こす可能性があり，例えば，設備の破壊と電力や水などの喪失が同時に起こりえる。さらに，防災設備・消火設備までもが使用できなくなる可能性がある。
近隣の事故による影響	火災の延焼，飛翔物の飛来，爆風，停電，共同ユーティリティーの停止，可燃性ガスや引火性液体，毒性物質の流入など。
車両衝突	車両同士ならば，車両の燃料による危険性に加え，車両に積載中の化学物質の危険性が発現する。車両と設備の衝突ならば，車両の燃料による危険性に加え，その衝撃の大小に応じて，その設備が有する危険性が発現する。
破壊行為／妨害	侵入可能な区域にあるすべての機器，設備における不具合。

> Ⓐⓒ　引き金事象からプロセス災害発生に至る過程をシナリオとしてまとめる。

　Ⓐⓑで特定された引き金事象により起こるプロセス異常[10]からプロセス災害発生に至るシナリオを同定する。

　表2-25(a)にプロセス災害の例，表2-25(b)にプロセス災害発生の影響として起こり得るその他の被害の例を示す。表2-18に示したリスクアセスメント等の実施に必要になる情報，STEP1の表2-21の質問に対して「はい」と回答された質問の右欄に示された説明と事故事例[11]，および表2-21のプロセス災害の例などを参考に，特定された引き金事象からプロセス災害発生に至る経路（シナリオ）を同定する。

表2-25　起こり得る事故影響の例

(a)　プロセス災害（漏洩，火災，爆発，破裂）

損失イベントの例		説　明
漏洩		容器や配管などの中に閉じ込められていた物質が，その外側に噴出・漏洩する。
火災		意図に反して発生・拡大した燃焼のこと。その状態によって以下の種類がある。
	プール火災	滞留した可燃性液体の表面で着火し，燃焼している状態。
	ジェット火災	容器や配管の穴から噴出している可燃性液体に着火し，燃焼している状態。大規模な現象になると火炎が建物を貫くことがある。
	フラッシュ火災	漏洩した可燃性液体が蒸発し，可燃性の蒸気となった状態で着火し，短時間だけ燃焼する現象。漏洩量によっては火災の範囲が大規模になり，それによる熱の影響が大きい。
	ファイヤーボール	容器が大規模に破壊されるなどして，大気中での可燃性蒸気の着火，火災が大規模で起こると，大気中に巨大な球状の火炎を形作る。この球状の火炎をファイヤーボールという。熱を遮るものが少なくなるため，熱の影響が著しい。

---

10)　流量，温度，圧力などのずれや，設備装置の異常状態のこと。「中間事象」ともいう。
11)　表2-21は簡易版として，質問のみを示している。質問の説明と事故事例は技術資料[1]の表4を参照のこと。

167

第2編　化学物質による爆発・火災等のリスクアセスメント

爆発		蓄えられた，あるいは急激に発生した圧力が解放され，急激に体積が膨張する現象。化学反応で発生するエネルギーによる場合と，圧縮された気体の膨張による場合がある。
	内部爆発 （装置内，屋内）	密閉された空間（装置内，屋内）で可燃性物質や反応性の物質が燃焼・反応し，爆発する現象。もし生じた圧力が構造物の耐圧を超えると，構造物が破壊される。
	蒸気雲爆発	大気中に形成された可燃性蒸気・ガスの雲が急速に燃焼することによって発生する爆発。爆風が広範囲の構造物に影響を及ぼす。
	物理爆発	化学反応を伴わない物理的現象としての爆発。高温物と水との接触による水蒸気爆発，低温液化ガスの蒸気爆発などがある。
	平衡破綻型爆発	高圧の容器内で，液体とその液体の蒸気が平衡状態にあったが，容器が破壊することにより平衡が破れ，急激に液体が気化することにより発生する爆発（BLEVEsともいう）。その液体が可燃性を有している場合には，その可燃性蒸気に着火して蒸気雲爆発を起こし，さらに大きな被害となりがちである。
	粉じん爆発	粉じんが空気中に浮遊・分散して，ある濃度範囲で空気と混合した時，何らかの着火源により発火して，急激に燃焼することにより発生する爆発。空気中で燃える固体といくつかの種類の金属は，細かくすれば粉じん爆発を起こす危険性がある。
	爆轟	火炎の伝播速度が音速を超えて衝撃波を伴いながら燃焼する現象。爆発圧力が極めて大きくなり，破壊力が格段に大きくなる。
	液体と固体の爆轟	火薬などの爆轟。気体の爆轟と比べると爆轟が伝播する速度が一般に速く，発生する圧力がさらに大きくなる。
破裂		高圧の気体を入れている容器が破損した結果，圧力が解放され，周囲への爆風や容器の破片の飛散が起きる現象。容器の破損には，容器内の圧力が容器の耐圧を超えた場合と，材料又は構造上の問題により容器の耐圧が低下した場合がある。

⒝　プロセス災害発生に伴い，引き起こされるその他の影響

その他影響の例		説　明
影響		
	毒性	漏洩した物質が毒性を持つものであれば，人に影響を及ぼす。
	腐食	腐食性を持つ物質が漏洩すると，人の眼・皮膚などに影響を及ぼす。また，周りの構造物を腐食させる可能性がある。
	熱的影響	火災などで高温にさらされることにより，火傷など，甚大な影響を及ぼす。また，周りの構造物の強度を低下させる可能性がある。
	過圧影響	爆発などにより圧力を受けると，人であれば鼓膜，肺の損傷などの甚大な影響を及ぼす。また，周りの構造物を破壊する可能性がある。
	飛翔物	爆発などで破壊した構造物の破片が飛翔することで，人にあたると怪我などの影響がある。また，周りの構造物を破壊する。
その他への影響		
	コミュニティ	大規模なプロセス災害が発生すると，地域住民や家屋などにも被害が出る。
	従業員	プロセス災害が発生すると，最も影響を受けやすい人は従業員である。また，身近な人が被害を受けることで，精神的な混乱や動揺も起きやすい。
	環境	毒性・有害性を持つ物質が大規模に放出されると，プロセス外の環境への生態系にも影響を及ぼす。
	資産	プロセス災害の発生により，プラントや製品などが損傷することで，資産にも影響を及ぼす。
	生産・製造	プロセス災害の発生によってプラントが損傷することで，生産・製造ができなくなる。直接の被害がなくとも，規制当局の指導などによって操業ができなくなる。

第5章　爆発・火災に関する詳細なリスクアセスメント手法

> **シナリオを同定する際のポイント**
> ① 特定された引き金事象に対して，どのようなプロセス異常（流量増加，温度上昇，設備の異常など）が発生するかを想定しながら検討する。
> ② シナリオ同定の際には，既存のリスク低減措置は設置されていないものとして検討する。これにより，最悪のシナリオについて解析することができ，また既存のリスク低減措置の有効性を確認することもできる[12]。
> ③ リスク低減措置の検討を容易にするために「引き金事象」「プロセス異常」「プロセス災害」の３つを区別して実施シートに記載する。
> ④ シナリオ同定の目的はプロセス災害を発生させる引き金事象が存在することへの気付きを促すことでもある。リスクアセスメント等の実施者だけでなく，現場の作業者が普段，不安に感じている点なども参考にし，できる限り，網羅的に検討する[13]。
> ⑤ 燃焼の３要素の考え方を念頭に置くと，プロセス災害発生に至るシナリオを検討しやすくなる（表2-17 153頁参照）[14]。
> ⑥ 設備・装置の不具合は内容物の漏洩を引き起こし，結果として，爆発・火災などに至る場合もある。また，漏洩場所に作業者がいる場合には，労働災害につながることもある。
> ⑦ シナリオは，後から見直す際にも理解できるように，引き金事象からプロセス災害発生に至る状況をできるだけ詳しく記載しておく。箇条書きで記載してもよい。

B　シナリオに対するリスクの見積りとリスク評価

　　同定されたシナリオに対して，次の@〜©の手順により，既存のリスク低減措置の有無を確認するとともに，リスクを見積り，リスクレベルを決定することでリスクを評価する。

> **B@　引き金事象，プロセス異常（プロセス変数のずれなどの異常伝播），およびプロセス災害の発生を防ぐためにすでに設置されているリスク低減措置の有無を確認する。既存のリスク低減措置が存在する場合には，その内容と種類および目的を記入する。**

　　リスク低減措置の「種類」と「目的」を明示することにより，そのリスク低減措置を実施し，機能を維持することの重要性をリスクアセスメントの実施者および現場の作業者にも認識してもらう。

リスク低減措置の種類：

　　表2-26に厚生労働省の指針に示されたリスク低減措置検討・実施の優先順位を示す。それぞれをリスク低減措置の「種類」として明示する。優先順位

---

12) シナリオ検討の際に既存のリスク低減措置が機能することを前提として検討すると，プロセス災害に至るシナリオとして抽出されない場合がある。このことは，「リスク低減措置が機能しなかったために，プロセス災害発生に至った」という災害発生のシナリオを見逃すことにつながる。
13) 参加者全員がそれぞれの立場から意見を述べ，チームでシナリオを同定していくことが大事である。
14) 燃焼の３要素が揃わなくても，プロセス災害が発生することもある。

第２編　化学物質による爆発・火災等のリスクアセスメント

表２-26　リスク低減措置の種類（優先順位）

優先順位	リスク低減措置の種類	説　明
1	A) 本質安全対策	危険性若しくは有害性が高い化学物質等の使用の中止または危険性もしくは有害性のより低い物への代替 化学反応のプロセス等の運転条件の変更，取り扱う化学物質等の形状の変更等による，負傷が生ずる可能性の度合いまたはばく露の程度の低減
2	B) 工学的対策	化学物質等に係る機械設備等の防爆構造化，安全装置の二重化等の工学的対策または化学物質等に関わる機械設備等の密閉化，局所排気装置の設置等の衛生工学的対策
3	C) 管理的対策	作業手順の改善，マニュアルの整備，教育訓練・作業管理等の管理的対策
4	D) 保護具の着用[15]	安全靴，保護手袋など個人用保護具の使用

が高いものほど（A → B → C → Dの順番）リスク低減措置の機能として信頼性が高いことをリスクアセスメントの実施者および現場作業員も認識しておく。

リスク低減措置の目的：

　表２-27に多重防護の考え方で分類したリスク低減措置の説明と事例を示す。それぞれをリスク低減措置の「目的」として明示する。プロセス災害防止の基本は，「(a) 異常発生防止対策」，「(c) 事故発生防止対策」，「(d) 被害の局限化対策」を目的とした防護層を構成することである。

> Bⓑ　既存のリスク低減措置が設置されていない（機能しない）場合を想定して，リスク見積りとリスク評価（その１）を行う。

　「プロセス災害」を「危害」とみなし，リスクの見積りと評価を行う。表２-28にリスク見積りのための「(a)危害の重篤度」，「(b)危害発生の頻度」，および「(c)リスクレベル（Ⅰ，Ⅱ，Ⅲ）」の基準（例）を示す[16]。リスクの見積りの結果を基に，許容可能なリスクレベル（例えば，リスクレベルⅢとなるシナリオをなくすこと）を達成しているかどうかを判定する（リスクを評価する）。

> **リスク評価（その１）でのポイント**
> リスク評価（その１）ではリスク低減措置がない場合または機能しなかった場合を想定しているので，リスクを過小評価しないようにする[17]。

---

15)　静電気発生対策のための作業着等の着用は，本質安全対策に含まれる。その他の保護具の着用は労働災害防止のために利用されるが，実際の作業現場へ入る際に当然のことである。

16)　表２-28に示す３×３のマトリックスによるリスク見積りの基準はあくまで参考であり，各事業所の実態に合わせて，決定すること。その他，数値化による方法などを適用しても良い。

17)　リスク低減措置として，図面・書類上で記載されていても，実際には無効化されている場合もあるので，確認する。

第5章　爆発・火災に関する詳細なリスクアセスメント手法

表2-27　プロセス災害防止のための多重防護によるリスク低減措置と事例[18]

リスク低減措置の目的	説明	A) 本質安全対策	B) 工学的対策	C) 管理的対策	D) 保護具の着用
a) 異常発生防止対策	主に初期事象の発生を防止するための対策であり、異常を発生させない、あるいは異常が発生しても封じ込めるシステムの適切な設計などで、正常な運転状態(Normal)の適切な運転状態に保つ。※通常の運転状態(Normal)からの逸脱を回避することが目的。	単体の健全設計： ・最大負荷での機器設計 ・腐食に対する適切材料選定 など 誤操作防止設計： ・バルブ・計器の誤操作防止対策 ・人間特性を考慮した作業環境設計 参考資料C(表C1)の「除去」及び「代替」より安全な条件」などをも含む	基本プロセスシステム(BPCS)：フィード組成の変化のような予想される変化や傾向、冷却水温度、外気状況の変化、蒸気圧力、徐々に蓄積される熱交換器(特にチューブ)の汚れのようなユーティリティインパラメーターの変動に適切に対応 機器の信頼性設計： ・信頼性の高いセンサーの使用 ・予備機の設置、冗長化、機能としての信頼性向上など ユーティリティーの信頼性設計： ・電力計装用空気・冷却水系などの冗長化による信頼性確保(冷却水系は予備機の自動起動などのバックアップ機能) その他： ・相互に接触してはならない物質が接触する可能性を減らすための分離装置、専用機器、その他の設備 ・プロセス活動や車両交通による外的要因メンテナンスや配管や機器に影響を与えるメンテナンスや配管や機器に影響を与える外的要因の可能性を減らすための防護措置(ガード)や防護柵	作業(操作)手順書の改訂： ・主要な封じ込めのシステムの適切な設計と設置とそれらの機能を維持するための検査、テスト、メンテナンス ・不適切な作業手順の可能性を減らすための手順(書)の改訂(改訂・訓練) ・物質、機器、手順、人、技術に関する変更管理 ・正常運転からの逸脱(ずれ)の原因を同定する仕組み	
b) 異常発生検知手段	異常が発生した場合のプロセス変数(流量、圧力、温度、液レベル、組成など)のずれ発生を検知する。検知した結果を基に、a) 異常発生防止対策、又はc) 事故発生局限化対策でどのような被害の局限化対策を考えるかを考える。		異常検知・警報システム： ・プロセス特性に応じた検知器の設置 ・検知すべきパラメータの決定 ・ガス・油検知警報システム		

171

第２編　化学物質による爆発・火災等のリスクアセスメント

リスク低減措置の目的	説明	A) 本質安全対策	B) 工学的対策	C) 管理的対策	D) 保護具の着用
c) 事故発生防止対策	主に初期事象発生からプロセス災害発生までの異常伝播（中間事象）を防ぐための対策であり、危険源が顕在化しても、事故まで発展させないようにする。		フェイルセーフ設計：機器設備故障が発生しても安全な方向に移行する ・計装空気喪失時の調節弁の開閉方向 安全インターロック（時間的余裕が無い場合）、人がいても対応できない（時間的余裕が無い）場合）：特定された異常状態の検知に基づきシステムを自動的に安全な状態にする ・着火源管理：引火性混合体が存在する中での着火の可能性を減らし、またそれによる火災、粉じん爆発、蒸気雲爆発（屋内・屋外）の損失事象を防ぐ 圧力放出施設：容器の過剰圧力を軽減し、容器爆発による損失事象を防ぐ ・緊急脱圧システム ・安全弁 ・その他 ・手動放出や急冷システム	運転員対応（時間的余裕がある場合）： ・損失事象が発生しうる前に手動でプロセスシャットダウンするための安全処置あるいは異常警報対応（マニュアルの整備と教育・訓練）	
d) 被害の局限化対策	主にプロセス災害発生後の影響（被害）を減らすための対策であり、事故の拡大を阻止する、又は避難などにより被害を許可能なレベルまで下げる。	参考資料C（表C1）「保有量の低減」も含む。	流出量の局限化： ・流出箇所の自動又は遠隔駆動弁遮断弁 ・工程局の緊急遮断弁 ・緊急脱圧弁 流出液体の拡大防止： ・貯蔵設備の防油堤／防波堤 ・ユニット区画毎の仕切堤 ・プラント設備区画毎の仕切堤 着火源の管理： ・防爆電気設備 ・可燃性ガスの希釈・拡散のためのスチームカーテン／ウォーターカーテン ・静電気安全対策 ・避雷針 火災・爆発発生時の拡大防止： ・設備間距離 ・火災検知器　消火設備、散水設備、泡消火器 ・蒸気緩和システム ・ウォーターカーテン ・防火壁 ・耐火・耐爆構造 緊急時対応： ・消防車など緊急車両用アクセス ・非常照明設備 ・構内連絡用通信設備 ・工業用監視カメラ その他 ・爆発放散口 ・火災／漏洩検知と警報システム ・耐火性支持と構造用鋼 ・貯槽の断熱 ・居住建屋の耐爆構造	緊急時対応： ・避難経路の確保 ・緊急対応管理計画	緊急時の個人用保護具： ・ゴーグル（保護眼鏡） ・耐火服 ・避難時人工呼吸器

第5章　爆発・火災に関する詳細なリスクアセスメント手法

表2-28　リスク見積りのための基準（例）

(a) 危害の重篤度

重篤度（災害の程度）	災害の程度の目安
致命的・重大（×）	・死亡災害や身体の一部に永久的損傷を伴うもの ・休業災害（1カ月以上のもの），一度に多数の被災者を伴うもの ・事業場内外の施設，生産に壊滅的なダメージを与える 　（例：復旧に1年以上掛かる）
中程度（△）	・休業災害（1カ月未満のもの），一度に複数の被災者を伴うもの ・事業場内の施設や一部の生産に大きなダメージがあり，復旧までに長期間を要するもの 　（例：復旧に半年程度掛かる）
軽度（○）	・不休災害やかすり傷程度のもの ・事業場内の施設や一部の生産に小さなダメージがあるが，その復旧が短期間で完了できるもの　（例：復旧に1カ月程度掛かる）

(b) 危害発生の頻度（可能性）

発生の頻度	発生の頻度の目安
高いまたは比較的高い（×）	・危害が発生する可能性が高い 　（例：1年に一度程度，発生する可能性がある）
可能性がある（△）	・危害が発生することがある 　（例：プラント・設備のライフ（30～40年）に一度程度，発生する可能性がある）
ほとんどない（○）	・危害が発生することはほとんどない 　（例：100年に一度程度，発生する可能性がある）

(c) リスクレベル

		危害の重篤度		
		致命的・重大（×）	中程度（△）	軽度（○）
危害発生の頻度	高いまたは比較的高い（×）	Ⅲ	Ⅲ	Ⅱ
	可能性がある（△）	Ⅲ	Ⅱ	Ⅰ
	ほとんどない（○）	Ⅱ	Ⅰ	Ⅰ

(d) リスクレベルの説明

リスクレベル	優先度	生産開始への留意点
Ⅲ	直ちに解決すべき，または重大なリスクがある。	措置を講ずるまで生産を開始してはならない。 十分な経営資源（費用と労力）を投入する必要がある。
Ⅱ	速やかにリスク低減措置を講ずる必要のあるリスクがある。	措置を講ずるまで生産を開始しないことが望ましい。 優先的に経営資源（費用と労力）を投入する必要がある。
Ⅰ	必要に応じてリスク低減措置を実施すべきリスクがある。	必要に応じてリスク低減措置を実施する。

> B ⓒ　B ⓐで確認したリスク低減措置が機能した場合のリスク見積りとリスク評価（その2）を行う。

　同定されたシナリオに対して，既存のリスク低減措置がどのように機能しているか，リスクレベルを下げることに寄与しているかどうかを確認する。リスクレベルを下げることができていない場合（リスク低減措置が有効に機能して

---

18) 表2-27ではリスク低減措置の事例をマッピングしているが，必ずしもa）～d）の目的に分類されるわけではなく，複数の目的をカバーするリスク低減措置もある。

第2編　化学物質による爆発・火災等のリスクアセスメント

いない場合）には，STEP 2 のCで追加のリスク低減措置の検討を行う。

リスクを評価する際のポイント

① リスクの見積りとリスク評価（その1，その2）では以下の点に注意する。
 ・危害の重篤度を下げることができるのは，A）本質安全対策を実施する場合のみである。
 ・B）工学的対策，C）管理的対策を実施する場合，これらの対策は危害発生の頻度（可能性）を下げるのみであり，重篤度を下げることにはつながらない。
 ・作業者による作業・操作に対する信頼性やインターロックなどの工学的対策の信頼性についても考慮する。
 ・重篤度の見積りについては，最悪の状況（A）本質安全対策以外のすべての対策が失敗した場合）を想定する。
② どのように考えて○，△，×と判断したか（判断の根拠）を明確にしておくことが重要であり，必要に応じて備考欄に記載し，後から見直しする場合などにも把握できるようにしておく。

B ⓓ 　B ⓐで既存のリスク低減措置が存在しない場合には，表2-19のリスクアセスメント等実施シートに「無」と記載し，（その2）の欄に（その1）と同じ結果を転記する。

C　シナリオに対するリスク低減措置の検討（追加のリスク低減措置の立案）

　　現状のリスク低減措置が機能しても，目標とするリスクレベル（例えば，リスクレベルがⅢとなるシナリオをなくすこと）を達成することができていなければ，次の手順により，追加のリスク低減措置を検討する[19]。

C ⓐ 　リスクレベルを下げるために追加すべきリスク低減措置を検討し，再度，リスクを見積もり，評価する（その3）。

　　プロセス災害防止のためのリスク低減措置は，多重防護の考え方に基づき，表2-27に示したa），c），d）の3種類のリスク低減措置を順番に検討する。
　　a）　異常発生防止対策：特定された引き金事象を除去する（異常発生を防ぐ）または正常状態に戻す。
　　c）　事故発生防止対策：同定されたシナリオにおけるプロセス異常発生（異常伝播）を防ぐ。

---

19) リスク低減措置を実施しても「危害の重篤度」，「危害発生の頻度（可能性）」を下げる（×→△→○）ことができず，その結果，「リスクレベルが下がっていない」と判断される場合（Ⅲ→Ⅲなど）もあるが，効果があるリスク低減措置を実施している場合には，その機能を維持することにより相対的にリスクは下がっており，このことをシートの「備考欄」などに明記しておくことで，リスクアセスメント等実施の意義を示す。

第5章　爆発・火災に関する詳細なリスクアセスメント手法

　　d）　被害の局限化対策：プロセス災害が発生した場合の被害をなるべく小

　　　さくする。

　　　a），c），d）のリスク低減措置を実施し，機能させるためには，どのよう

なプロセス異常が発生しているかを検知するためのセンサー（温度計，圧力計，

流量計など）やプロセス異常発生を知らせるための警報システムなどが必要に

なる場合がある。そのため，b）異常発生検知手段をセットで検討する。

> ## 追加のリスク低減措置を検討する際のポイント
> ①　a）c）d）のリスク低減措置は，数多く設計することよりも，バランスよく組み込み，
> 　それぞれの対策の機能の信頼性を向上させることに意味がある。また，目標とするリスク
> 　レベルを達成しているなら，必ずしも3種類のリスク低減措置すべてを実施する必要はな
> 　い。
> ②　温度や圧力などの検知情報に基づいて動作するリスク低減措置については，b）の異常
> 　発生検知手段（センサーなど）をセットで検討する。このとき，有効な検知個所を選定す
> 　ること。
> ③　リスク低減措置を考慮したリスクの見積りでは，次の2点について注意が必要となる。
> 　・本質安全対策を実施すれば，危害の重篤度を下げることができること。
> 　・管理的対策は危害発生の頻度を大きく下げるものではないこと。
> ④　考えられるリスク低減措置をすべて実施してもリスクレベルを下げることができない場
> 　合（例えば，リスクレベルはⅢのまま）もある。この場合，多重防御の考えに従って対策
> 　を実施していれば，より低いリスクとなっており，合理的に認められる場合には，これを
> 　受け入れることができる（リスクアセスメント指針の第10項(2)参照）。

> Ⓒⓑ　提案された追加のリスク低減措置が実施可能かどうかを確認する。

　　　既存のリスク低減措置との兼ね合いやその他の制限などを考慮し，提案され

た追加のリスク低減措置が実施可能かどうかを確認しておく。

> Ⓒⓒ　既存および追加リスク低減措置の機能を維持するための現場作業者へ
> 　の注意事項を記載する。

　　　リスクレベルの評価結果（数値）だけでなく，追加のリスク低減措置が実施

された場合には，現場の作業者がリスク低減措置の設計意図（目的と種類）を

理解し，その機能を維持できるよう，対処事項や注意事項をできるだけ具体的

に記載しておく。

> ## 現場作業者への伝達事項を記入する際のポイント
> ①　例えば，リスク低減措置の機能を維持するために，次のような作業等が必要となる。
> 　・本質安全対策となっている理由を理解し，その機能を維持するための方法など。
> 　・インターロック起動アラームの動作確認，防護壁の日常確認など。

第5章

第2編　化学物質による爆発・火災等のリスクアセスメント

・マニュアルに記載した注意点やマニュアルを順守しなかった場合にどのような結果になるかなど。
・保護具着用の徹底についての作業前確認の指示表示など。
② 本質安全対策を実施している場合でも，設備や作業などの変更を行えば，その機能を損失させ，災害を引き起こす場合があるので，再度，リスクアセスメントを実施する必要がある。
③ 「追加のリスク低減措置が不要」と判断された場合にも，その理由などを記載し，関係者に知らせておく必要がある。
④ 現場の作業者への伝達事項は作業手順書などにも記載しておき，日々の生産活動の中で，確実に対応されるようにする。このとき，動作確認，日常確認などの作業は，どの程度の間隔で実施するか（1日に1回，1カ月に1回など）を明確にしておくことで，実効性のある現場対応とすることができる[20]。
⑤ 残留リスク（例えば，リスクレベルがⅡ以下の引き金事象，シナリオ[21]）が存在する場合には，プロセス災害発生の可能性があることを意識させるとともに，現場でどのように対応するかを決めておく。

Ⓒ⒟　その他，リスクアセスメント等の結果について，生産開始後の現場作業者に特に伝えておくべき事項があれば，記入する。

　　その他，リスクアセスメント等の結果について，現場作業者に伝えておくべきことがあれば，記載しておく。現場作業者は，教育，訓練などにより，これらを把握する。

Ｄ　Ａ〜Ｃの繰り返しによるリスクアセスメント等の実施

　　Ａ〜Ｃを繰り返す。様々な引き金事象を網羅的に特定し，プロセス災害発生に至るシナリオを同定する。それぞれのシナリオについて必要なリスク低減措置を検討する。

様々なシナリオを検討する際のポイント

　本来，できる限り網羅的に引き金事象を特定し，シナリオを検討する必要があるが，必ずしも一度にすべての対象について実施することを考えず，その都度，対象を絞り込むなどして，継続的にリスクアセスメント等を実施し（PDCAサイクルを回すこと），少しずつでもリスクレベルを下げていくという姿勢が大事である。

---

20) 現場の作業者への伝達事項などは，運転マニュアルなどにも記載しておくことで，確実に対応されるようにする。

21) ここでは，「レベルⅢのシナリオをなくすこと」を目標として説明しているが，「レベルⅡ，Ⅰのシナリオについては対応しなくてもよい」という意味ではなく，これらのシナリオについても，レベルⅡのシナリオから順番にリスク低減措置の検討・実施をすることが望ましい。

第5章　爆発・火災に関する詳細なリスクアセスメント手法

6　STEP 3：リスク低減措置の決定

(1)　リスクアセスメント等実施結果シートの作成

STEP 2で作成されたシナリオごとのリスクアセスメント等実施シート（**表2-19**）を一つのリスクアセスメント等実施結果シート（**表2-20**）にまとめる[22]。

> **STEP 2のリスクアセスメントの結果をまとめる際のポイント**
> シナリオごとのリスクレベル判定のばらつきなどがあれば，必要に応じて修正する[23]。

(2)　リスク低減措置の決定

技術面，コスト面などを総合的に判断し，リスク低減措置を決定する。

リスクレベルの高いシナリオ（Ⅲ→Ⅱ→Ⅰ）から順番に技術面，コスト面などを総合的に判断し，リスク低減措置を決定する。

> **追加のリスク低減措置を決定する際のポイント**
> ①　複数のシナリオに対して同一のリスク低減措置が提案されている場合には，まとめて実施することができる。
> ②　新しく提案されたリスク低減措置については，既存のリスク低減措置，あるいは同時に提案された複数のリスク低減措置がそれぞれ干渉しあい，効果を打ち消しあうことにならないか？なども確認する。

7　解析事例

(1)　事例設備

リスクアセスメント等の進め方に従った実施事例を示す。図2-12に事例における設備の概要を示す。エタノールを約40％含有するビタミン剤の原材料90kgを混練した後，造粒機により棒状の顆粒として，その顆粒を乾燥するための設備であ

---

22)　労働安全衛生総合研究所では，表2-19および表2-20を作成するためのエクセルシート（支援ツール）を以下のURLにて提供している。
　　URL：http://www.jniosh.go.jp/publication/houkoku/houkoku_2016_01.html
23)　担当者によりリスクの見積りにずれが生じる場合がある。シナリオごとに，どのように考えてリスクを見積もったかを再確認し，リスクの評価基準を統一する。

177

第2編　化学物質による爆発・火災等のリスクアセスメント

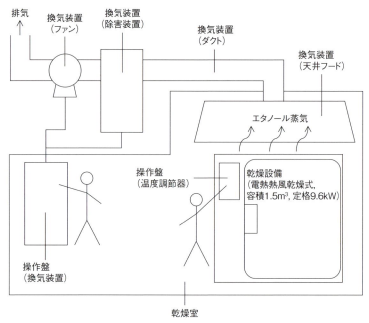

図2-12　事例設備の概要

る。

【操作手順の概要】

・乾燥設備の設定温度が60℃であることを確認する。
・乾燥設備を起動する。
・換気装置を起動する。
・8時間顆粒を乾燥する。
・乾燥設備を停止する。
・換気装置を停止する。

(2)　換気事例

　リスクアセスメント等の実施手順に沿って，STEP 1およびSTEP 2の実施例を示す。ここでは「換気装置を起動する」という操作に着目する。

　表2-29に解析事例に対するリスクアセスメント等実施シートを示す。

㋐　STEP 1：取扱い物質およびプロセスに係る危険源の把握

　表2-21に示す17の質問に回答する（表2-30）。各質問に対する考え方を以下にまとめる。

　以上より，対象とするプロセスプラントでは，取扱い物質およびプロセスの危

第5章　爆発・火災に関する詳細なリスクアセスメント手法

表2-29　プロセス災害防止のためのリスクアセスメント等実施シート（記載例）

実施日	○年○月○日
実施者（記載者）	○○○○

STEP1　取扱い物質およびプロセスに係る危険源の把握

取扱い物質およびプロセスに係る危険源の把握結果	1 リスクアセスメント義務化，2 引火性液体，3 可燃性・引火性，13 高温，17 高電圧／高電流	質問票で「はい」に○が付いた項目

STEP2　リスクアセスメント等の実施

作業・操作，設備・装置とその目的	（操作）換気装置を起動する （目的）蒸発したエタノールを乾燥室から除去する			
A 引き金事象（初期事象） シナリオ同定・引き金事象の特定と	引き金事象（初期事象）	換気装置を起動しない。		
	プロセス異常（中間事象）	加熱時に蒸発したエタノールが乾燥設備およびその周辺に滞留し，エタノール濃度が爆発範囲に達する。その時に，乾燥装置内のリレーから生じた電気火花により，エタノールの可燃性混合気に着火する可能性がある。		
	プロセス災害（結果事象）	乾燥室内で内部爆発が発生する可能性がある。		

B 既存のリスク低減措置の確認	・換気装置を稼働させる（B-c）		

●リスク低減措置実施（実装）の種類
A) 本質安全対策
B) 工学的対策
C) 管理的対策性
D) 保護具着用

●リスク低減措置の目的
a) 異常発生防止
b) 異常発生検知
c) 事故発生防止
d) 被害の局限化

B リスク見積りと評価（その1） 既存のリスク低減措置が無いと仮定した場合	重篤度	頻度	リスクレベル
	△	×	Ⅲ

B リスク見積りと評価（その2） 既存のリスク低減措置の有効性確認	重篤度	頻度	リスクレベル
	△	×	Ⅲ

C 追加のリスク低減措置の検討 & C リスク見積りと評価（その3） 追加のリスク低減措置の有効性確認		重	頻	リ
	㋑ 溶媒を不燃性のものに変更する（A-c）	○	○	Ⅰ
	㋺ 乾燥設備を起動させたら換気装置が起動するように設備を改造する（B-a）	△	△	Ⅱ
	㋩ 可燃性ガス濃度計を設置し（B-b），濃度が爆発下限値の4分の1に達したらヒーターを切ることにより，それ以上の可能性蒸気の発生を防止する（B-c）	△	△	Ⅱ
	㊁ 防爆型の乾燥設備および換気装置を導入する（B-c）	△	○	Ⅰ

C 追加のリスク低減措置の実施可否	㋑ 適切な不燃性溶媒が見つからないので実施できない。 ㋺ 乾燥設備と換気装置の起動システムを連動させることで実施可能である。 ㋩ ガス濃度計の設置およびそれに連動したインターロックシーケンスの製作導入を行うことで実施可能である。 ㊁ 防爆型の乾燥設備および換気装置を新たに導入することは困難であるため，実施できない。
C リスク低減措置の機能を維持するための現場作業者への注意事項等	㋺ 換気装置の稼働状態を起動時および定期点検時に確認する。 ㋩ ガス濃度計の校正を年に1回実施する。また，インターロックの動作確認を定期的に実施する。
C その他，生産開始後の現場作業者に特に伝えておくべき事項	残留リスクの有無の確認：　　有 ・ 無 残留リスクへの対応方法： 本作業においては，使用されている溶媒により爆発火災の可能性があること，実施されているリスク低減措置およびその実施理由をマニュアルなどに明示し，定期的に作業者への教育を行う。点検記録などのルールおよび管理規則や記録を定期的に確認する。
備考	

第2編　化学物質による爆発・火災等のリスクアセスメント

表2-30　質問票の回答例

質問	質問に対する考え方	回答
1	エタノールは，リスクアセスメントの実施が義務化された化学物質に該当する。	「はい」
2	SDSから，エタノールはGHS分類の引火性液体　区分2に該当する。	「はい」
3	エタノールは可燃物・引火性液体である。	「はい」
4	エタノールは，爆発性に関わる原子団および自己反応性に関わる原子団を持っていない。	「いいえ」
5	エタノールは有機物の粉体ではない。	「いいえ」
6	エタノールは，過酸化物を生成する物質には該当しない。	「いいえ」
7	エタノールは，重合反応を起こす物質ではない。	「いいえ」
8	エタノールは，液化ガスではない。	「いいえ」
9	エタノールは，SDSがある物質であるため，該当しない。	「いいえ」
10	事例プロセスでは，意図的に反応を起こしていない。	「いいえ」
11	事例プロセスでは乾燥を目的にヒーターによる加熱を行っているため，該当しない。	「いいえ」
12	SDSによれば，エタノールは，次亜塩素酸カルシウム，酸化銀，アンモニア，硝酸，硝酸銀，硝酸第二水銀，過塩素酸マグネシウムなどの酸化剤との混触で，火災・爆発の危険性がある。しかし，それらの物質は，事例設備では使用していない。	「いいえ」
13	事例プロセスでは，乾燥を目的として加熱しているため，常温より高温の箇所が存在する。	「はい」
14	事例プロセスでは，エタノールは大量に保管されていない。	「いいえ」
15	事例プロセスでは，腐食が進みやすい箇所は存在しない。	「いいえ」
16	事例プロセスでは，装置などは屋内にあるため，外界の影響は受けない。	「いいえ」
17	事例プロセスでは，ヒーターを有しているため，高電流の箇所が存在する。	「はい」

険源が存在することが確認される。

・質問1の回答が「はい」

　→　通知対象物は，有害性だけでなく，プロセス災害の危険源となる爆発性や可燃性を有するものも多い。

・質問2の回答が「はい」

　→　エタノールのSDSによれば，GHS分類は引火性液体の区分2である。

・質問3の回答が「はい」

　→　爆発・火災を引き起こす可能性がある。

・質問13の回答が「はい」

　→　シール部分の劣化などにより内容物が漏洩する可能性がある。また，逆に大気などがプロセス内に侵入し，内容物と反応する可能性がある。

・質問17の回答が「はい」

　→　短絡・地絡を起こすと着火源となる可能性がある。また，ジュール熱によって電線素材の爆発を引き起こす可能性がある。

　これらの結果を参考に，次のSTEP2において，プロセス災害に至る引き金事象の特定，およびシナリオの同定を行う。

第5章 爆発・火災に関する詳細なリスクアセスメント手法

㈦ STEP 2：リスクアセスメント等の実施

A 引き金事象の特定とシナリオの同定

> Aⓐ リスクアセスメント等の対象とする作業・操作または設備・装置の目的を確認する（実施シートに記入）。

リスクアセスメント等の対象の選定

【操作手順の概要】から「換気装置を起動する」を選択し，その目的を記載する。

操作目的：「蒸発したエタノールを乾燥室から除去する」

※ すべての操作手順が対象となるが，ここでは一つの手順について説明する。

※ すべての操作には目的（意図）があるため，各々の操作意図を明記しておき，リスクアセスメント等を実施するメンバーは把握しておく。

> Aⓑ 次の3種類を潜在する危険を顕在化させる事象として特定する。①～③はどの順番で実施してもよい。
> ① 作業・操作に関する不具合
> ② 設備・装置に関する不具合
> ③ 外部要因

引き金事象の選定

①について，「換気装置を起動しない」を引き金事象（初期事象）として特定する。

※ 引き金事象には，上記のように「作業・操作に関する不具合」，「設備・装置に関する不具合」，「外部要因」の3種類があり，様々な可能性を考慮する。ここでは説明のため，一つの引き金事象について記述している。

> Aⓒ 引き金事象からプロセス災害発生に至る過程をシナリオとしてまとめる。

シナリオの同定

加熱時に蒸発したエタノールが乾燥設備およびその周辺に滞留し，エタノール濃度が爆発範囲に達する。その時に，乾燥装置内のリレーから生じた電気火花により，エタノールの可燃性混合気に着火し，「乾燥室内で内部爆発が発生する可能性」がある。

181

第2編　化学物質による爆発・火災等のリスクアセスメント

（補足）シナリオ同定の考え方

【STEP 1 の結果より】（SDS，運転条件，技術資料 [1] 表4の質問票の右欄など
を参照する）

 1）　化学物質（エタノール）について，SDS などを確認することにより，質問3「可
　　　燃性・引火性」に対する回答が「はい」となり，技術資料 [1] 表4（右欄）の
　　　それぞれの説明・事例から，「爆発・火災を引き起こす可能性」があることが分か
　　　る。
 2）　プロセスについて，運転条件などを確認することにより，質問13「高圧，繰
　　　り返し昇圧・降圧」，質問17「高電圧／高電流」に該当し，技術資料 [1] 表4（右
　　　欄）の説明から，「内容物の漏洩」，「短絡・地絡を起こすと着火源となる可能性」，
　　　および「電線素材の爆発を引き起こす可能性」があることが分かる。

【STEP 2 ⑴⑵引き金事象の特定】（操作手順書，機器情報，図面類，表2-23～2
-25 の引き金事象の例を参照）

 1）　操作「換気装置を起動する」を検討対象とする。
 2）　この操作の目的は「蒸発したエタノールの除去」である。
 3）　表2-22 に示した「作業・操作に関する不具合を検討するためのずれの例」から，
　　　「換気装置を起動しない」を引き金事象として特定する。

【プロセス災害に至る経路（シナリオ）の検討】（その他，燃焼の3要素などを考慮す
る）

 1）　「換気装置を起動しない」場合，乾燥室内に蒸発したエタノールが滞留し，燃焼
　　　の3要素（燃料，酸素，着火源）のうちの2つ（燃料，酸素）が乾燥室内に存在
　　　することとなる。
 2）　使用している電気機器が非防爆性である場合，エタノールの蒸気が乾燥設備等
　　　の制御回路などに侵入する可能性がある。制御盤に設置されている電磁開閉器で
　　　発生した電気スパークが着火源となり得る。また，発生した火炎は電気機器外へ
　　　伝播する可能性がある。
 3）　1），2）のような場合は，「燃焼の3要素が同時に存在すること」となり，「可
　　　燃性蒸気が燃焼する」というプロセス異常が発生し，その結果，「乾燥室内での内
　　　部爆発」が発生する。

※　シナリオの同定には，技術資料に記載されていること以外に，プロセスで扱ってい
　　る物質等の特性，扱っている反応の詳細，扱っているプロセスの挙動などの総合的な
　　知識が要求される。関係者全員がそれぞれの立場から意見を述べ，チームでシナリオ
　　を同定していくことが大事である。

第5章　爆発・火災に関する詳細なリスクアセスメント手法

B　シナリオに対するリスクの見積りとリスク評価

> B ⓐ　引き金事象，プロセス異常（プロセス変数のずれなどの異常伝播），
> およびプロセス災害の発生を防ぐために既に設置されているリスク低減措
> 置の有無を確認する。既存のリスク低減措置が存在する場合には，その内
> 容と種類および目的を記入する。

既存のリスク低減措置の有無の確認

　「換気装置を起動させる」は，可燃性混合気の爆発のリスク顕在化に対するリ
スク低減措置となる（理由；可燃物を除去すれば爆発は発生しない（燃焼の3要
素））。

　「換気装置を起動させる」は可燃性蒸気の除去により可燃性混合気の爆発が生
じる頻度を低減させる【B）工学的対策】であり，また，初期事象（換気装置を
起動しない）発生から内部爆発発生までの異常伝播のうちの一つである可燃物供
給を絶つことを目的とした【c）事故発生防止対策】である。

※　STEP2のAⓐで操作目的を明確にするが，これより既存のリスク低減措置の有無を
　確認するヒントとなる場合がある。

> B ⓑ　既存のリスク低減措置が設置されていない（機能しない）場合を想定
> して，リスク見積りとリスク評価（その1）を行う。

リスク評価（その1）

　換気装置が起動していないと，顆粒から蒸発したエタノールが乾燥室から除去
されず，乾燥室内に可燃性混合気が形成される可能性がある。着火源を皆無にす
ることは難しいため，危害が発生する可能性が高いと判定する。これより，危害
発生の頻度は，「可能性が高い（×）」と評価した。

　結果としては乾燥室内の内部爆発が想定され，一度に複数の被災者を伴い，乾
燥室周辺に大きなダメージを与える可能性がある。これより，危害の重篤度は「中
程度（△）」とした。リスクレベルはⅢとなる。

> B ⓒ　B ⓐで確認したリスク低減措置が機能した場合のリスク見積りとリス
> ク評価（その2）を行う。

リスク評価（その2）

　換気装置を起動し，蒸発したエタノールを乾燥室から除去する操作手順となっ

183

第2編　化学物質による爆発・火災等のリスクアセスメント

ているが，操作を間違えたことに気付く方策がないため，ここでの引き金事象に対して既存のリスク低減措置は十分に機能しない可能性があり，危害発生の頻度および危害の重篤度のレベルは変わらない。リスクレベルはⅢのままとなる。

※　必ずしも既存のリスク低減措置が災害防止に寄与するとは限らないことに留意する。本事例では，既存のリスク低減措置の効果をなくすような誤操作（本来起動することとなっている換気装置を起動しない）を想定しているため，危害発生の頻度が下がらないと考えられる。そのため，リスクレベルも変わらない。

※　既存のリスク低減措置が機能しても，見かけのリスクレベルが変わらないことも考えられる。例えば，危害の重篤度が「致命的・重大」である場合，危害発生の頻度を「高いまたは比較的高い」から「可能性がある」に低減できたとしても，リスクレベルはⅢのまま変わらない。

> Ⓑⓓ　Ⓑⓐで既存のリスク低減措置が存在しない場合には，表2-19のリスクアセスメント等実施シートに，「無」と記載し，（その2）の欄に（その1）と同じ結果を転記する。

リスク低減措置が存在するので，本項目は検討しない。

Ⓒ　シナリオに対するリスク低減措置の検討（追加のリスク低減措置の立案）

> Ⓒⓐ　リスクレベルを下げるために追加すべきリスク低減措置を検討する。

A）　本質安全対策

㋑　本質的に爆発・火災の可能性を絶つために，溶媒を不燃性の物に変更する【A）本質安全対策，c）事故発生防止手段】。

a）　異常発生防止対策

㋺　異常発生防止のために，乾燥設備を起動させたら換気装置が自動で起動するように設備を改造する【B）工学的対策，a）異常発生防止対策】。

c）　事故発生防止対策

㋩　事故発生防止のために，可燃性ガス濃度計を乾燥室に設置し【B）工学的対策，b）異常発生検知手段】，可燃性ガス濃度が爆発下限値の4分の1に達したら乾燥設備のヒーターを切断するインターロックを導入する。これにより，それ以上の可燃性蒸気の発生を防止する【B）工学的対策，c）事故発生防止対策】。

㋤　事故発生防止のために，防爆型の乾燥設備および換気装置を導入し，可燃性蒸気への着火を防止する【B）工学的対策，c）事故発生防止対策】。

第5章　爆発・火災に関する詳細なリスクアセスメント手法

※　【B）工学的対策】を施す際には，【b）異常発生検知手段】を併せて検討する場合が多く，計装に詳しい技術者等の協力を仰ぐとよい。

C⑥　追加するリスク低減措置を実施した場合を想定し，再度，リスクを見積り，評価する（その3）。

㋑について：

　使用する溶媒を不燃性の物に変更することにより，可燃性蒸気が発生することがなくなるため，危害発生の頻度は「ほとんどない（○）」に減じ，危害の重篤度も「軽度（○）」に減ずることができる。リスクレベルはⅠとなる。

㋺について：

　換気装置を自動で起動させることにより，換気装置の起動し忘れを防止できるため，危害発生の頻度は「可能性がある（△）」に減ずることができる。なお，危害の重篤度は変わらず「中程度（△）」である。リスクレベルはⅡとなる。

㋩について：

　インターロックの導入により，乾燥室内の可燃性蒸気の濃度が爆発範囲となる可能性が小さくなるため，危害発生の頻度は「可能性がある（△）」に減ずることができる。なお，危害の重篤度は変わらず「中程度（△）」である。リスクレベルはⅡとなる。

㊁について

　防爆型の設備・装置の導入により，乾燥室内に仮に可燃性蒸気が存在した時に着火する可能性が小さくなるため，危害発生の頻度は「ほとんどない（○）」に減ずることができる。なお，危害の重篤度は変わらず「中程度（△）」である。リスクレベルはⅠとなる。

※　【A）本質安全対策】以外の対策は，危害発生の頻度を下げる対策であり，危害の重篤度は変わらないことに注意する。

C©　提案された追加のリスク低減措置が実施可能かどうかを確認する。

㋑について：

　適切な不燃性溶媒が見つからないので，この追加のリスク低減措置は実施できない。

㋺について：

　乾燥設備と換気装置の起動システムを連動させることにより実施可能であ

185

る。

㋩について：

乾燥室へのガス濃度計の設置およびガス濃度計の測定値に連動したインターロックシーケンスの製作導入を行うことにより実施可能である。

㊁について

防爆型の乾燥設備および換気装置を新たに導入することは困難であるため，実施できない。

※　最終的に，STEP３でリスク低減措置の全体を勘案して実施可能かを再度確認する。

Cⓓ　既存および追加リスク低減措置の機能を維持するための現場作業者への注意事項を記載する。

㋺　換気装置の稼働状態を起動時および定期点検時に確認する。

㋩　ガス濃度計の校正を１年に１回実施する。また，インターロックの動作確認を定期点検時に実施する。

※　動作確認，日常確認等の作業は，どの程度の間隔で実施するか（１日に１回，１カ月に１回など）を明確にすることで，実効性のある現場での対応とすることができる。

Cⓔ　その他，リスクアセスメント等の結果について，生産開始後の現場作業者に特に伝えておくべき事項があれば，記入する。

追加のリスク低減措置を実施することにより，当該操作における乾燥室内での爆発のリスクレベルはⅡに低減する。しかし，本質安全対策を施すことができなかったため，リスク低減措置の不具合によって爆発災害が起こる可能性は否定できない。次の点を記載し，作業者への定期的な教育などで徹底する。

・本作業において使用されている溶媒（エタノール）により爆発・火災の可能性があること
・実施されているリスク低減措置およびその実施理由をマニュアルなどにも明示すること
・点検記録などのルールおよび管理規則や記録を確認すること

㈰　STEP ３：リスク低減措置の決定

STEP２では，様々な引き金事象を特定すること，複数のシナリオを同定することができる。STEP３ではSTEP２で同定されたシナリオを「リスクアセスメント等実施結果シート」（一覧表）にまとめ，実施するリスク低減措置を決定する。

第 5 章　爆発・火災に関する詳細なリスクアセスメント手法

　表 2-31 に以下の操作に対するリスクアセスメント等実施結果シートを示す。

・乾燥設備の温度が 60℃であることを確認する

・乾燥設備を起動する

・換気装置を起動する

　一覧表として見渡すことで，シナリオごとにリスクレベル判定のばらつきなどがあれば，修正することができる。

　特定された引き金事象によっては，既存のリスク低減措置がない場合もある（表2-31 の No.3）。この場合，リスク見積りと評価（その 2）の欄は記載せず，リスクレベルに則した対応を行う。

　また，プロセス災害には至らないシナリオも同定することもある（表 2-31 の No.1，No.2 等）。この場合，リスクの見積りと評価を行う必要はないが，この引き金事象についても確認したことを記録しておく必要がある。

【参考文献】
［1］　労働安全衛生総合研究所，プロセスプラントのプロセス災害防止のためのリスクアセスメント
　　等の進め方，労働安全衛生総合研究所技術資料 JNIOSH-TD.No.5（2016）

表2-31　プロセス災害防止のためのリスクアセスメント等実施結果シート（記載例）

No.	実施日	実施者	A 引き金事象の特定とシナリオ同定 引き金事象（初期事象）	プロセス異常（中間事象）	プロセス災害（結果事象）	B 既存のリスク低減措置の確認	B リスク見積りと評価（その1）既存のリスク低減措置が無いと仮定した場合 重篤度	頻度	リスクレベル	B リスク見積りと評価（その2）既存のリスク低減措置の有効性確認 重篤度	頻度	リスクレベル	C 追加リスク低減措置の検討	C リスク見積りと評価（その3）追加のリスク低減措置の有効性確認 重篤度	頻度	リスクレベル	C 追加のリスク低減措置の実施可否	C リスク低減措置の機能を維持するための現場作業者への注意事項等	C その他、生産開始後の現場作業者に特に伝えておくべき事項	備考
1	○年○月○日	○○○○	乾燥設備の設定温度が60℃であることを確認する。	設定温度を確認しなくとも、設定温度を変更しない限り60℃で加熱され、その後の作業・操作への影響はない。	なし															
2	○年○月○日	○○○○	乾燥設備を起動した後の乾燥設備の設定温度が60℃であることを確認する。	乾燥設備を起動した後に乾燥設備に設定温度を確認したとしても、設定温度を変更しない限り60℃で加熱されると考えられ、その後の作業・操作への影響はない。	なし															
3	○年○月○日	○○○○	乾燥温度を高温（例：100℃）に設定する。	顆粒を乗せた網皿や網皿を乗せた台車が、火傷を負うほどの高温となっている高温を想定せずに、搬出しようとして手などが高温部に触れる。	搬出しようとした時に高温部に触れて火傷を負う。	なし	○	△	Ⅰ											
4	○年○月○日	○○○○	乾燥温度を低温（例：40℃）に設定する。	定められた乾燥時間では顆粒の乾燥が十分に進まない可能性がある。	なし															

No.	日付	担当	対策	影響・結果	残留リスク等
5	○年○月○日	○○○○	乾燥設備を起動しない。	乾燥設備を起動しないので、顆粒が乾燥しない。	なし
6	○年○月○日	○○○○	換気設備を起動した後に乾燥設備を起動する。	時間差がほとんどなければ、影響はない。時間差がありすぎると、乾燥時間が短くなり、乾燥が十分に進まない可能性がある。	なし
7	○年○月○日	○○○○	換気装置を起動した後乾燥設備を起動しない。	加熱時に蒸発したエタノールが乾燥設備およびその周辺に滞留し、エタノール濃度が爆発範囲の時に、乾燥装置内のリレーから生じた電気火花により、エタノールの可燃性混合気に着火する可能性がある。	乾燥室内で内部爆発が発生する可能性がある。　換気装置を稼働させる（B-c）
8	○年○月○日	○○○○	換気装置の起動が早くできる。	換気装置の起動は、むしろ可燃性蒸気の除去を早く行うこととなるため、その後の作業・操作に悪く影響はない。	なし

No.7 に関する詳細評価

対策案の検討：

㋑ 溶媒を不燃性のものに変更する（A-c）　—　III　×　△

㋺ 乾燥設備を起動させたら換気装置が起動するように設備を改造する（B-a）

㋩ 可燃性ガス濃度計を乾燥室に設置し（B-b）、可燃性ガス濃度が爆発下限値の4分の1に達したら乾燥設備のヒーターを切断するインターロックを導入する（B-a）　—　III　×　△

㋥ 防爆型の乾燥設備および換気装置を導入する（B-c）

実施可能性の検討：

㋑ 適切な不燃性溶媒が見つからないので、実施できない。　—　I　○　○

㋺ 乾燥設備の稼働状況を換気装置の起動および定期点検時に確認する。乾燥設備と換気装置の起動システムを連動させることにより実施可能である。　—　II　△　△

㋩ 乾燥室へのガス濃度計の設置およびガス濃度計の測定値に連動したインターロックの製作導入により実施可能である。ガス濃度計の校正を1年に1回実施する。また、インターロックの動作確認を定期点検時に実施する。　—　II　△　△

㋥ 防爆型の乾燥設備を新たに導入することは困難であるため、実施できない。　—　I　○　△

残留リスクの有無の確認：有

残留リスク：有

残留リスクへの対応方法：本作業において使用されている溶媒により爆発火災の可能性があることを、実施されているリスク低減措置およびその実施理由を明示し、定期的に作業者への教育を行う。点検記録などのルールおよび管理規則や記録を定期的に確認する。

第2編　化学物質による爆発・火災等のリスクアセスメント

No.	実施日	実施者	A 引き金事象の特定とシナリオ同定			B 既存のリスク低減措置の確認	B リスク見積りと評価（その1）既存のリスク低減措置が無いと仮定した場合			B リスク見積りと評価（その2）既存のリスク低減措置の有効性確認			C 追加リスク低減措置の検討	C リスク見積りと評価（その3）追加のリスク低減措置の有効性確認			C 追加のリスク低減措置の実施可否	C リスク低減措置の機能を維持するための現場の注意作業項等	C その他、生産開始後の現場作業者に特に伝えておくべき事項	備考
			引き金事象（初期事象）	プロセス異常（中間事象）	プロセス災害（結果事象）		重篤度	頻度	リスクレベル	重篤度	頻度	リスクレベル		重篤度	頻度	リスクレベル				
9	○年○月○日	○○○○	換気装置の起動が遅すぎる。（乾燥作業の途中から起動する）。	時間差がほとんどなければ、特に影響はない。時間差があると、排気装置を起動させるまでに、加熱時に蒸発したエタノールが乾燥設備およびその周辺に滞留し、エタノール濃度が爆発範囲に達する。その状態で排気装置を起動しようとスイッチを入れると、スイッチから生じた電気火花により、エタノール蒸気の可燃性混合気に着火する可能性がある。	乾燥室内で内部爆発が発生する可能性がある。	換気装置を稼働させる（B-c）	△	×	Ⅲ	△	×	Ⅲ	① 溶媒を不燃性のものに変更する（A-c） ② 乾燥設備を起動させたら換気装置が起動するように設備を改造する（B-a） ③ 可燃性ガス濃度計を乾燥室に設置し、可燃性ガス濃度が爆発下限値の4分の1に達したら乾燥設備のヒーターを切断するインターロックを導入する（B-c） ④ 防爆型の乾燥設備および換気設備を導入する（B-c）	①○ ②△ ③△ ④△	①○ ②△ ③△ ④○	①Ⅰ ②Ⅱ ③Ⅱ ④Ⅰ	① 適切な不燃性溶媒が見つからないので、実施できない。 ② 乾燥設備と換気装置の起動を連動させることにより実施可能である。 ③ 乾燥室へのガス濃度計の設置およびガス濃度計の測定値に連動したインターロックシステムの製作導入を行うことにより実施可能である。 ④ 防爆型の乾燥設備および換気装置を新たに導入することは困難であるため、実装できない。	② 換気装置の稼働状況と換気装置の起動時および定期点検時に確認する。 ④ ガス濃度計の校正を1年に1回実施する。また、インターロックの動作確認を定期点検時に実施する。	残留リスクの確認：有 残留リスクへの対応方法：本作業においては、使用されている溶媒により爆発火災の可能性があること、実施されているリスク低減措置およびその実施理由をマニュアルなどに明示し、定期的に作業者への教育を行う。点検記録などのルールおよび記録を定期的に確認する。	

第3編

資　料

1　爆発・火災事故等に関連するデータベース
2　SDS文書交付対象物質の一覧
3　危険物の種類，性状および危険性
4　爆発性に関わる原子団の例
5　自己反応性に関わる原子団の例
6　過酸化物を生成する物質の例
7　重合反応を起こす物質例
8　代表的な混合危険

第3編　資料

資料1　爆発・火災事故等に関連するデータベース

	データベース名	URL
厚生労働省	職場のあんぜんサイト	http://anzeninfo.mhlw.go.jp/anzen_pg/SAI_FND.aspx
中央労働災害防止協会	化学物質による災害事例	http://anzeninfo.mhlw.go.jp/user/anzen/kag/saigaijirei.htm
労働安全衛生総合研究所	爆発火災データベース	http://www.jniosh.go.jp/publication/houkoku/houkoku_2013_03.html
高圧ガス保安協会	事故事例データベース	https://www.khk.or.jp/activities/incident_investigation/hpg_incident/incident_db.html
危険物保安技術協会	危険物総合情報システム	https://www.khk-syoubou.info/sougou/
失敗学会	失敗知識データベース	http://www.shippai.org/fkd/
RISCAD	リレーショナル化学災害データベース	https://riscad.aist-riss.jp/
災害情報センター（ADIC）	災害情報データベース	http://www.adic.waseda.ac.jp/adicdb/adicdb2.php

資料2　SDS 文書交付対象物質の一覧

法第56条・製造の許可
（政令17条別表第3号第1号，安衛則第34条の2の2）

政令番号	政令名称	対象となる範囲（重量%）
1	ジクロルベンジジン及びその塩	≧ 0.1
2	アルファ-ナフチルアミン及びその塩	≧ 1
3	塩素化ビフェニル（別名 PCB）	≧ 0.1
4	オルト-トリジン及びその塩	≧ 0.1
5	ジアニシジン及びその塩	≧ 0.1
6	ベリリウム及びその化合物	≧ 0.1
7	ベンゾトリクロリド	≧ 0.1

法第57条の2・文書の交付等
（政令第18条の2別表第9，安衛則第34条の2別表第2）

政令番号	政令名称	対象となる範囲（重量%）
1	アクリルアミド	≧ 0.1
2	アクリル酸	≧ 1
3	アクリル酸エチル	≧ 0.1
4	アクリル酸ノルマル-ブチル	≧ 0.1
5	アクリル酸2-ヒドロキシプロピル	≧ 0.1
6	アクリル酸メチル	≧ 0.1
7	アクリロニトリル	≧ 0.1
8	アクロレイン	≧ 1
9	アジ化ナトリウム	≧ 1
10	アジピン酸	≧ 1
11	アジポニトリル	≧ 1
11の2	亜硝酸イソブチル	≧ 0.1
11の3	アセチルアセトン	≧ 1
	アスファルト	≧ 0.1*

政令番号	政令名称	対象となる範囲（重量%）
12	アセチルサリチル酸（別名アスピリン）	≧ 0.1
13	アセトアミド	≧ 0.1
14	アセトアルデヒド	≧ 0.1
15	アセトニトリル	≧ 1
16	アセトフェノン	≧ 1
17	アセトン	≧ 0.1
18	アセトンシアノヒドリン	≧ 1
19	アニリン	≧ 0.1
20	アミド硫酸アンモニウム	≧ 1
21	2-アミノエタノール	≧ 0.1
22	4-アミノ-6-ターシャリ-ブチル-3-メチルチオ-1,2,4-トリアジン-5（4H）-オン（別名メトリブジン）	≧ 1
23	3-アミノ-1H-1,2,4-トリアゾール（別名アミトロール）	≧ 0.1
24	4-アミノ-3,5,6-トリクロロピリジン-2-カルボン酸（別名ピクロラム）	≧ 1
25	2-アミノピリジン	≧ 1
26	亜硫酸水素ナトリウム	≧ 1
27	アリルアルコール	≧ 1
28	1-アリルオキシ-2,3-エポキシプロパン	≧ 0.1
29	アリル水銀化合物	≧ 0.1
30	アリル-ノルマル-プロピルジスルフィド	≧ 0.1
31	亜りん酸トリメチル	≧ 1
32	アルキルアルミニウム化合物	≧ 1
33	アルキル水銀化合物	≧ 0.1

＊：平成30年7月1日より施行

資料2　SDS 文書交付対象物質の一覧

政令番号	政令名称	対象となる範囲（重量%）
34	3-（アルファ-アセトニルベンジル）-4-ヒドロキシクマリン（別名ワルファリン）	≧ 0.1
35	アルファ，アルファ-ジクロロトルエン	≧ 0.1
36	アルファ-メチルスチレン	≧ 0.1
37	アルミニウム	≧ 1
37	アルミニウム水溶性塩	≧ 0.1
38	アンチモン及びその化合物	≧ 0.1
38	三酸化二アンチモン	≧ 0.1
39	アンモニア	≧ 0.1
40	3-イソシアナトメチル-3,5,5-トリメチルシクロヘキシル＝イソシアネート	≧ 0.1
41	イソシアン酸メチル	≧ 0.1
42	イソプレン	≧ 0.1
43	N-イソプロピルアニリン	≧ 0.1
44	N-イソプロピルアミノホスホン酸O-エチル-O-（3-メチル-4-メチルチオフェニル）（別名フェナミホス）	≧ 0.1
45	イソプロピルアミン	≧ 1
46	イソプロピルエーテル	≧ 0.1
47	3'-イソプロポキシ-2-トリフルオロメチルベンズアニリド（別名フルトラニル）	≧ 1
48	イソペンチルアルコール（別名イソアミルアルコール）	≧ 1
49	イソホロン	≧ 0.1
50	一塩化硫黄	≧ 1
51	一酸化炭素	≧ 0.1
52	一酸化窒素	≧ 1
53	一酸化二窒素	≧ 0.1
54	イットリウム及びその化合物	≧ 1
55	イプシロン-カプロラクタム	≧ 1
56	2-イミダゾリジンチオン	≧ 0.1
57	4,4'-（4-イミノシクロヘキサ-2,5-ジエニリデンメチル）ジアニリン塩酸塩（別名CIベイシックレッド9）	≧ 0.1
58	インジウム	≧ 1
58	インジウム化合物	≧ 0.1
59	インデン	≧ 1
60	ウレタン	≧ 0.1
61	エタノール	≧ 0.1
62	エタンチオール	≧ 1
63	エチリデンノルボルネン	≧ 0.1
64	エチルアミン	≧ 1
65	エチルエーテル	≧ 0.1

政令番号	政令名称	対象となる範囲（重量%）
66	エチル-セカンダリ-ペンチルケトン	≧ 1
67	エチル-パラ-ニトロフェニルチオノベンゼンホスホネイト（別名EPN）	≧ 0.1
68	O-エチル-S-フェニル＝エチルホスホノチオロチオナート（別名ホノホス）	≧ 0.1
69	2-エチルヘキサン酸	≧ 0.1
70	エチルベンゼン	≧ 0.1
71	エチルメチルケトンペルオキシド	≧ 1
72	N-エチルモルホリン	≧ 1
72の2	エチレン	≧ 1
73	エチレンイミン	≧ 0.1
74	エチレンオキシド	≧ 0.1
75	エチレングリコール	≧ 1
76	エチレングリコールモノイソプロピルエーテル	≧ 1
77	エチレングリコールモノエチルエーテル（別名セロソルブ）	≧ 0.1
78	エチレングリコールモノエチルエーテルアセテート（別名セロソルブアセテート）	≧ 0.1
79	エチレングリコールモノ-ノルマル-ブチルエーテル（別名ブチルセロソルブ）	≧ 0.1
79の2	エチレングリコールモノブチルエーテルアセタート	≧ 0.1
80	エチレングリコールモノメチルエーテル（別名メチルセロソルブ）	≧ 0.1
81	エチレングリコールモノメチルエーテルアセテート	≧ 0.1
82	エチレンクロロヒドリン	≧ 0.1
83	エチレンジアミン	≧ 0.1
84	1,1'-エチレン-2,2'-ビピリジニウム＝ジブロミド（別名ジクアット）	≧ 0.1
85	2-エトキシ-2,2-ジメチルエタン	≧ 1
86	2-（4-エトキシフェニル）-2-メチルプロピル＝3-フェノキシベンジルエーテル（別名エトフェンプロックス）	≧ 1
87	エピクロロヒドリン	≧ 0.1
88	1,2-エポキシ-3-イソプロポキシプロパン	≧ 1
89	2,3-エポキシ-1-プロパナール	≧ 0.1
90	2,3-エポキシ-1-プロパノール	≧ 0.1
91	2,3-エポキシプロピル＝フェニルエーテル	≧ 0.1
92	エメリー	≧ 1
93	エリオナイト	≧ 0.1

資料

第3編 資　料

政令番号	政令名称	対象となる範囲（重量%）
94	塩化亜鉛	≧ 0.1
95	塩化アリル	≧ 0.1
96	塩化アンモニウム	≧ 1
97	塩化シアン	≧ 1
98	塩化水素	≧ 0.1
99	塩化チオニル	≧ 1
100	塩化ビニル	≧ 0.1
101	塩化ベンジル	≧ 0.1
102	塩化ベンゾイル	≧ 1
103	塩化ホスホリル	≧ 1
104	塩素	≧ 1
105	塩素化カンフェン（別名トキサフェン）	≧ 0.1
106	塩素化ジフェニルオキシド	≧ 1
107	黄りん	≧ 0.1
108	4,4'-オキシビス（2-クロロアニリン）	≧ 0.1
109	オキシビス（チオホスホン酸）, O, O, O', O'-テトラエチル（別名スルホテップ）	≧ 0.1
110	4,4'-オキシビスベンゼンスルホニルヒドラジド	≧ 1
111	オキシビスホスホン酸四ナトリウム	≧ 1
112	オクタクロロナフタレン	≧ 1
113	1,2,4,5,6,7,8,8-オクタクロロ-2,3,3a,4,7,7a-ヘキサヒドロ-4,7-メタノ-1H-インデン（別名クロルデン）	≧ 0.1
114	2-オクタノール	≧ 1
115	オクタン	≧ 1
116	オゾン	≧ 0.1
117	オメガ-クロロアセトフェノン	≧ 0.1
118	オーラミン	≧ 0.1
119	オルト-アニシジン	≧ 0.1
120	オルト-クロロスチレン	≧ 1
121	オルト-クロロトルエン	≧ 1
122	オルト-ジクロロベンゼン	≧ 1
123	オルト-セカンダリーブチルフェノール	≧ 1
124	オルト-ニトロアニソール	≧ 0.1
125	オルト-フタロジニトリル	≧ 1
126	過酸化水素	≧ 0.1
127	ガソリン	≧ 0.1
128	カテコール	≧ 0.1
129	カドミウム及びその化合物	≧ 0.1
130	カーボンブラック	≧ 0.1
131	カルシウムシアナミド	≧ 1
132	ぎ酸	≧ 1
133	ぎ酸エチル	≧ 1

政令番号	政令名称	対象となる範囲（重量%）
134	ぎ酸メチル	≧ 1
135	キシリジン	≧ 0.1
136	キシレン	≧ 0.1
137	銀及びその水溶性化合物	≧ 0.1
138	クメン	≧ 0.1
139	グルタルアルデヒド	≧ 0.1
140	クレオソート油	≧ 0.1
141	クレゾール	≧ 0.1
142	クロム及びその化合物	≧ 0.1
142	重クロム酸及び重クロム酸塩	≧ 0.1
143	クロロアセチル＝クロリド	≧ 1
144	クロロアセトアルデヒド	≧ 0.1
145	クロロアセトン	≧ 1
146	クロロエタン（別名塩化エチル）	≧ 0.1
147	2-クロロ-4-エチルアミノ-6-イソプロピルアミノ-1,3,5-トリアジン（別名アトラジン）	≧ 0.1
148	4-クロロ-オルト-フェニレンジアミン	≧ 0.1
148の2	クロロ酢酸	≧ 1
149	クロロジフルオロメタン（別名 HCFC-22）	≧ 0.1
150	2-クロロ-6-トリクロロメチルピリジン（別名ニトラピリン）	≧ 1
151	2-クロロ-1,1,2-トリフルオロエチルジフルオロメチルエーテル（別名エンフルラン）	≧ 0.1
152	1-クロロ-1-ニトロプロパン	≧ 1
153	クロロピクリン	≧ 1
154	クロロフェノール	≧ 0.1
155	2-クロロ-1,3-ブタジエン	≧ 0.1
155の2	1-クロロ-2-プロパノール	≧ 1*
155の3	2-クロロ-1-プロパノール	≧ 1*
156	2-クロロプロピオン酸	≧ 1
157	2-クロロベンジリデンマロノニトリル	≧ 1
158	クロロベンゼン	≧ 0.1
159	クロロペンタフルオロエタン（別名 CFC-115）	≧ 1
160	クロロホルム	≧ 0.1
161	クロロメタン（別名塩化メチル）	≧ 0.1
162	4-クロロ-2-メチルアニリン及びその塩酸塩	≧ 0.1
162の2	O-3-クロロ-4-メチル-2-オキソ-2H-クロメン-7-イル ＝ O'O''-ジエチル ＝ ホスホロチオアート	≧ 1

資料2　SDS文書交付対象物質の一覧

政令番号	政令名称	対象となる範囲（重量%）
163	クロロメチルメチルエーテル	≧ 0.1
164	軽油	≧ 0.1
165	けつ岩油	≧ 0.1
165の2	結晶質シリカ	≧ 0.1*
166	ケテン	≧ 1
167	ゲルマン	≧ 1
168	鉱油	≧ 0.1
169	五塩化りん	≧ 1
170	固形パラフィン	≧ 1
171	五酸化バナジウム	≧ 0.1
172	コバルト及びその化合物	≧ 0.1
173	五弗化臭素	≧ 1
174	コールタール	≧ 0.1
175	コールタールナフサ	≧ 1
176	酢酸	≧ 1
177	酢酸エチル	≧ 1
178	酢酸1,3-ジメチルブチル	≧ 1
179	酢酸鉛	≧ 0.1
180	酢酸ビニル	≧ 0.1
181	酢酸ブチル	≧ 1
182	酢酸プロピル	≧ 1
183	酢酸ベンジル	≧ 1
184	酢酸ペンチル（別名酢酸アミル）	≧ 0.1
185	酢酸メチル	≧ 1
186	サチライシン	≧ 0.1
187	三塩化りん	≧ 1
188	酸化亜鉛	≧ 0.1
189	酸化アルミニウム	≧ 1
190	酸化カルシウム	≧ 1
191	酸化チタン（IV）	≧ 0.1
192	酸化鉄	≧ 1
193	1,2-酸化ブチレン	≧ 0.1
194	酸化プロピレン	≧ 0.1
195	酸化メチル	≧ 0.1
196	三酸化二ほう素	≧ 1
197	三臭化ほう素	≧ 1
197の2	三弗化アルミニウム	≧ 0.1
198	三弗化塩素	≧ 1
199	三弗化ほう素	≧ 1
200	次亜塩素酸カルシウム	≧ 0.1
201	N,N'-ジアセチルベンジジン	≧ 0.1
202	ジアセトンアルコール	≧ 0.1
203	ジアゾメタン	≧ 0.1

政令番号	政令名称	対象となる範囲（重量%）
204	シアナミド	≧ 0.1
205	2-シアノアクリル酸エチル	≧ 0.1
206	2-シアノアクリル酸メチル	≧ 0.1
207	2,4-ジアミノアニソール	≧ 0.1
208	4,4'-ジアミノジフェニルエーテル	≧ 0.1
209	4,4'-ジアミノジフェニルスルフィド	≧ 0.1
210	4,4'-ジアミノ-3,3'-ジメチルジフェニルメタン	≧ 0.1
211	2,4-ジアミノトルエン	≧ 0.1
212	四アルキル鉛	≧ 0.1
213	シアン化カリウム	≧ 1
214	シアン化カルシウム	≧ 1
215	シアン化水素	≧ 1
216	シアン化ナトリウム	≧ 0.1
217	ジイソブチルケトン	≧ 1
218	ジイソプロピルアミン	≧ 1
219	ジエタノールアミン	≧ 0.1
220	2-（ジエチルアミノ）エタノール	≧ 1
221	ジエチルアミン	≧ 1
222	ジエチルケトン	≧ 1
223	ジエチル-パラ-ニトロフェニルチオホスフェイト（別名パラチオン）	≧ 0.1
224	1,2-ジエチルヒドラジン	≧ 0.1
224の2	N,N-ジエチルヒドロキシルアミン	≧ 1
224の3	ジエチレングリコールモノブチルエーテル	≧ 1
225	ジエチレントリアミン	≧ 0.1
226	四塩化炭素	≧ 0.1
227	1,4-ジオキサン	≧ 0.1
228	1,4-ジオキサン-2,3-ジイルジチオビス（チオホスホン酸）O,O,O',O'-テトラエチル（別名ジオキサチオン）	≧ 1
229	1,3-ジオキソラン	≧ 0.1
230	シクロヘキサノール	≧ 0.1
231	シクロヘキサノン	≧ 0.1
232	シクロヘキサン	≧ 1
233	シクロヘキシルアミン	≧ 0.1
234	2-シクロヘキシルビフェニル	≧ 0.1
235	シクロヘキセン	≧ 1
236	シクロペンタジエニルトリカルボニルマンガン	≧ 1
237	シクロペンタジエン	≧ 1
238	シクロペンタン	≧ 1
239	ジクロロアセチレン	≧ 1
240	ジクロロエタン	≧ 0.1

第3編 資 料

政令番号	政令名称	対象となる範囲（重量%）
241	ジクロロエチレン	≧ 0.1
241の2	ジクロロ酢酸	≧ 0.1
242	3,3'-ジクロロ-4,4'-ジアミノジフェニルメタン	≧ 0.1
243	ジクロロジフルオロメタン（別名CFC-12）	≧ 1
244	1,3-ジクロロ-5,5-ジメチルイミダゾリジン-2,4-ジオン	≧ 1
245	3,5-ジクロロ-2,6-ジメチル-4-ピリジノール（別名クロピドール）	≧ 1
246	ジクロロテトラフルオロエタン（別名CFC-114）	≧ 1
247	2,2-ジクロロ-1,1,1-トリフルオロエタン（別名HCFC-123）	≧ 1
248	1,1-ジクロロ-1-ニトロエタン	≧ 1
249	3-（3,4-ジクロロフェニル）-1,1-ジメチル尿素（別名ジウロン）	≧ 1
250	2,4-ジクロロフェノキシエチル硫酸ナトリウム	≧ 1
251	2,4-ジクロロフェノキシ酢酸	≧ 0.1
252	1,4-ジクロロ-2-ブテン	≧ 0.1
253	ジクロロフルオロメタン（別名HCFC-21）	≧ 0.1
254	1,2-ジクロロプロパン	≧ 0.1
255	2,2-ジクロロプロピオン酸	≧ 1
256	1,3-ジクロロプロペン	≧ 0.1
257	ジクロロメタン（別名二塩化メチレン）	≧ 0.1
258	四酸化オスミウム	≧ 1
259	ジシアン	≧ 1
260	ジシクロペンタジエニル鉄	≧ 1
261	ジシクロペンタジエン	≧ 1
262	2,6-ジ-ターシャリ-ブチル-4-クレゾール	≧ 0.1
263	1,3-ジチオラン-2-イリデンマロン酸ジイソプロピル（別名イソプロチオラン）	≧ 1
264	ジチオりん酸O-エチル-O-（4-メチルチオフェニル）-S-ノルマル-プロピル（別名スルプロホス）	≧ 1
265	ジチオりん酸O,O-ジエチル-S-（2-エチルチオエチル）（別名ジスルホトン）	≧ 0.1
266	ジチオりん酸O,O-ジエチル-S-エチルチオメチル（別名ホレート）	≧ 0.1
266の2	ジチオりん酸O,O-ジエチル-S-（ターシャリ-ブチルチオメチル）（別名テルブホス）	≧ 0.1*
267	ジチオりん酸O,O-ジメチル-S-［（4-オキソ-1,2,3-ベンゾトリアジン-3（4H）-イル）メチル］（別名アジンホスメチル）	≧ 0.1
268	ジチオりん酸O,O-ジメチル-S-1,2-ビス（エトキシカルボニル）エチル（別名マラチオン）	≧ 0.1
269	ジナトリウム=4-［（2,4-ジメチルフェニル）アゾ］-3-ヒドロキシ-2,7-ナフタレンジスルホナート（別名ポンソーMX）	≧ 0.1
270	ジナトリウム=8-［［3,3'-ジメチル-4'-［［4-［［（4-メチルフェニル）スルホニル］オキシ］フェニル］アゾ］［1,1'-ビフェニル］-4-イル］アゾ］-7-ヒドロキシ-1,3-ナフタレンジスルホナート（別名CIアシッドレッド114）	≧ 0.1
271	ジナトリウム=3-ヒドロキシ-4-［（2,4,5-トリメチルフェニル）アゾ］-2,7-ナフタレンジスルホナート（別名ポンソー3R）	≧ 0.1
272	2,4-ジニトロトルエン	≧ 0.1
273	ジニトロベンゼン	≧ 0.1
274	2-（ジ-ノルマル-ブチルアミノ）エタノール	≧ 1
275	ジ-ノルマル-プロピルケトン	≧ 1
276	ジビニルベンゼン	≧ 0.1
277	ジフェニルアミン	≧ 0.1
278	ジフェニルエーテル	≧ 1
279	1,2-ジブロモエタン（別名EDB）	≧ 0.1
280	1,2-ジブロモ-3-クロロプロパン	≧ 0.1
281	ジブロモジフルオロメタン	≧ 1
282	ジベンゾイルペルオキシド	≧ 0.1
283	ジボラン	≧ 1
284	N,N-ジメチルアセトアミド	≧ 0.1
285	N,N-ジメチルアニリン	≧ 1
286	［4-［［4-（ジメチルアミノ）フェニル］［4-［エチル（3-スルホベンジル）アミノ］フェニル］メチリデン］シクロヘキサン-2,5-ジエン-1-イリデン］（エチル）（3-スルホナトベンジル）アンモニウムナトリウム塩（別名ベンジルバイオレット4B）	≧ 0.1
287	ジメチルアミン	≧ 0.1
288	ジメチルエチルメルカプトエチルチオホスフェイト（別名メチルジメトン）	≧ 0.1
289	ジメチルエトキシシラン	≧ 0.1
290	ジメチルカルバモイル=クロリド	≧ 0.1

資料2 SDS 文書交付対象物質の一覧

政令番号	政令名称	対象となる範囲（重量%）
291	ジメチル-2,2-ジクロロビニルホスフェイト（別名 DDVP）	≧ 0.1
292	ジメチルジスルフィド	≧ 0.1
292の2	ジメチル＝2,2,2-トリクロロ-1-ヒドロキシエチルホスホナート（別名 DEP）	≧ 0.1
293	N,N-ジメチルニトロソアミン	≧ 0.1
294	ジメチル-パラ-ニトロフェニルチオホスフェイト（別名メチルパラチオン）	≧ 0.1
295	ジメチルヒドラジン	≧ 0.1
296	1,1'-ジメチル-4,4'-ビピリジニウム＝ジクロリド（別名パラコート）	≧ 1
297	1,1'-ジメチル-4,4'-ビピリジニウム 2 メタンスルホン酸塩	≧ 1
298	2-（4,6-ジメチル-2-ピリミジニルアミノカルボニルアミノスルホニル）安息香酸メチル（別名スルホメチュロンメチル）	≧ 0.1
299	N,N-ジメチルホルムアミド	≧ 0.1
300	1-［(2,5-ジメトキシフェニル) アゾ]-2-ナフトール（別名シトラスレッドナンバー 2）	≧ 0.1
301	臭化エチル	≧ 0.1
302	臭化水素	≧ 1
303	臭化メチル	≧ 0.1
304	しゅう酸	≧ 0.1
305	臭素	≧ 1
306	臭素化ビフェニル	≧ 0.1
307	硝酸	≧ 1
308	硝酸アンモニウム	すべて
309	硝酸ノルマル-プロピル	≧ 1
310	しよう脳	≧ 1
311	シラン	≧ 1
312	削除	
313	ジルコニウム化合物	≧ 1
314	人造鉱物繊維（下記の物質を除く）	≧ 1
314	リフラクトリーセラミックファイバー	≧ 0.1
315	水銀及びその無機化合物	≧ 0.1
316	水酸化カリウム	≧ 1
317	水酸化カルシウム	≧ 1
318	水酸化セシウム	≧ 1
319	水酸化ナトリウム	≧ 1
320	水酸化リチウム	≧ 0.1
320の2	水素化ビス（2-メトキシエトキシ）アルミニウムナトリウム	≧ 1
321	水素化リチウム	≧ 0.1
322	すず及びその化合物	≧ 0.1

政令番号	政令名称	対象となる範囲（重量%）
323	スチレン	≧ 0.1
324	ステアリン酸亜鉛	≧ 1
325	ステアリン酸ナトリウム	≧ 1
326	ステアリン酸鉛	≧ 0.1
327	ステアリン酸マグネシウム	≧ 1
328	ストリキニーネ	≧ 1
329	石油エーテル	≧ 1
330	石油ナフサ	≧ 1
331	石油ベンジン	≧ 1
332	セスキ炭酸ナトリウム	≧ 1
333	セレン及びその化合物	≧ 0.1
334	2-ターシャリ-ブチルイミノ-3-イソプロピル-5-フェニルテトラヒドロ-4H-1,3,5-チアジアジン-4-オン（別名ブプロフェジン）	≧ 1
335	タリウム及びその水溶性化合物	≧ 0.1
336	炭化けい素	≧ 0.1
337	タングステン及びその水溶性化合物	≧ 1
338	タンタル及びその酸化物	≧ 1
339	チオジ（パラ-フェニレン）-ジオキシ-ビス（チオホスホン酸）O,O,O',O'-テトラメチル（別名テメホス）	≧ 1
340	チオ尿素	≧ 0.1
341	4,4'-チオビス（6-ターシャリ-ブチル-3-メチルフェノール）	≧ 1
342	チオフェノール	≧ 0.1
343	チオりん酸 O,O-ジエチル-O-（2-イソプロピル-6-メチル-4-ピリミジニル）（別名ダイアジノン）	≧ 0.1
344	チオりん酸 O,O-ジエチル-エチルチオエチル（別名ジメトン）	≧ 0.1
345	チオりん酸 O,O-ジエチル-O-（6-オキソ-1-フェニル-1,6-ジヒドロ-3-ピリダジニル）（別名ピリダフェンチオン）	≧ 1
346	チオりん酸 O,O-ジエチル-O-（3,5,6-トリクロロ-2-ピリジル）（別名クロルピリホス）	≧ 1
347	チオりん酸 O,O-ジエチル-O-［4-（メチルスルフィニル）フェニル］（別名フェンスルホチオン）	≧ 1
348	チオりん酸 O,O-ジメチル-O-（2,4,5-トリクロロフェニル）（別名ロンネル）	≧ 0.1
349	チオりん酸 O,O-ジメチル-O-（3-メチル-4-ニトロフェニル）（別名フェニトロチオン）	≧ 1
350	チオりん酸 O,O-ジメチル-O-（3-メチル-4-メチルチオフェニル）（別名フェンチオン）	≧ 0.1

第3編 資 料

政令番号	政令名称	対象となる範囲（重量%）
351	デカボラン	≧ 1
352	鉄水溶性塩	≧ 1
353	1,4,7,8-テトラアミノアントラキノン（別名ジスパースブルー 1）	≧ 0.1
354	テトラエチルチウラムジスルフィド（別名ジスルフィラム）	≧ 0.1
355	テトラエチルピロホスフェイト（別名 TEPP）	≧ 1
356	テトラエトキシシラン	≧ 1
357	1,1,2,2-テトラクロロエタン（別名四塩化アセチレン）	≧ 0.1
358	N-（1,1,2,2-テトラクロロエチルチオ）-1,2,3,6-テトラヒドロフタルイミド（別名キャプタフォル）	≧ 0.1
359	テトラクロロエチレン（別名パークロルエチレン）	≧ 0.1
360	4,5,6,7-テトラクロロ-1,3-ジヒドロベンゾ［c］フラン-2-オン（別名フサライド）	≧ 1
361	テトラクロロジフルオロエタン（別名 CFC-112）	≧ 1
362	2,3,7,8-テトラクロロジベンゾ-1,4-ジオキシン	≧ 0.1
363	テトラクロロナフタレン	≧ 1
364	テトラナトリウム＝3,3'-［(3,3'-ジメチル-4,4'-ビフェニリレン) ビス (アゾ)] ビス [5-アミノ-4-ヒドロキシ-2,7-ナフタレンジスルホナート]（別名トリパンブルー）	≧ 0.1
365	テトラナトリウム＝3,3'-［(3,3'-ジメトキシ-4,4'-ビフェニリレン) ビス (アゾ)] ビス [5-アミノ-4-ヒドロキシ-2,7-ナフタレンジスルホナート]（別名 CI ダイレクトブルー 15）	≧ 0.1
366	テトラニトロメタン	≧ 0.1
367	テトラヒドロフラン	≧ 0.1
367の2	テトラヒドロメチル無水フタル酸	≧ 0.1
368	テトラフルオロエチレン	≧ 0.1
369	1,1,2,2-テトラブロモエタン	≧ 1
370	テトラブロモメタン	≧ 1
371	テトラメチルこはく酸ニトリル	≧ 1
372	テトラメチルチウラムジスルフィド（別名チウラム）	≧ 0.1
373	テトラメトキシシラン	≧ 1
374	テトリル	≧ 0.1
375	テルフェニル	≧ 1
376	テルル及びその化合物	≧ 0.1
377	テレビン油	≧ 0.1

政令番号	政令名称	対象となる範囲（重量%）
378	テレフタル酸	≧ 1
379	銅及びその化合物	≧ 0.1
380	灯油	≧ 0.1
381	トリエタノールアミン	≧ 0.1
382	トリエチルアミン	≧ 1
383	トリクロロエタン	≧ 0.1
384	トリクロロエチレン	≧ 0.1
385	トリクロロ酢酸	≧ 0.1
386	1,1,2-トリクロロ-1,2,2-トリフルオロエタン	≧ 1
387	トリクロロナフタレン	≧ 1
388	1,1,1-トリクロロ-2,2-ビス（4-クロロフェニル）エタン（別名 DDT）	≧ 0.1
389	1,1,1-トリクロロ-2,2-ビス（4-メトキシフェニル）エタン（別名メトキシクロル）	≧ 0.1
390	2,4,5-トリクロロフェノキシ酢酸	≧ 0.1
391	トリクロロフルオロメタン（別名 CFC-11）	≧ 0.1
392	1,2,3-トリクロロプロパン	≧ 0.1
393	1,2,4-トリクロロベンゼン	≧ 1
394	トリクロロメチルスルフェニル＝クロリド	≧ 1
395	N-（トリクロロメチルチオ）-1,2,3,6-テトラヒドロフタルイミド（別名キャプタン）	≧ 0.1
396	トリシクロヘキシルすず＝ヒドロキシド	≧ 1
397	1,3,5-トリス（2,3-エポキシプロピル）-1,3,5-トリアジン-2,4,6（1H,3H,5H）-トリオン	≧ 0.1
398	トリス（N,N-ジメチルジチオカルバメート）鉄（別名ファーバム）	≧ 0.1
399	トリニトロトルエン	≧ 0.1
400	トリフェニルアミン	≧ 1
401	トリブロモメタン	≧ 0.1
402	2-トリメチルアセチル-1,3-インダンジオン	≧ 1
403	トリメチルアミン	≧ 1
404	トリメチルベンゼン	≧ 1
405	トリレンジイソシアネート	≧ 0.1
406	トルイジン	≧ 0.1
407	トルエン	≧ 0.1
408	ナフタレン	≧ 0.1
409	1-ナフチルチオ尿素	≧ 1
410	1-ナフチル-N-メチルカルバメート（別名カルバリル）	≧ 1

資料2　SDS 文書交付対象物質の一覧

政令番号	政令名称	対象となる範囲（重量%）
411	鉛及びその無機化合物	≧ 0.1
412	二亜硫酸ナトリウム	≧ 1
413	ニコチン	≧ 0.1
414	二酸化硫黄	≧ 1
415	二酸化塩素	≧ 1
416	二酸化窒素	≧ 0.1
417	二硝酸プロピレン	≧ 1
418	ニッケル及びその化合物	≧ 0.1
419	ニトリロ三酢酸	≧ 0.1
420	5-ニトロアセナフテン	≧ 0.1
421	ニトロエタン	≧ 1
422	ニトログリコール	≧ 1
423	ニトログリセリン	すべて
424	ニトロセルローズ	すべて
425	N-ニトロソモルホリン	≧ 0.1
426	ニトロトルエン	≧ 0.1
427	ニトロプロパン	≧ 0.1
428	ニトロベンゼン	≧ 0.1
429	ニトロメタン	≧ 0.1
430	乳酸ノルマル-ブチル	≧ 1
431	二硫化炭素	≧ 0.1
432	ノナン	≧ 1
433	ノルマル-ブチルアミン	≧ 1
434	ノルマル-ブチルエチルケトン	≧ 1
435	ノルマル-ブチル-2,3-エポキシプロピルエーテル	≧ 0.1
436	N-［1-（N-ノルマル-ブチルカルバモイル）-1H-2-ベンゾイミダゾリル］カルバミン酸メチル（別名ベノミル）	≧ 0.1
437	白金及びその水溶性塩	≧ 0.1
438	ハフニウム及びその化合物	≧ 1
439	パラ-アニシジン	≧ 1
440	パラ-クロロアニリン	≧ 0.1
441	パラ-ジクロロベンゼン	≧ 0.1
442	パラ-ジメチルアミノアゾベンゼン	≧ 0.1
443	パラ-ターシャリ-ブチルトルエン	≧ 0.1
444	パラ-ニトロアニリン	≧ 0.1
445	パラ-ニトロクロロベンゼン	≧ 0.1
446	パラ-フェニルアゾアニリン	≧ 0.1
447	パラ-ベンゾキノン	≧ 1
448	パラ-メトキシフェノール	≧ 1
449	バリウム及びその水溶性化合物	≧ 1
450	ピクリン酸	すべて
451	ビス（2,3-エポキシプロピル）エーテル	≧ 1

政令番号	政令名称	対象となる範囲（重量%）
452	1,3-ビス［（2,3-エポキシプロピル）オキシ］ベンゼン	≧ 0.1
453	ビス（2-クロロエチル）エーテル	≧ 1
454	ビス（2-クロロエチル）スルフィド（別名マスタードガス）	≧ 0.1
455	N,N-ビス（2-クロロエチル）メチルアミン-N-オキシド	≧ 0.1
456	ビス（ジチオりん酸）S,S'-メチレン-O,O,O',O'-テトラエチル（別名エチオン）	≧ 1
457	ビス（2-ジメチルアミノエチル）エーテル	≧ 1
458	砒素及びその化合物	≧ 0.1
459	ヒドラジン	≧ 0.1
460	ヒドラジン一水和物	≧ 0.1
461	ヒドロキノン	≧ 0.1
462	4-ビニル-1-シクロヘキセン	≧ 0.1
463	4-ビニルシクロヘキセンジオキシド	≧ 0.1
464	ビニルトルエン	≧ 1
464の2	N-ビニル-2-ピロリドン	≧ 0.1
465	ビフェニル	≧ 0.1
466	ピペラジン二塩酸塩	≧ 1
467	ピリジン	≧ 0.1
468	ピレトラム	≧ 0.1
468の2	フェニルイソシアネート	0 ≧ 0.1*
469	フェニルオキシラン	≧ 0.1
470	フェニルヒドラジン	≧ 0.1
471	フェニルホスフィン	≧ 0.1
472	フェニレンジアミン	≧ 0.1
473	フェノチアジン	≧ 1
474	フェノール	≧ 0.1
475	フェロバナジウム	≧ 1
476	1,3-ブタジエン	≧ 0.1
477	ブタノール	≧ 0.1
478	フタル酸ジエチル	≧ 0.1
479	フタル酸ジ-ノルマル-ブチル	≧ 0.1
480	フタル酸ジメチル	≧ 1
481	フタル酸ビス（2-エチルヘキシル）（別名 DEHP）	≧ 0.1
482	ブタン	≧ 1
482の2	2,3-ブタンジオン（別名ジアセチル）	≧ 0.1*
483	1-ブタンチオール	≧ 1
484	弗化カルボニル	≧ 1

199

第3編 資料

政令番号	政令名称	対象となる範囲（重量%）
485	弗化ビニリデン	≧ 1
486	弗化ビニル	≧ 0.1
487	弗素及びその水溶性無機化合物	≧ 0.1
488	2-ブテナール	≧ 0.1
488の2	ブテン	≧ 1
489	フルオロ酢酸ナトリウム	≧ 1
490	フルフラール	≧ 0.1
491	フルフリルアルコール	≧ 1
492	1,3-プロパンスルトン	≧ 0.1
492の2	プロピオンアルデヒド	≧ 1
493	プロピオン酸	≧ 1
494	プロピルアルコール	≧ 0.1
495	プロピレンイミン	≧ 0.1
496	プロピレングリコールモノメチルエーテル	≧ 1
497	2-プロピン-1-オール	≧ 1
497の2	プロペン	≧ 1
498	ブロモエチレン	≧ 0.1
499	2-ブロモ-2-クロロ-1,1,1-トリフルオロエタン（別名ハロタン）	≧ 0.1
500	ブロモクロロメタン	≧ 1
501	ブロモジクロロメタン	≧ 0.1
502	5-ブロモ-3-セカンダリ-ブチル-6-メチル-1,2,3,4-テトラヒドロピリミジン-2,4-ジオン（別名ブロマシル）	≧ 0.1
503	ブロモトリフルオロメタン	≧ 1
503の2	1-ブロモプロパン	≧ 0.1
504	2-ブロモプロパン	≧ 0.1
504の2	3-ブロモ-1-プロペン（別名臭化アリル）	≧ 1
505	ヘキサクロロエタン	≧ 0.1
506	1,2,3,4,10,10-ヘキサクロロ-6,7-エポキシ-1,4,4a,5,6,7,8,8a-オクタヒドロ-エキソ-1,4-エンド-5,8-ジメタノナフタレン（別名ディルドリン）	≧ 0.1
507	1,2,3,4,10,10-ヘキサクロロ-6,7-エポキシ-1,4,4a,5,6,7,8,8a-オクタヒドロ-エンド-1,4-エンド-5,8-ジメタノナフタレン（別名エンドリン）	≧ 1
508	1,2,3,4,5,6-ヘキサクロロシクロヘキサン（別名リンデン）	≧ 0.1
509	ヘキサクロロシクロペンタジエン	≧ 0.1
510	ヘキサクロロナフタレン	≧ 1

政令番号	政令名称	対象となる範囲（重量%）
511	1,4,5,6,7,7-ヘキサクロロビシクロ[2.2.1]-5-ヘプテン-2,3-ジカルボン酸（別名クロレンド酸）	≧ 0.1
512	1,2,3,4,10,10-ヘキサクロロ-1,4,4a,5,8,8a-ヘキサヒドロ-エキソ-1,4-エンド-5,8-ジメタノナフタレン（別名アルドリン）	≧ 0.1
513	ヘキサクロロヘキサヒドロメタノベンゾジオキサチエピンオキサイド（別名ベンゾエピン）	≧ 1
514	ヘキサクロロベンゼン	≧ 0.1
515	ヘキサヒドロ-1,3,5-トリニトロ-1,3,5-トリアジン（別名シクロナイト）	≧ 1
516	ヘキサフルオロアセトン	≧ 0.1
516の2	ヘキサフルオロアルミン酸三ナトリウム	≧ 1
516の3	ヘキサフルオロプロペン	≧ 1
517	ヘキサメチルホスホリックトリアミド	≧ 0.1
518	ヘキサメチレンジアミン	≧ 0.1
519	ヘキサメチレン=ジイソシアネート	≧ 0.1
520	ヘキサン	≧ 0.1
521	1-ヘキセン	≧ 1
522	ベータ-ブチロラクトン	≧ 0.1
523	ベータ-プロピオラクトン	≧ 0.1
524	1,4,5,6,7,8,8-ヘプタクロロ-2,3-エポキシ-3a,4,7,7a-テトラヒドロ-4,7-メタノ-1H-インデン（別名ヘプタクロルエポキシド）	≧ 0.1
525	1,4,5,6,7,8,8-ヘプタクロロ-3a,4,7,7a-テトラヒドロ-4,7-メタノ-1H-インデン（別名ヘプタクロル）	≧ 0.1
526	ヘプタン	≧ 1
527	ペルオキソ二硫酸アンモニウム	≧ 0.1
528	ペルオキソ二硫酸カリウム	≧ 0.1
529	ペルオキソ二硫酸ナトリウム	≧ 0.1
530	ペルフルオロオクタン酸及びそのアンモニウム塩	≧ 0.1
531	ベンゼン	≧ 0.1
532	1,2,4-ベンゼントリカルボン酸 1,2-無水物	≧ 0.1
533	ベンゾ［a］アントラセン	≧ 0.1
534	ベンゾ［a］ピレン	≧ 0.1
535	ベンゾフラン	≧ 0.1
536	ベンゾ［e］フルオラセン	≧ 0.1
537	ペンタクロロナフタレン	≧ 1
538	ペンタクロロニトロベンゼン	≧ 0.1

資料2　SDS 文書交付対象物質の一覧

政令番号	政令名称	対象となる範囲（重量%）
539	ペンタクロロフェノール（別名PCP）及びそのナトリウム塩	≧ 0.1
540	1-ペンタナール	≧ 1
541	1,1,3,3,3-ペンタフルオロ-2-（トリフルオロメチル）-1-プロペン（別名PFIB）	≧ 1
542	ペンタボラン	≧ 1
543	ペンタン	≧ 1
544	ほう酸及びそのナトリウム塩	≧ 0.1
545	ホスゲン	≧ 1
545の2	ポルトランドセメント	≧ 1*
546	（2-ホルミルヒドラジノ）-4-（5-ニトロ-2-フリル）チアゾール	≧ 0.1
547	ホルムアミド	≧ 0.1
548	ホルムアルデヒド	≧ 0.1
549	マゼンタ	≧ 0.1
550	マンガン及びその無機化合物	≧ 0.1
551	ミネラルスピリット（ミネラルシンナー，ペトロリウムスピリット，ホワイトスピリット及びミネラルターペンを含む。）	≧ 1
552	無水酢酸	≧ 1
553	無水フタル酸	≧ 0.1
554	無水マレイン酸	≧ 0.1
555	メタ-キシリレンジアミン	≧ 0.1
556	メタクリル酸	≧ 1
557	メタクリル酸メチル	≧ 0.1
558	メタクリロニトリル	≧ 0.1
559	メタ-ジシアノベンゼン	≧ 1
560	メタノール	≧ 0.1
561	メタンスルホン酸エチル	≧ 0.1
562	メタンスルホン酸メチル	≧ 0.1
563	メチラール	≧ 1
564	メチルアセチレン	≧ 1
565	N-メチルアニリン	≧ 1
566	2,2'-[[4-（メチルアミノ）-3-ニトロフェニル]アミノ]ジエタノール（別名HC ブルーナンバー1）	≧ 0.1
567	N-メチルアミノホスホン酸 O-（4-ターシャリ-ブチル-2-クロロフェニル）-O-メチル（別名クルホメート）	≧ 1
568	メチルアミン	≧ 0.1
569	メチルイソブチルケトン	≧ 0.1
570	メチルエチルケトン	≧ 1

政令番号	政令名称	対象となる範囲（重量%）
571	N-メチルカルバミン酸 2-イソプロピルオキシフェニル（別名プロポキスル）	≧ 0.1
572	N-メチルカルバミン酸 2,3-ジヒドロ-2,2-ジメチル-7-ベンゾ[b]フラニル（別名カルボフラン）	≧ 1
573	N-メチルカルバミン酸 2-セカンダリ-ブチルフェニル（別名フェノブカルブ）	≧ 1
574	メチルシクロヘキサノール	≧ 1
575	メチルシクロヘキサノン	≧ 1
576	メチルシクロヘキサン	≧ 1
577	2-メチルシクロペンタジエニルトリカルボニルマンガン	≧ 1
578	2-メチル-4,6-ジニトロフェノール	≧ 0.1
579	2-メチル-3,5-ジニトロベンズアミド（別名ジニトルミド）	≧ 1
580	メチル-ターシャリ-ブチルエーテル（別名MTBE）	≧ 0.1
581	5-メチル-1,2,4-トリアゾロ[3,4-b]ベンゾチアゾール（別名トリシクラゾール）	≧ 1
582	2-メチル-4-（2-トリルアゾ）アニリン	≧ 0.1
582の2	メチルナフタレン	≧ 1
582の3	2-メチル-5-ニトロアニリン	≧ 0.1
583	2-メチル-1-ニトロアントラキノン	≧ 0.1
584	N-メチル-N-ニトロソカルバミン酸エチル	≧ 0.1
585	メチル-ノルマル-ブチルケトン	≧ 1
586	メチル-ノルマル-ペンチルケトン	≧ 1
587	メチルヒドラジン	≧ 0.1
588	メチルビニルケトン	≧ 0.1
588の2	N-メチル-2-ピロリドン	≧ 0.1
589	1-[（2-メチルフェニル）アゾ]-2-ナフトール（別名オイルオレンジSS）	≧ 0.1
590	メチルプロピルケトン	≧ 1
591	5-メチル-2-ヘキサノン	≧ 1
592	4-メチル-2-ペンタノール	≧ 1
593	2-メチル-2,4-ペンタンジオール	≧ 1
594	2-メチル-N-[3-（1-メチルエトキシ）フェニル]ベンズアミド（別名メプロニル）	≧ 1
595	S-メチル-N-（メチルカルバモイルオキシ）チオアセチミデート（別名メソミル）	≧ 1

201

政令番号	政令名称	対象となる範囲（重量%）
596	メチルメルカプタン	≧ 1
597	4,4'-メチレンジアニリン	≧ 0.1
598	メチレンビス（4,1-シクロヘキシレン）＝ジイソシアネート	≧ 0.1
599	メチレンビス（4,1-フェニレン）＝ジイソシアネート（別名 MDI）	≧ 0.1
600	2-メトキシ-5-メチルアニリン	≧ 0.1
601	1-（2-メトキシ-2-メチルエトキシ）-2-プロパノール	≧ 1
601の2	2-メトキシ-2-メチルブタン（別名ターシャリ-アミルメチルエーテル）	≧ 0.1*
602	メルカプト酢酸	≧ 0.1
603	モリブデン及びその化合物	≧ 0.1
604	モルホリン	≧ 1
605	削除	
606	沃素及びその化合物	≧ 0.1
607	ヨードホルム	≧ 1
607の2	硫化カルボニル	≧ 1*
608	硫化ジメチル	≧ 1
609	硫化水素	≧ 1
610	硫化水素ナトリウム	≧ 1
611	硫化ナトリウム	≧ 1
612	硫化りん	≧ 1
613	硫酸	≧ 1
614	硫酸ジイソプロピル	≧ 0.1
615	硫酸ジエチル	≧ 0.1
616	硫酸ジメチル	≧ 0.1
617	りん化水素	≧ 1
618	りん酸	≧ 1
619	りん酸ジ-ノルマル-ブチル	≧ 1
620	りん酸ジ-ノルマル-ブチル＝フェニル	≧ 1
621	りん酸 1,2-ジブロモ-2,2-ジクロロエチル＝ジメチル（別名ナレド）	≧ 0.1
622	りん酸ジメチル＝（E）-1-（N,N-ジメチルカルバモイル）-1-プロペン-2-イル（別名ジクロトホス）	≧ 1
623	りん酸ジメチル＝（E）-1-（N-メチルカルバモイル）-1-プロペン-2-イル（別名モノクロトホス）	≧ 1
624	りん酸ジメチル＝1-メトキシカルボニル-1-プロペン-2-イル（別名メビンホス）	≧ 1
625	りん酸トリ（オルト-トリル）	≧ 1
626	りん酸トリス（2,3-ジブロモプロピル）	≧ 0.1
627	りん酸トリ-ノルマル-ブチル	≧ 1

政令番号	政令名称	対象となる範囲（重量%）
628	りん酸トリフェニル	≧ 1
629	レソルシノール	≧ 0.1
630	六塩化ブタジエン	≧ 0.1
631	ロジウム及びその化合物	≧ 0.1
632	ロジン	≧ 0.1
633	ロテノン	≧ 1

資料3　危険物の種類，性状および危険性

資料3　危険物の種類，性状および危険性

① 爆発性の危険物

物　質　名	分解温度 (℃)	安　定　性	反　応　性	混触危険物質
アジ化ナトリウム	275 以下	融点（275℃）以上に，特に急速に加熱すると爆発することがあり，火災や爆発の危険をもたらす。	銅，鉛，銀，水銀，二硫化水素と反応し，特に衝撃に敏感な化合物を生成する。酸と反応し，有毒で爆発性のアジ化水素を生成する。	銅，鉛，銀，水銀，二硫化水素，酸
過酢酸	（発火点 200）	衝撃，摩擦，または振動を加えると，爆発的に分解することがある。加熱すると，爆発することがある。	強力な酸化剤であり，可燃性物質や還元性物質と激しく反応する。弱酸である。アルミニウムなどの多くの金属を侵す。	可燃性物質，還元性物質，アルミニウムなど多くの金属
過酸化ベンゾイル	103〜105	衝撃，摩擦，または振動を加えると，爆発的に分解することがある。103〜105℃以上で加熱すると，爆発することがある。	強力な酸化剤であり，可燃性物質や還元性物質と激しく反応する。多くの有機および無機酸，アルコール，アミンと激しく反応して，火災や爆発の危険をもたらす。	可燃性物質，還元性物質，多くの有機および無機酸，アルコール，アミン
トリニトロトルエン	240	衝撃，摩擦，または振動を加えると，爆発的に分解することがある。240℃に加熱すると爆発する。加熱すると，有毒なヒュームを生じる。	多くの化学物質と激しく反応し，火災や爆発の危険をもたらす。	多くの化学物質
トリニトロベンゼン	—	衝撃を与えられたり，熱に曝されたりすると激しい爆発の危険性がある。熱に不安定である。	加熱分解し，NOx のきわめて毒性の高いガスを発し，爆発する。還元性物質と激しく反応。	還元剤，重金属，その塩類
ニトログリコール	114 で爆発	加熱すると，激しく燃焼または爆発し，有毒なヒューム（窒素酸化物）を生じることがある。衝撃，摩擦，または振動を加えると，爆発的に分解することがある。	酸と反応する。ゆっくりと水と反応してエチレングリコールと硝酸を生じる。	酸，塩基
ニトログリセリン	218 以下	加熱すると，激しく燃焼または爆発することがある。衝撃，摩擦，または振動を加えると，爆発的に分解することがある。	燃焼すると，窒素酸化物を含む有毒なヒュームを生成する。オゾンと反応し，爆発の危険をもたらす。少量の酸があると分解する。	オゾン，塩素酸ナトリウム，過酸化水素，酸類，有機溶剤
ニトロセルローズ	—	乾燥すると自然発火する。	燃焼すると急速に分解し，窒素酸化物を生成し，火災や爆発の危険をもたらす。	酸化剤，塩基，酸
ピクリン酸	300	衝撃，摩擦，または振動を加えると，爆発的に分解することがある。加熱すると，爆発することがある。	金属，とくに銅，鉛，水銀，亜鉛により，衝撃に敏感な化合物を生じる。酸化剤，還元剤と激しく反応する。	酸化剤，還元剤，金属
メチルエチルケトンパーオキサイド	>80	加熱すると，激しく燃焼または爆発することがある。40℃以上で分解が促進され，80〜100℃で激しく発泡分解する。110℃を超えると白煙を発生し，分解ガスに異物が触れると爆発する。	燃焼すると，有毒で腐食性の気体を生成する。この物質は強力な酸化剤であり，可燃性物質や還元性物質，アミン，金属，強酸，強塩基と激しく反応し，火災や爆発の危険をもたらす。	可燃性物質，還元性物質，アミン，金属，強酸，強塩基

203

②　発火性の危険物

物 質 名	分解温度 （℃）	安 定 性	反 応 性	混触危険物質
亜二チオン酸ナトリウム	100	100℃を超えて加熱すると分解し，イオウ酸化物を含む有毒なヒュームを生じる。	この物質は強力な還元剤であり，酸化剤と反応する。酸と接触すると分解し，有毒なガスを生じる。酸の影響下で水，水蒸気，湿った空気と接触すると自然発火を起こす。	酸化剤
アルミニウム粉	（発火点 590）	粉末や顆粒状で空気と混合すると，粉じん爆発の可能性あり。	酸化剤，強酸，塩素化炭化水素，水，アルコールと反応して火災や爆発の危険。	酸化剤，強酸，塩素化炭化水素，水，アルコール
黄りん	（発火点 30）	空気に触れると自然発火し，有毒なヒューム（リン酸化物）を生じることがある。	酸化剤，ハロゲン，イオウと激しく反応し，火災や爆発の危険をもたらす。強塩基と反応し，有毒な気体（ホスフィン）を生成する。	酸化剤，ハロゲン，イオウ，強塩基
金属「カリウム」		空気，水分の影響下で急速に分解し，引火性／爆発性の気体（水素）を生成する。	水と激しく反応し，火災や爆発の危険をもたらす。酸，ハロゲン，水と接触すると火災や爆発の危険性がある。	水，二酸化炭素，四塩化炭素，ハロゲン，酸類
金属「ナトリウム」		空気，水分の影響下で急速に分解し，引火性／爆発性の気体（水素）を生成する。	水と激しく反応し，火災や爆発の危険をもたらす。酸，ハロゲン，水と接触すると火災や爆発の危険性がある。	水，二酸化炭素，四塩化炭素，ハロゲン，ハロゲン化合物，硝酸，硫酸，塩酸，塩化水素，アンモニア，塩化第二鉄，銅，水銀
金属「リチウム」	（発火点 179）	微粒子状に分散した場合，空気に触れると自然発火のおそれ。加熱すると激しく燃焼または爆発のおそれ。	強酸化剤，酸のほか多くの化合物と激しく反応。水と激しく反応。	強酸化剤，酸，可燃性物質，その他多くの化合物
五硫化りん	（発火点 142）	粉末や顆粒状で空気と混合すると，粉じん爆発の可能性がある。衝撃，摩擦，または振動を加えると，爆発的に分解することがある。	水，酸と激しく反応し，硫化水素，リン酸を生成し，火災や爆発の危険をもたらす。塩基，有機物，強力な酸化剤と反応する。	塩基，有機物，酸化剤，水
赤りん	発火点 260，416 で 昇華	粉じんまたは粉末が舞い上がるとき，発火しやすい粉じん・空気混合物が生じる。強く加熱される場合（周辺火災等）260℃から発火が起こる。発火は衝撃または摩擦によっても起こりうる。	酸素に富む物質（強酸化剤）および有機物質と接触または混合すると反応する。	塩素酸塩，硝酸塩，過塩素酸塩，過マンガン酸塩と爆発性の混合物を作る。
セルロイド類	（発火点 165）	きわめて燃えやすく酸素の供給がなくとも燃焼は持続する。古いセルロイドは熱分解が進み自然発火しやすい。145℃で白煙を発生し，引火する。	加熱により容器が爆発する。燃焼により有毒ガスを発生する。	

資料3　危険物の種類，性状および危険性

物質名	分解温度 (℃)	安 定 性	反 応 性	混触危険物質
炭化カルシウム	—	湿気や水と接触すると激しく分解し，引火性および爆発性の高いアセチレンガスを生じ，火災および爆発の危険をもたらす。	硝酸銀や銅塩により，衝撃に敏感な化合物を生じる。塩素，臭素，ヨウ素，塩化水素，鉛，フッ化マグネシウム，過酸化ナトリウム，イオウと反応し，火災および爆発の危険をもたらす。塩化鉄(Ⅲ)，酸化鉄(Ⅲ)，塩化スズ(Ⅱ)との混合物は発火しやすく，激しく燃焼する。	硝酸銀，銅塩，塩素，臭素，ヨウ素，塩化水素，鉛，フッ化マグネシウム，過酸化ナトリウム，イオウ，塩化鉄(Ⅲ)，酸化鉄(Ⅲ)，塩化スズ(Ⅱ)
マグネシウム粉	（発火点473）	空気や湿気に触れると自然発火し，刺激性もしくは有毒なヒュームを生成することがある。	強力な酸化剤と激しく反応する。多くの物質と激しく反応し，火災および爆発の危険をもたらす。酸，水と反応し，引火性の水素ガスを生成し，火災および爆発の危険をもたらす。	強酸化剤，酸，水，その他多くの物質
リン化石灰	—	酸，水，湿った空気と激しく反応してホスフィンを生成し，火災や毒性の危険をもたらす。	強酸化剤と激しく反応し，火災や爆発の危険をもたらす。	酸，水，強酸化剤

③ 酸化性の危険物

物質名	分解温度 (℃)	安 定 性	反 応 性	混触危険物質
亜塩素酸ナトリウム	180-200 以下	200℃に加熱すると分解し，有毒で腐食性のヒュームを生じ，火災や爆発の危険をもたらす。	強力な酸化剤であり，可燃性物質や還元性物質と激しく反応する。酸，アンモニア化合物，リン，硫黄，ジチオン酸ナトリウムと激しく反応し，爆発の危険をもたらす。	可燃性物質，還元性物質，酸
塩素酸アンモニウム	—	100℃以上に加熱されると分解して爆発する場合がある。	可燃物と混ぜると発火するおそれがある。強酸，強還元剤に接触すると，発火・爆発するおそれがある。	可燃物，強酸，強還元剤
塩素酸カリウム	400 以下	400℃以上に加熱，強酸との接触により分解し，有毒なヒューム（二酸化塩素，塩素など）や酸素を生成する。	強力な酸化剤であり，可燃性物質や還元性物質と激しく反応し，火災や爆発の危険をもたらす。水の存在下で，多くの金属を侵す。	有機物，還元性物質，金属粉末，アンモニア化合物
塩素酸ナトリウム	約300	300℃以上に加熱すると分解し，火災の危険性を増大させる酸素や有毒なヒューム（塩素）を生じる。	強力な酸化剤であり，可燃性物質や還元性物質と激しく反応し，火災や爆発の危険をもたらす。多くの有機物と反応し，衝撃に敏感な混合物を生成し，爆発の危険をもたらす。	可燃性物質，還元性物質，有機物
過塩素酸アンモニウム	200 以下	衝撃，摩擦，振動を加える，および加熱すると爆発的に分解することがある。	強力な酸化剤であり，可燃性物質，還元性物質，金属と激しく反応し，有毒で腐食性のヒューム（アンモニア，塩化水素など）を生成し，火災や爆発の危険をもたらす。	可燃性物質，還元性物質，有機物

第3編　資料

物質名	分解温度（℃）	安 定 性	反 応 性	混触危険物質
過塩素酸カリウム	400	加熱すると分解し，有毒で腐食性のヒューム（塩素，塩素酸化物）を生じる。	強力な酸化剤であり，可燃性物質や還元性物質と反応し，火災や爆発の危険をもたらす。有機物が混じると，衝撃に敏感になる。	可燃性物質，還元性物質，有機物
過塩素酸ナトリウム	482	加熱すると分解し，有毒なヒューム（塩素,塩素酸化物）を生じる。	強力な酸化剤であり，可燃性物質や還元性物質と反応し，火災および爆発の危険をもたらす。有機物が混じると，衝撃に敏感になる。	可燃性物質，還元性物質，有機物
過酸化カリウム	—	水と激しく反応して水酸化カリウム溶液，過酸化水素と酸素を生じる。		
過酸化ナトリウム	—	水と反応し，火災の危険をもたらす。	有機物，金属粉末と反応し，爆発の危険をもたらす。この物質は強力な酸化剤であり，可燃性物質や還元性物質と激しく反応する。	有機物，金属粉末，可燃性物質，還元性物質
過酸化バリウム	800 以下	加熱，あるいは水や酸と接触すると分解し，酸素，過酸化水素を生じて，火災の危険性を増大させる。	強力な酸化剤であり，可燃性物質や還元性物質と激しく反応する。	可燃性物質，還元性物質
次亜塩素酸カルシウム	100	175℃以上への加熱，酸との接触により急速に分解し，塩素，酸素を生じ，火災や爆発の危険をもたらす。	強力な酸化剤であり，可燃性物質や還元性物質と激しく反応する。アンモニア，アミン，窒素化合物他多くの物質と激しく反応し，爆発の危険をもたらす。	可燃性物質，還元性物質，アンモニア，アミン，窒素化合物
硝酸アンモニウム	210 以下	加熱すると，激しく燃焼または爆発することがある。	加熱や燃焼により分解し，有毒なヒューム（窒素酸化物）を生じる。強力な酸化剤であり，可燃性物質や還元性物質と反応する。	可燃性物質，還元性物質
硝酸カリウム	400 以下	加熱や燃焼により分解して窒素酸化物，酸素を生じ，火災の危険性を増大させる。	強力な酸化剤であり，可燃性物質や還元性物質と反応する。	可燃性物質，還元性物質
硝酸ナトリウム	380	加熱により分解して窒素酸化物，酸素を生じ，火災の危険性を増大させる。	強力な酸化剤で，可燃性や還元性の物質と反応し，火災や爆発の危険をもたらす。	可燃性物質，還元性物質

206

資料 3 　危険物の種類，性状および危険性

④　引火性の危険物

物　質　名	引火点（℃）	爆発限界（容量%）	発火点（℃）	蒸気密度（空気＝1）
アセトアルデヒド	−38（密閉式）	4〜60	185	1.5
アセトン	−18（密閉式）	2.2〜13	465	2.0
イソペンチルアルコール	45（密閉式） 55（開放式）	1.2〜9	350	3.0
エタノール	13（密閉式）	3.3〜19	363	1.6
エチルエーテル	−45（密閉式）	1.7〜48	160〜180	2.6
エチレンオキシド	−29（密閉式）	3〜100（空気中）	429	1.5
ガソリン	<−21	1.3〜7.1	約250	3〜4
m−キシレン	27（密閉式）	1.1〜7.0（空気中）	527	3.7
o−キシレン	32（密閉式）	0.9〜6.7（空気中）	463	3.7
p−キシレン	27（密閉式）	1.1〜7.0（空気中）	528	3.7
軽油（ディーゼル燃料油 No.1）	21〜55	0.7〜5	177〜329	7
酢酸	39（密閉式）	6.0〜17	485	2.1
酢酸ノルマル−ペンチル	25（密閉式）	1.1〜7.5（空気中）	360	4.5
酸化プロピレン	−37（密閉式）	1.9〜36.3（空気中）	430	2.0
テレビン油	30〜46（密閉式）	0.8〜6（空気中）	220〜255	4.6〜4.8
灯油	37〜65	0.7〜5	220	4.5
二硫化炭素	−30（開放式）	1〜50	90	2.63
ノルマルヘキサン	−22（密閉式）	1.1〜7.5（空気中）	225	3.0
ベンゼン	−11（密閉式）	1.2〜8.0（空気中）	498	2.7
メタノール	12（密閉式）	5.5〜44	464	1.1
メチルエチルケトン	−9（密閉式）	1.8〜11.5（空気中）	505	2.41

⑤　可燃性のガス

物　質　名	爆発限界（容量%）	発火点（℃）	蒸気密度（空気＝1）
アセチレン	2.5〜100	305	0.907
エタン	3.0〜12.5	472	1.05
エチレン	2.7〜36	490	0.98
水素	4〜76（空気中）	500〜571	0.07
ブタン	1.8〜8.4	365	2.1
プロパン	2.1〜9.5（空気中）	450	1.6
メタン	5〜15	537	0.6

出典：厚生労働省　職場のあんぜんサイト「GHS 対応モデルラベル・モデル SDS 情報」
国立医薬品食品衛生研究所「国際化学物質安全性カード−日本語版−」

第3編　資　料

資料4　爆発性に関わる原子団の例

原子団	例
不飽和の C-C 結合 C=C，C≡C	アセチレン類，アセチリド類，1,2-ジエン類
C- 金属 N- 金属	グリニャール試薬，有機リチウム化合物
隣接した窒素原子 N-N	アジド類，脂肪族アゾ化合物，ジアゾニウム塩類，ヒドラジン類，スルホニルヒドラジド類
隣接した酸素原子 O-O	パーオキシド類，オゾニド類
N-O	ヒドロキシルアミン類，硝酸塩類，硝酸エステル類，ニトロ化合物，ニトロソ化合物，N-オキシド類，1,2-オキサゾール類
N- ハロゲン	クロルアミン類，フルオロアミン類
O- ハロゲン	塩素酸塩類，過塩素酸塩類，ヨードシル化合物

※詳細は，国際連合「危険物の輸送に関する国連勧告，試験および判定基準」を参照してください

資料5　自己反応性に関わる原子団の例

原子団	例
相互反応性グループ	アミノニトリル類，ハロアニリン類，酸化性酸の有機塩類
S=O	ハロゲン化スルホニル類，スルホニルシアニド類，スルホニルヒドラジド類
P-O	亜燐酸塩類
歪のある環	エポキシド類，アジリジン類
不飽和結合	オレフィン類，シアン酸化合物

※詳細は，国際連合「危険物の輸送に関する国連勧告，試験および判定基準」を参照してください

資料6　過酸化物を生成する物質の例

	化学構造の一部	説　明
有機化合物	CH_2-O-R	α位に水素を持つエーテル，特に環状エーテルや一級，二級アルコール族に関するエーテルは，空気及び光の暴露で危険な爆発性の過酸化物を生成する
	CH(-O-R)$_2$	α位に水素を持つアセタール
	C=C-CH	ほとんどのアルケンを含むアリル化合物(アリル位に水素を持つオレフィン)
	C=C-X	ハロオレフィン (例：クロロオレフィン，フルオロオレフィン)
	C=CH	ビニルエステル，ビニリデンエステル・エーテル，スチレン
	C=C-C=C	1,3-ジエン
	CH-C≡CH	α位に水素を持つアルキルアセチレン
	C=CH-C≡CH	α位に水素を持つビニルアセチレン
	⬡	テトラヒドロナフタレン
	(R)$_2$CH-Ar	三級水素を持つアルキルアレーン (例：クメン)
	(R)$_3$CH	三級水素を持つアルカン及びシクロアルカン (例：tert-ブタン，イソプロピル化合物，デカヒドロナフタレン)
	C=CH-CO$_2$R	アクリレート，メタクリレート
	(R)$_2$CH-OH	二級アルコール
	O=C(R)-CH	α位に水素を持つケトン
	O=CH	アルデヒド
	O=C-NH-CH	窒素に結合している炭素に水素を持つ置換ウレア，アミド，ラクタム
	CH-M	炭素に結合している金属を持つ有機金属化合物
無機化合物	カリウム，ルビジウム，セシウムのようなアルカリ金属	
	金属アミド (例：NaNH$_2$)	
	金属アルコキシド (例：ナトリウム-tert-ブトキシド)	

※詳細は，AIChE/CCPS「Essential Practices for Managing Chemical Reactivity Hazards」を参照してください

資料8　代表的な混合危険

資料7　重合反応を起こす物質例

化学構造の一部	代表例
アセチレン化合物 C≡C	プロピオルアルデヒド，3-プロピノール
エポキシド >C–C< 　　O	エチレンオキシド，プロピオンオキシド
アルケン -C=C-	エチレン
ビニル CH2=CH-	プロピレン，スチレン，アクリル酸，アクリル酸メチル，酢酸ビニル，アクリルアルデヒド，メチルビニルエーテル，メチルビニルケトン，アクリル酸エチル，アクリルアミド，塩化アクリロイル，ビニルピリジン
アリル化合物 CH2=CHCH2-	アリルアルコール，硫酸ジアリル，ホスホン酸ジアリル，4-トルエンスルホン酸アリル
ジエン C=C=C C=C-C=C	1,3-ブタジエン，1,2-ブタジエン，シクロペンタジエン
ハロアルケン -C=CX	2-クロロ-1,3-ブタジエン，クロロエチレン，1,1-ジクロロエチレン，テトラフルオロエチレン
その他の二重結合化合物 -C=C-	メタクリル酸，メタクリル酸メチル
シアノ化合物 -C≡N C≡N-	シアン化水素，シアナミド，アクリロニトリル，ジイソシアナートメタン
アジリジン R-CHCH2 　　NH	アジリジン，2-メチルアジリジン
アルデヒド -CHO	ホルムアルデヒド

資料8　代表的な混合危険

組合せ		混合危険性
酸 ✕	次亜塩素酸塩 シアン化物 亜硝酸塩 アジ化物 硫化物	塩素の発生（有毒ガス） シアン化水素の発生（有毒ガス） 亜硝酸ガスの発生（有毒ガス） アジ化水素の発生（有毒ガス） 硫化水素の発生（有毒ガス）
硝酸 ✕	銅や鉄などの金属 アセトン	亜硝酸ガスの発生（有毒ガス） 酢酸共存下で，数時間後に爆発
硫酸 ✕	亜硫酸塩 銅などの金属	亜硫酸ガスの発生（有毒ガス） （濃硫酸の場合）亜硫酸ガスの発生（有毒ガス）
ハロゲン系溶媒 ✕	アルカリ金属 塩基性物質	短い誘導期をおいて発火・爆発 激しい反応や爆発が起こることがある
アセトン ✕	臭素 過酸化水素	ブロモアセトンの発生（有毒ガス） 過酸化アセトンの発生（爆発性を有する）
エタノール ✕	過塩素酸 硝酸銀	過塩素酸エステルの発生（爆発性を有する） 硝酸共存下で，雷酸銀の発生（爆発性を有する）
還元剤 ✕	セレン化物 ヒ素化物	セレン化水素の発生（有毒ガス） ヒ化水素（アルシン）の発生（有毒ガス）

【執筆・協力一覧】（掲載順）

三宅 淳巳
横浜国立大学先端科学高等研究院 副高等研究院長・教授＜第1編1,3章＞

安藤 研司
中央労働災害防止協会　労働衛生調査分析センター＜第1編1,2章＞

山口 広美
中央労働災害防止協会　労働衛生調査分析センター＜第2編1,2,4章＞

貴志 孝洋
みずほ情報総研株式会社環境エネルギー第1部
環境リスクチームコンサルタント＜第2編3章＞

島田 行恭
(独)労働者健康安全機構 労働安全衛生総合研究所
リスク管理研究センター　上席研究員＜第2編5章＞

板垣 晴彦
(独)労働者健康安全機構 労働安全衛生総合研究所
化学安全研究グループ　統括研究員＜第2編5章＞

佐藤 嘉彦
(独)労働者健康安全機構 労働安全衛生総合研究所
化学安全研究グループ　主任研究員＜第2編5章＞

荒木 明宏
中央労働災害防止協会　労働衛生調査分析センター

化学物質による爆発・火災を防ぐ

平成30年3月28日　第1版第1刷発行

編　者	中央労働災害防止協会
発行者	阿部研二
発行所	中央労働災害防止協会
	〒108-0023
	東京都港区芝浦3丁目17番12号
	吾妻ビル9階
	電話　販売　03(3452)6401
	編集　03(3452)6209
イラスト	ミヤチヒデタカ
表紙デザイン	ア・ロゥデザイン
印刷・製本	㈱日本制作センター

落丁・乱丁本はお取替えします。ⓒ JISHA 2018
ISBN978-4-8059-1800-5　C3060
中災防ホームページ　http://www.jisha.or.jp

本書の内容は著作権法によって保護されています。
本書の全部または一部を複写（コピー）、複製、転載
すること（電子媒体への加工を含む）を禁じます。